主流模式识别技术

及其发展研究

朱 凯/著

中国水利水电出版社
www.waterpub.com.cn
·北京·

内 容 提 要

本书以模式识别技术为主题，主要论述了模式识别的代表性方法，并通过一定的应用实例，帮助读者深入地理解理论方法，掌握模式识别的理论精髓和相关技术。此外，还对模式识别的最新理论成果进行了探讨，以反映出学科发展的新进展。本书具体内容包括：统计模式识别中的概率方法、统计模式识别中的聚类方法、结构模式识别中的句法方法、特征提取与特征选择、模糊模式识别方法、神经网络模式识别方法、统计学习理论与支持向量机方法等。

本书结构合理，条理清晰，内容丰富新颖，是一本值得学习研究的著作。

图书在版编目（CIP）数据

主流模式识别技术及其发展研究 / 朱凯著. -- 北京：中国水利水电出版社，2017.4
ISBN 978-7-5170-5297-5

Ⅰ. ①主… Ⅱ. ①朱… Ⅲ. ①模式识别－研究 Ⅳ. ①O235

中国版本图书馆CIP数据核字(2017)第074637号

书　　名	主流模式识别技术及其发展研究　ZHULIU MOSHI SHIBIE JISHU JI QI FAZHAN YANJIU
作　　者	朱　凯　著
出版发行	中国水利水电出版社 （北京市海淀区玉渊潭南路1号D座 100038） 网址：www.waterpub.com.cn E-mail：sales@waterpub.com.cn 电话：(010)68367658(营销中心)
经　　售	北京科水图书销售中心(零售) 电话：(010)88383994、63202643、68545874 全国各地新华书店和相关出版物销售网点
排　　版	北京亚吉飞数码科技有限公司
印　　刷	三河市天润建兴印务有限公司
规　　格	170mm×240mm　16开本　18.75印张　243千字
版　　次	2017年5月第1版　2017年5月第1次印刷
印　　数	0001—2000册
定　　价	56.00元

前 言

随着计算机技术的迅猛发展，主流模式识别已经成为当代高科技研究的重要领域之一。主流模式识别技术迅速扩展，已经应用在人工智能、机器人、系统控制、遥感数据分析、生物医学工程、军事目标识别等领域，几乎遍及各个学科领域，产生了深远的影响。

由于主流模式识别理论具有重要的学术价值和广泛的应用领域，因而越来越多的人认识到模式识别技术的重要性，相关领域的科研工作者也投入了很高的研究热情。为了给科研工作者提供一本内容较新、论述较系统的有关主流模式识别的图书，作者特地撰写了本书。

本书共分为 8 章，具体内容安排如下：第 1 章为模式识别的基本概念。第 2 章介绍了统计模式识别中的概率方法，主要内容包括贝叶斯决策的基本概念、正态分布模型的统计决策以及聂曼-皮尔逊决策等。第 3 和 4 章叙述了统计模式识别中的聚类方法和结构模式识别中的句法方法。第 5 章介绍了特征提取与特征选择的内容，包括类别可分性判据、基于类别可分性判据的特征提取以及 K-L 变换的特征提取等。第 6 和 7 章介绍了模糊模式识别方法以及神经网络模式识别方法。第 8 章介绍了统计学习理论的一些基本概念与支持向量机的应用。

本书主要论述关于模式识别理论、方法和应用的内容，共有三个特点：

(1)综合性。本书内容比较系统和全面，包括模式识别的各种理论和方法。

(2)实用性。本书叙述了一批常用的有效的模式识别方法和算法，对复杂的数学理论只介绍其结果，尽量不做证明，使读者较容易地掌握一些识别方法和算法，并能将其付诸实施。

(3)新颖性。模式识别必须与人工智能相结合，才能有更大的发展。为此，作者在本书中添加一些新的理论、方法，这是本书最精华的部分，值得一读。

本书是结合作者多年的教学实践和相关科研成果而撰写的，凝聚了作者的智慧、经验和心血。在撰写过程中，作者参考了大量的书籍、专著和相关资料，在此向这些专家、编辑及文献原作者一并表示衷心的感谢。由于主流模式识别的技术发展日新月异，作者学识有限，书中不妥之处在所难免，恳请专家、同仁和广大读者批评指正。

作　者

2016 年 12 月

目　录

第1章　引　言

信息时代,无处不存在对模式识别的需求。模式识别是一门以应用为基础的科学,随着人工智能、机器学习和计算机网络等相关技术的快速发展,模式识别得到越来越多的关注,模式识别技术也越来越完善,模式识别研究在近几年来取得了令人瞩目的成就,一批批研究成果在越来越多的领域得到了广泛的应用和推广。

1.1　模式与模式识别的概念

1.1.1　模式识别的概念

人类智慧的一个重要方面是其认识外界事物的能力。这些能力可能是从一个人的孩童时期就具备并且不断增强的,并且这种能力在很多动物身上也不同程度地存在。人们往往对这种能力习以为常,并意识不到它是复杂的智能活动的结果。但是,如果仔细分析我们日常所进行的很多活动,就会发现,几乎每一项活动都离不开对外界事物的分类和识别。

例如,当看到图1-1的照片时,很可能会得出这样的印象或结论:这是一幅风景照片,表现的是中国某一江南水乡的景色。这一看似简单的认知过程实际上是由一系列对事物类别的识别构成的,比如,我们会识别出这是一幅照片(而不是绘画),是一幅风景照片(而不是人物或其他照片),照片中有小河、房屋、游船等。进一步,这种傍水而建的民居建筑风格让我们在这些具体的观察之上形成了“这是江南水乡”的判断。在整个过程中，照片、风景照片、小河、房屋、游船、江南水乡等都是代表着客观世界中的某一类事物的概念，人们对这些概念的识别并不是依靠对每一个具体对象的记忆，而是依靠在以往对多个此类事物的具体实例进行观察的基础上得出的对此类事物整体性质和特点的认识。比如，这幅照片中的游船或许和我们以前见过的任何游船都不完全一样，但是由于我们见过很多游船，在头脑中已经形成了对“游船”这一类事物所具有的特征的认识，因此，尽管这些游船我们并没有见过，我们仍然能毫不困难地识别出它们是游船。换句话说，我们已经通过以往看到很多的游船在头脑中形成了“游船”这一类事物的一种模式，当看到新的游船时，我们能把这种模式识别出来。这就是每个人每天都在大量进行的模式识别活动的一个简单例子。同样的，我们从这幅照片中看到小河、房屋，是对“小河”“房屋”模式的识别；而对于这是一张风景照片、照片中的风景是江南水乡这种更抽象的判断，则是在对具体物体的识别的基础上形成的更上一层的模式识别。

图 1-1　一幅风景照片

图 1-2 是一段心电图信号的片段。多数读者可能只能认出这是心电图，而有一定医学知识的读者则能从这个信号片段中找到所谓的 T 波、P 波、U 波等不同的部分，这些都是心电图信号中的特殊模式。根据这些模式，有经验的医生还可以通过心

电图判断病人的心脏健康状况，进行更高层次的模式识别。现代生物医学的发展为临床医生提供了大量的检验手段，从宏观到微观，从医学影像到基因和蛋白质标记物的表达，应有尽有，而医生根据这些结果对疾病进行诊断就是在进行对疾病的模式识别。

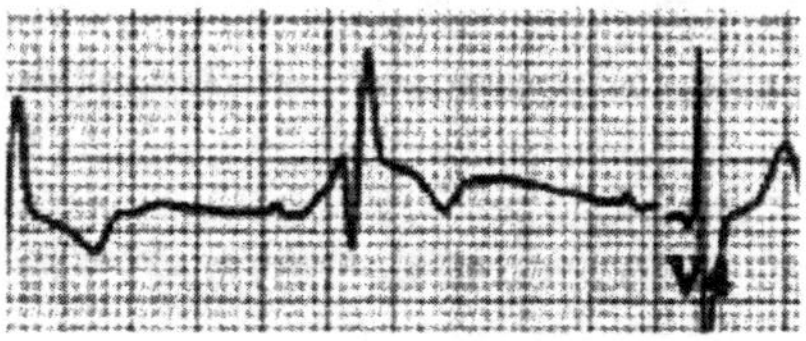

图 1-2　一段心电图片段

人们对外界事物的识别，很大部分是把事物按分类来进行的。比如，看到一幅照片，我们很自然地就会知道这是一幅风景照片还是人像照片，这实际上是把各种照片分成了若干类，包括风景、人像、体育、新闻等，在看到一幅具体的照片时我们就把它归到其中的某一类(或同时归属某几类)。

我们对外界对象的类别判断并不限于直接从五官获得的信号，也存在于很多更高级的智能活动中。

我们在与人交往的过程中，会通过对每个人多方面特点的观察逐步形成一些对他们的看法，比如觉得某个人很聪明，某个人很可亲，某个人很难相处等，这也是一种对模式的识别，只不过这些模式的定义更模糊、更抽象。

在金融行业，一个成功的信用卡公司往往需要通过认真分析客户的信用资料和消费习惯等将用户分类，以便更好地判断用户的信用程度，并且可以通过消费模式的突然变化检测可能的信用卡盗用等行为；一个好的保险公司也需要根据客户的收入、职业、年龄、受教育程度、健康状况、家庭情况、行为记录等将客户细分，以便更有针对性地对客户提供最恰当的保险产品。

什么是模式？广义上讲，模式是对存在于时空中的某种客观事物的描述。我们可以这样给(人的)模式识别下一个定义：

模式识别是对感知信息进行分析，并对感兴趣的对象是什么进行判别的过程，人在日常生活、工作学习和社会活动中几乎无时、无处不在进行着模式识别，我们阅读是在进行文字模式识别；听收音机是在进行语音模式识别；看电影是在同时进行视觉模式识别和语音模式识别。医生工作时，要根据自己掌握的有关疾病的专业知识和经验，结合病人的实际情况和症状，判断病人所患的是什么疾病，并采取相应的治疗措施，整个过程就是对疾病的模式识别过程。

作为高级智慧生物，人具有非凡的模式识别能力。我们能在多人说话的声音中准确分辨熟人的声音；面对复杂的视觉场景，我们能在不经意的一瞥之中准确判断“这里是一辆汽车”“那里有一个行人”。可是，这些在我们看来如此容易的模式识别工作要让机器或计算机来完成，却会变得非常困难，如何让机器具有或部分具有人的识别能力？机器能在多大程度上实现人的识别能力？这些问题关乎“智能”的本质，也是模式识别和人工智能探讨的主要问题。

在模式识别中，通常并不研究“人是如何进行模式识别的?”，尽管这方面的知识可以帮助和启发我们设计有效的机器模式识别方法，但在一般模式识别研究中我们关心的主要是“机器该如何去识别?”为了让机器进行识别，首先必须将表征模式的信息输入机器（或计算机）。在模式识别中，模式的表征通常用反映其特征的一组数组成的向量来表示，称为特征向量。表征模式信息的特征向量输入机器（或计算机）后，（机器）模式识别要完成的工作就是要判断输入的模式是什么，即输入的模式属于哪类模式，这种判断模式类别属性的问题本质上是一个分类问题，因此机器模式识别就是根据一定的规则（或算法），对模式特征向量进行合理的分类。其中的规则可以是人事先赋予的（如各种专家系统），也可以是机器通过对大量样本数据学习后获得的。

1.1.2　模式识别系统

1. 简例

在讨论一般的模式识别系统之前，先以癌细胞识别为例子，来了解机器识别的全过程，以获得一个感性认识，从而建立模式识别的基本概念。

(1)信息输入与数据获取

首先，利用巴氏染色将从病人体内取出的待检物制成细胞涂片。然后，使用摄像头在显微镜目镜处进行拍摄，以便采集静态图像和动态的轨迹图像。摄像头连接图像采集卡，图像采集卡将接收到的模拟信号数字化后传入计算机，将图像存储在大容量的硬盘上。这样，显微细胞图像就转换成了数字化细胞图像，以满足计算机分析处理数字信息的要求。这个获得数据的过程实际上是一个抽样与量化的环节。这一过程也可以直接采用有足够高分辨率的数码摄像机或数码相机拍摄完成，只需将数码设备通过具有信号传输功能的器件与计算机连接，即可将拍摄到的图像传入计算机。图 1-3 所示为两个数字化的显微细胞图像。

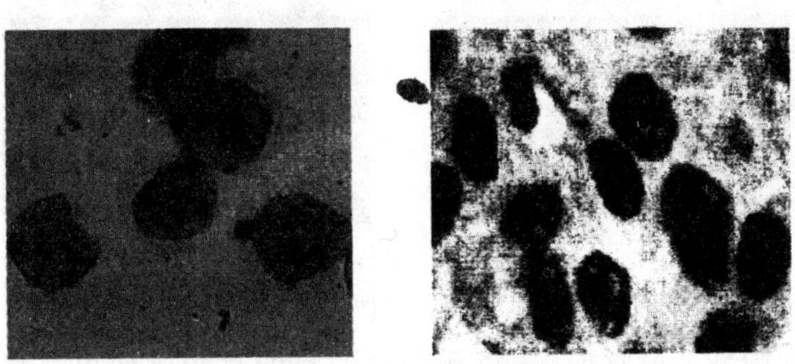

彩色图像　　灰度图像

图 1-3　数字化显微细胞图像

通常所获取的医学细胞图像是经过染色处理的彩色图像，

而计算机在进行图像处理过程中往往需要灰度图像。灰度图像是指只含亮度信息，不含色彩信息的图像，其中像素的亮度值可以取 0～255，共分为 256 个级别，分别反映原细胞图像中相应位置的光密度大小。灰度和 RGB 颜色的对应关系为：亮度 $Y=0.299R+0.587G+0.114B$。实际操作中，应根据具体情况和要求选择采用哪种图像。

数字化细胞图像是计算机进行分析的原始数据基础。

(2)数字化细胞图像的预处理与区域划分

数字图像预处理的目的在于：

①去除在数据获取时引入的噪声与干扰。

②去除所有夹杂在背景上的次要图像，以便突出主要的待识别的细胞图像，供计算机进行分析时使用。预处理过程中采用的是“平滑”“边界增强”等数字图像处理技术。

区域划分的目的在于找出边界，划分出不同区域，为特征抽取做准备。换句话说就是要检测出细胞与背景、胞核与胞浆之间的两条边界线，从而将三个区域分割开来，以便进行细胞特征的抽取。这里将数字化图像划分为背景 B、胞浆 C、胞核 N 三个区域，如图 1-4 所示。

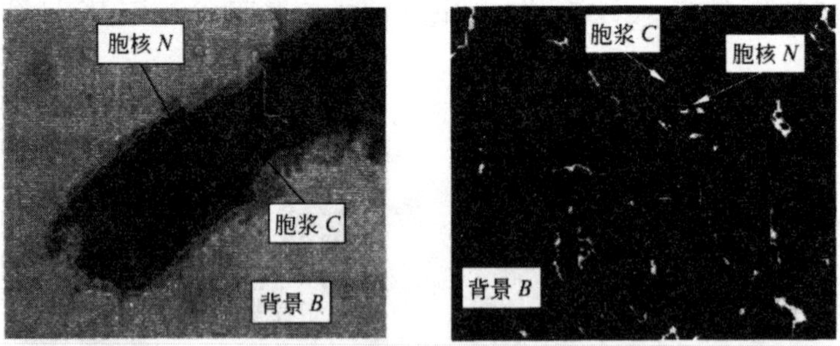

图 1-4　区域划分

(3)细胞特征的抽取、选择和提取

细胞特征的抽取、选择和提取的目的是为了建立各种特征的数学模型，以利于分类，基本思路如图 1-5 所示。

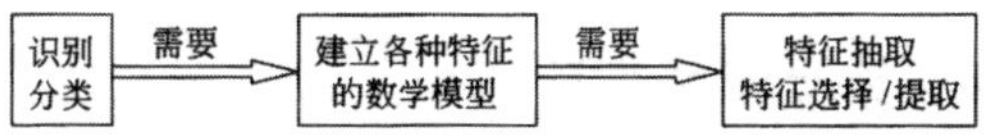

图 1-5　特征抽取、选择和提取的目的

抽取、选择和提取三个概念的含义是有差别的。特征抽取是指对数据的最初采集,细胞特征的抽取是识别分类的依据。处于人体不同部位或病变不同阶段的细胞反映出不同的形状和结构特征,因此在识别分类之前必须首先建立各种特征的数学模型,尽可能多地抽取特征,以供计算机进行定量分析时使用。

(4)判别分类

判别分类是模式识别研究的另一个主要内容。这里假定针对癌细胞的识别应用了某种方法,得到的结果为:

①气管细胞 97 个,识别错误率为 7.2%。

②肺细胞 166 个,识别错误率为 18%。

在完成识别的同时,提供了错误率,可见判别的好坏是通过错误率给出的。识别错误率包括将正常细胞误判为癌细胞和将癌细胞误判为正常细胞两种情况,两种错误的代价和风险是不同的。

整个识别过程如图 1-6 所示。这个例子虽很粗略,但它比较典型地给出了模式识别的一般步骤。

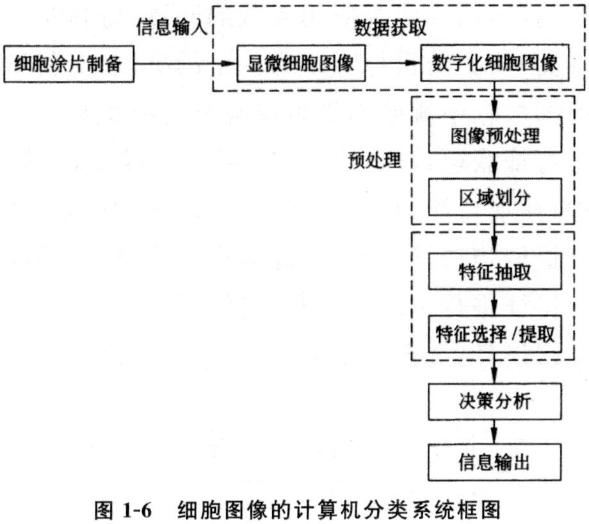

图 1-6　细胞图像的计算机分类系统框图

2. 模式识别系统的典型构成

模式识别在各个领域中的应用非常多，通过以上的例子可以看出：一个模式识别系统通常包括原始数据的获取和预处理、特征提取与选择、分类或聚类、后处理四个主要部分。图 1-7 给出了监督模式识别系统和非监督模式识别系统的典型构成框图。

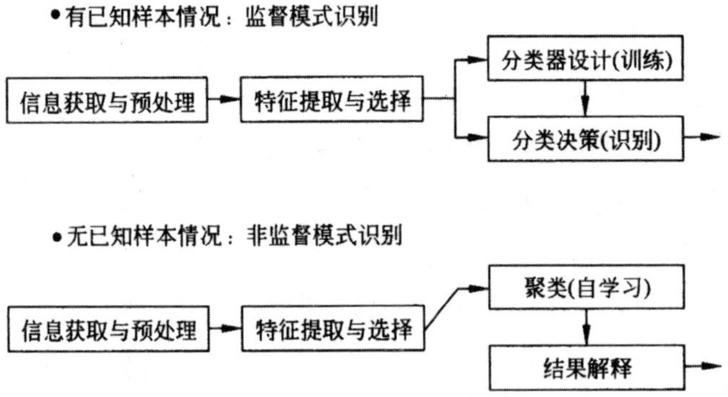

图 1-7 模式识别的典型过程

面对实际问题时，我们把应用监督模式识别和非监督模式识别的过程分别归纳为以下五个基本步骤。

处理监督模式识别问题的一般步骤：

①分析问题：深入研究应用领域的问题，分析是否属于模式识别问题，把所研究的目标表示为一定的类别，分析给定数据或者可以观测的数据中哪些因素可能与分类有关。

②原始特征获取：设计实验，得到已知样本，对样本实施观测和预处理，获取可能与样本分类有关的观测向量(原始特征)。

③特征提取与选择：为了更好地进行分类，可能需要采用一定的算法对特征进行再次提取和选择。

④分类器设计：选择一定的分类器方法，用已知样本进行分类器训练。

⑤分类决策：利用一定的算法对分类器性能进行评价；对未知样本实施同样的观测、预处理和特征提取与选择，用所设计的

分类器进行分类,必要时根据领域知识进行进一步的后处理。

处理非监督模式识别问题的一般步骤:

①分析问题:深入研究应用领域的问题,分析研究目标能否通过寻找适当的聚类来达到;如果可能,猜测可能的或希望的类别数目;分析给定数据或者可以观测的数据中哪些因素可能与聚类有关。

②原始特征获取:设计实验,得到待分析的样本,对样本实施观测和预处理,获取可能与样本聚类有关的观测向量(原始特征)。

③特征提取与选择:为了更好地进行聚类,可能需要采用一定的算法对特征进行再次提取和选择。

④聚类分析:选择一定的非监督模式识别方法,用样本进行聚类分析。

⑤结果解释:考查聚类结果的性能,分析所得聚类与研究目标之间的关系,根据领域知识分析结果的合理性,对聚类的含义给出解释;如果有新样本,把聚类结果用于新样本分类。

1.2　模式识别的研究方法

1.2.1　决策理论方法

决策理论方法又称统计模式识别方法。聚类分析法、最近邻法、判别域代数界面法和统计决策法是最经典的四种统计模式识别方法。

聚类分析法的基本思想是利用模式之间的相似性进行分类,相似的模式归为一类,不相似的模式归入不同类。需要指出的是,聚类算法看似没有利用概率密度函数等概念,其实不然。在分类过程中,算法不断地计算各个聚类的中心,并将模式与各个聚类中心的距离作为分类的依据，这实际上是在隐含地利用概率分布的思想，因为在一般的概率密度函数下，距离期望值较近的点具有较大的概率密度值。

最近邻法是根据待识别模式的一个或 k 个近邻训练样本的类别来确定其类别的方法。实际上 k-近邻法是利用最大后验概率准则进行分类判决的。

判别域代数界面法首先利用已知类别的训练样本产生判别函数，然后根据待识别模式代入判别函数后的值的正负确定其类别。判别函数产生了相邻两类的判别界面，其对应于两类概率函数之差。

统计决策法是在一些分类识别准则下，按照概率统计理论产生各种判别准则，然后利用这些判别准则生成最终的分类识别结果。

统计模式识别系统的组成如图 1-8 所示。

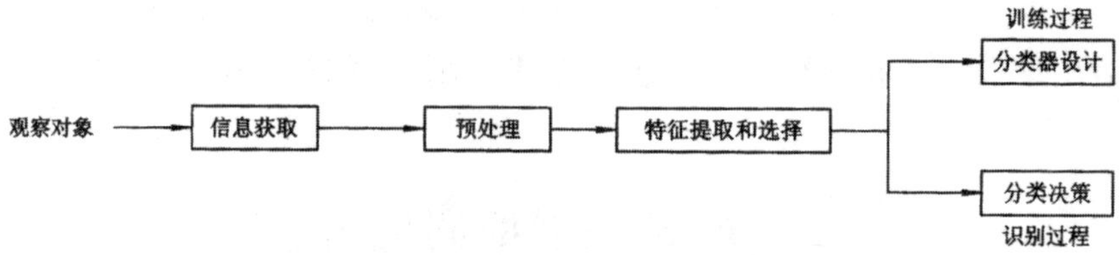

图 1-8　统计模式识别系统的组成框图

1.2.2　结构模式识别方法

对于具有复杂结构特征的对象，仅用一些数值特征已不能对其进行充分描述，这是需要采用结构模式识别的方法。该方法首先将对象分解为若干基本单元(基元)，然后利用这些基元和它们之间的结构关系来描述对象。图 1-9 所示为结构模式识别系统的组成。

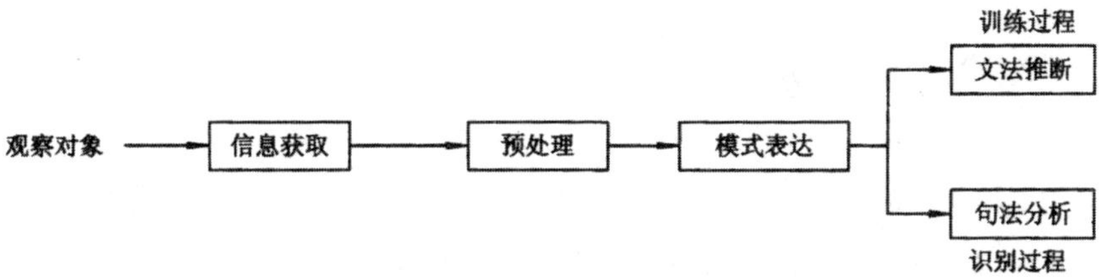

图 1-9 结构模式识别系统的组成框图

1.2.3 模糊模式识别

在传统的集合论中，元素和集合是要么属于、要么不属于的关系，两者必居其一，而且二者仅居其一。在模糊集合论中，元素是以一定的程度(隶属度)属于某一个模糊集合，也可以属于多个模糊集合。模糊集合主要用来描述不精确的、模糊的概念。模糊数学就是建立在模糊集合基础之上的数学分支。

模糊模式识别是利用模糊数学的理论和方法来分析和解决模式识别问题，其基本思想是首先将模式类看成模糊集合，将模式的属性转化为对于模糊集合的隶属程度，然后利用隶属函数、模糊推理和模糊关系进行分类识别。模糊模式识别利用模糊技术来设计机器识别系统，可以更广泛、更深入地模拟人脑的思维过程，从而对客观事物进行更为有效的分类和识别。模糊模式识别方法已在工业、农业、军事、医学、管理科学、信息科学和工程技术等学科和领域中发挥着非常重要的作用。

1.2.4 神经网络模式识别

神经网络模式识别(Neural Network Pattern Recognition)利用神经元网络中出现的神经计算模式进行。人工神经网络可以处理一些环境信息复杂、背景知识不清楚、推理规则不明确的模式识别问题。

1.2.5 多分类器融合

多分类器融合，也称多分类器集成，就是融合多个分类器提供的信息，得到更加准确的分类(识别)结果。

多分类器融合利用多个分类器之间的互补性，能够有效地提高分类的准确度。

1.2.6 人工智能方法

人类具有极完善的分类识别能力，人工智能是研究如何使机器具有人脑功能的理论和方法，模式识别从本质上讲就是如何根据对象的特征进行类别的判断，因此，可以将人工智能中有关学习、知识表示、推理等技术用于模式识别。

1.3 模式识别的应用

目前，模式识别技术在很多领域中都得到了广泛的应用。图 1-10 所示为模式识别的应用分类。

- 模式识别的应用
  - 科学应用
    - 地球和行星探测
      - 火山口计数
      - 颜色分析
      - 地形测量
      - 大气测量和分析
      - 机器人探险
    - 天文：望远镜分辨率的改进和大气损失的去除
    - 地质：大地测量与绘图、表面模型拟合、地图绘制
    - 泡沫室：粒子轨迹与电子显微结晶学
    - 特殊图像的产生
    - 卫星数据分析
    - 遥远星球生命探测与数据分析
  - 生命与行为科学
    - 人类学、考古学、昆虫学
    - 生物学与植物学：微生物学
    - 心理学：社会心理学、犯罪心理学
    - 控制论、信息管理系统、教育、通信交往
  - 工业应用
    - 文字识别、用图像控制机械(过程控制)、签名分析
    - 语音分析、照片识别、探矿(地下分析)、内变形探测(X光的或超声的)
    - 商业照片增强、电影片模拟、电子玩具设计、自动化细胞学
  - 军事用途
    - 空中摄影与遥感
    - 声纳信号检测与分类
    - 目标辨识
  - 行政应用
    - 天气预报：云跟踪与水温测量
    - 地球资源数据与遥感
    - 专用系统
      - 交通分析与控制
      - 烟雾检测与测量
      - 空中交通雷达数据处理
  - 农业应用
    - 收成分析
    - 土壤分析
    - 过程控制
    - 地球资源摄影
  - 医学应用
    - 显微观察与生物医学数据
      - 血细胞计数与验血
      - 癌细胞辨认与检验
      - 神经测量
      - 染色体核分类
      - 骨骼成分分析
    - 放射性同位素检查
    - 心电图与向量心电图分析
    - 脑电图描绘与神经生物信号处理
    - 药物作用
    - 基因染色体研究
    - X射线检查与断面照相术、心脏形状测量、骨骼结构分析
    - 血管厚薄测量、脑血栓检测、脑病诊断

图1-10　模式识别的应用

1.3.1　生物特征识别

随着社会的进步和发展，各个领域都对人的身份鉴别提出了更高、更全面的要求。鉴于人的生物特征具有唯一性、稳定性、不能盗用、不会遗忘、难以伪造等特性，现有的身份鉴别方法大都针对人的各种生物特征来实现。需要指出的是，人的生物特征包括生理特征和行为特征两大类。生理特征是先天的，例

如脸、指纹、手掌纹、虹膜、视网膜、声音等；行为特征是后天的，习惯使然，例如，签名、步态、键盘打字习惯等。迄今为止，生物特征识别涉及人脸识别、指纹识别、掌纹识别、掌形识别、虹膜识别、视网膜识别、语音识别、耳廓识别、体形识别、静脉识别、步态识别、签名识别以及键盘敲击识别等。

1. 指纹识别

指纹识别系统的原理框图如图 1-11 所示。该系统首先对收集的指纹进行预处理，再通过图像增强、分割、平滑、细化等处理过程得到便于指纹特征提取的数字图像；接着提取细化后的图像细节特征点；最后将提取到的特征与特征数据库中的特征数据进行匹配，并输出识别结果。

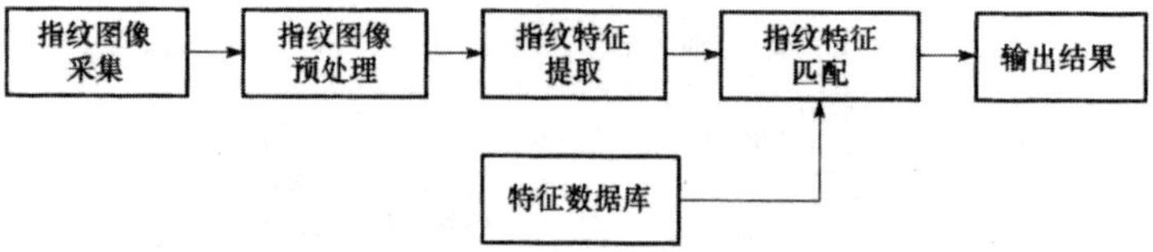

图 1-11　指纹识别系统框图

2. 语音识别

模式识别中的一个重要应用是语音识别，其目的就是让计算机能听懂人说的话。语音识别技术的应用包括语音拨号、语音导航、室内设备控制、语音文档检索、简单的听写数据录入、音乐搜索等。目前，主流的大词汇量语音识别系统多采用统计模式识别技术。

语音是人类信息交流的基本手段，语音中包含语义信息、语言信息、说话人信息和情感信息等。语音识别就是让机器通过识别和理解过程把语音信号转变为相应的文本或命令的技术，即让计算机识别出人类语音中的各种信息。语音识别涉及信号处理、模式识别、概率论、信息论、发声机理和听觉机理、人工智能等学科。语音识别已经在语音输入系统、语音控制系统和智能对话查询系统中得到了广泛的应用。例如，在语音控制系统中，就是利用语音来控制设备的运行，相对于手动控制来说更加快捷、方便。另外，语音识别可以用在诸如工业控制、语音拨号系统、智能家电等许多领域，如图 1-12 所示。

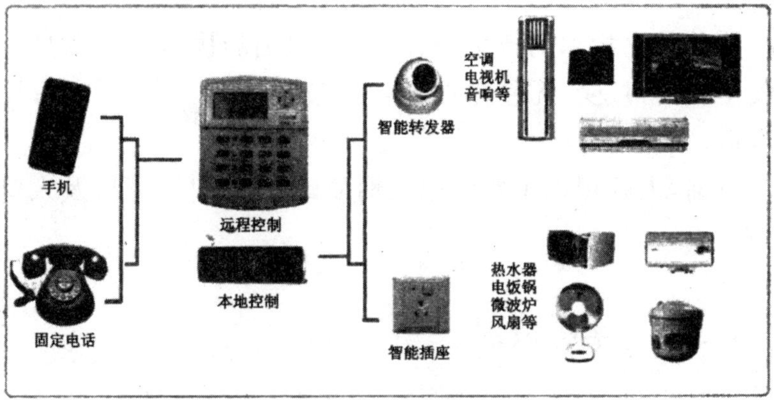

图 1-12 语音识别在智能家电中的应用

按照识别任务的不同，语音识别可以分为四类：声纹识别、语种识别、关键词识别和连续语音识别。所谓声纹识别，就是从语音信号中提取说话人的信息以鉴别说话人身份的技术。语种识别就是识别出语音所属的语言，广泛应用于语音信息检索和军事领域。关键词识别就是从说话人的连续语音中把特定的关键词检测出来，例如，人名、地名和事件名等。关键词识别广泛应用于语音检索和语音监控中。连续语音识别就是识别人类的自然语言，将这种口述语言转换为相应的文本，或者对口述语言中包含的要求或询问做出正确的反应。

3. 车牌识别

车牌识别技术可应用于道路交通监控、交通事故现场勘查、交通违章自动记录、高速公路超速管理系统、小区智能化管理等方面，为智能交通管理提供了高效、实用的手段。

基于图像处理的车牌识别系统一般包括五个部分，如图 1-13所示。

图 1-13 车牌识别系统框图

4. 人脸识别

与其他生物识别技术相比，人脸识别的优势更加明显。操作安全，容易接受，无侵犯性；实时追踪能力强；交互性强；设备成本低。

目前，人脸识别主要应用在刑侦破案、证件验证以及人口控制等方面。

1.3.2 字符识别

与存储扫描图像相比，存储经识别处理的文档的好处是：更容易进行文字处理；存储 ASCII 字符比存储文档的图像效率更高。除了印刷体字符识别系统外，现在更多的研究集中于手写体识别。这种系统的典型商业应用是银行支票的机器识别，机器必须能够识别数字的个数和阿拉伯数字，并进行匹配，而且能够检查收款人相应的支出信用是否相符。哪怕只有一半的支票识别正确，这样的机器也可以将人力从枯燥的工作中解脱出来。另一个应用是邮局的自动邮政系统，它进行邮政编码识别。

1.3.3 利用基因表达数据进行癌症的分类

随着人类基因组计划的完成和一系列高通量生物技术的发展，在生物领域涌现出了一大批模式识别问题，模式识别方法的大量应用成为生物信息学这一新兴交叉学科的一个特点，但同时这些生物学问题也对模式识别的理论和方法提出了很多新的挑战。其中，利用基因芯片测得的基因表达数据进行癌症的分类研究是一个典型的例子。

人的一个细胞中包含着2万～3万个基因，但是这些基因并不是总在发挥作用，而是在不同时刻、不同的组织中由不同的基因按照不同的数量关系起作用。存储于DNA上的基因转录成mRNA再翻译成蛋白质的过程称作基因的表达，而同一个基因转录出的mRNA的多少称作基因的表达量。众多的基因是在复杂的调控系统支配下按照一定规律进行协调表达的。基因芯片就是借鉴了计算机芯片的加工原理，能够在一个很小的芯片上同时测量成千上万个基因的表达量，为人们系统研究基因调控规律提供了重要的手段。

癌症是威胁人类健康的重要疾病，但是多数癌症并不是由单个基因的变化引起的，而是与多个基因有关系，人们希望借助基因芯片来揭示这些关系。一种典型的情况是，研究者收集了一批病人的癌细胞样品，或者是既有癌细胞样品又有正常对照细胞样品，用基因芯片来观测在每一个样品上大量基因的表达。这样，对于每个病人就获得了成千上万个基因表达特征，而对每个基因也获得了它们在各个病人细胞中的表达特征。把这组芯片的数据集合起来，就形成了一个二维矩阵，其中一维是基因，另一维是病例。对于这样一个数据集，有多种模式识别问题可以去研究，比如，人们既可以用基因表达作为病例的特征来对病例进行分类和聚类研究，也可以用在各个病例上的表达作为基因的特征来研究基因之间的分类和聚类。由于癌症的高度复杂性及目前技术与样本的局限，人们尚不能期望短期内会将基因芯片的模式识别技术应用于临床诊断，但是这种高通量分子生物学技术和模式识别等数据分析技术的有效结合，无疑为科学家进一步揭示癌症等复杂疾病的机理提供了重要的基础。

1.3.4 机器视觉

在机器视觉中，模式识别是非常重要的。机器视觉系统通过照相机捕捉图像，然后通过分析，生成图像的描述信息。典型的机器视觉系统主要应用在制造业中，用于自动视觉检验或自动装配线。

1.3.5 文本分类

文本分类是指利用计算机判断出某篇文档属于哪一类，即用大量的带有类别标记的文本，通过统计学习方法，对文本分类特征准则及参数进行训练，构建文本识别的模型，对未知类别的文本进行类别识别。文本分类的过程是一个模式识别的过程，每一个文本由词、句及段落组成，文本中的词与词、句与句、段落与段落之间存在上下文关系，可通过对文本分析，根据文本中词法、句法及语义信息，进行统计建模，获得文本类别。文本分类核心是自然语言处理过程中的词法、句法及语义分析及统计机器学习算法等技术。文本分类具有广泛的应用，其在搜索引擎、网页过滤、信息检索、垃圾邮件过滤、新闻分类、数字图书馆等方面有着重要的应用。

1.3.6 文本挖掘

文本挖掘(Text Mining)是指为了发现知识，从大规模文本库中抽取隐含的、以前未知的、潜在有用的知识。文本挖掘是搜索引擎的重要技术，已经成为信息检索、数据挖掘、机器学习、模式识别、统计以及计算语言学等学科中的重要领域。

1.3.7 信息检索

信息检索(Information Retrieval)是指搜索信息的科学，根据用户的查询要求，从信息数据库、网页、Word 文档、PDF 文档、图像，甚至视频和音频文件等信息源中检索出与之相关的信息资料。信息检索的核心就是搜索引擎，互联网搜索与统计机器学习密不可分。搜索引擎能够通过机器学习有效地将海量数据联系、组织、利用起来，在大规模的分布式计算平台上为用户提供服务。

1.3.8 根据地震勘探数据对地下储层性质的识别

模式识别技术在工业上有很广泛的应用，这里仅列举一个在石油勘探中应用的例子。石油往往是储藏在地下数千米深的岩层中的，由于钻探成本很高，人们大量依靠人工地震信号来对储层进行探测，这就是地震勘探。地震勘探的原理与医学上用超声波进行人体内脏的检查非常相似，人们在地面或海面设置适当的爆炸源，通过爆炸产生机械波（声波），频率较低的声波能够穿透很深的地层，而在地下地层界面处会有一部分能量被反射回来，人们在地面或海面接收这些反射信号，经过一定的信号处理流程后就能够勾画出地下地层的基本结构。

现代地球物理研究已经能较好地描述反射地震信号到达接收器的时间与地层深度的关系，但是，这种关系只能用来推算地下岩层的构造，而对于岩层的性质尤其是是否含有油气的性质却不能有很好的反映。人们已经知道，地震波穿过不同性质的岩层时会受到不同的作用，地层含油气情况的不同会对信号的能量和频谱有不同的影响，但是，人们目前尚不能认识其中的理论规律。早期提出的一种研究方法是，如果在同一地区有已经钻探的探井，可以把可能的储层性质近似成几个类别，用探井附近的地震信号提取特征作为训练样本，建立分类器，用它将其他位置上的储层进行分类；如果该地区没有探井或者探井不足以进行训练，仍然可以用非监督模式识别的方法对目标地层的地震勘探信号特征进行聚类，将地层进行划分，然后可以与地质学家共同讨论这种划分在地质上的合理性，结合对该地层构造、古地貌和油气运移规律等的分析对储层进行预测，指导进一步的勘探方向。应用这一策略，以自组织映射和多层感知器神经网络为核心方法，在多个油田的实际预测应用中都取得了很好的效果。

1.3.9 问答系统

问答系统(Question Answering System，QAS)是信息检索的一种高级形式，是综合运用了自然语言处理、信息检索、语义分析、人工智能等技术的一种新型的信息服务技术。QAS 的实现包括问句分析、信息检索、答案抽取和排序等过程，问句分类是中文问答系统中问句分析模块的一个重要步骤，对后期的信息检索及答案抽取具有很强的指导意义。因此，如何提高问句分类的精度是近年来研究的热点，许多统计学习方法如 SVM 和决策树法等都被应用于问句分类。IBM 公司沃森研发中心研发的沃森机器人是问答系统的典型应用。沃森是能够使用自然语言来回答问题的人工智能系统，目前机器人已经可以像人类专家那样快速、准确地回答竞赛中的问题，而且问题的范围非常广泛。

1.3.10 邮政编码识别

邮政编码由 0～9 十个手写数字组成，属于比较简单的手写体字符识别，但由于邮政编码的广泛书写者及书写习惯不大相同，书写工具不同及书写时的随机变化，同一数字的字形是多种多样的。在个别情况下，某一数字的字形变化会逐渐接近别的数字，如图 1-14 所示。

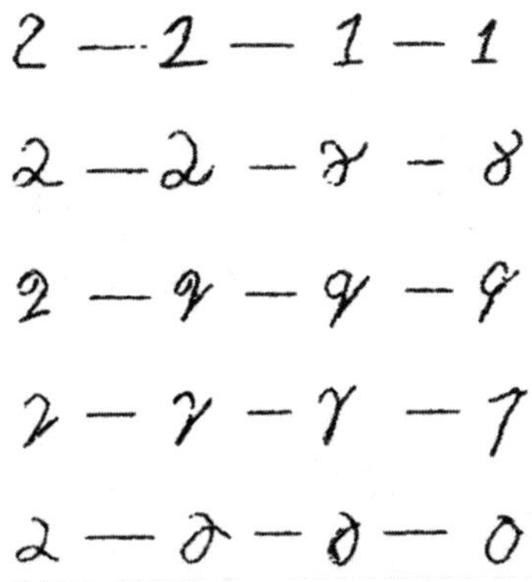

图 1-14　不同数字之间字形的连续变化

1. 二值化处理

对于字符识别，字符图像不需要 256 个灰度级，只要黑白两级即可，因此，图像的存储量可以大大压缩，加快处理速度。二值化的方法是建立直方图，如图 1-15 所示。

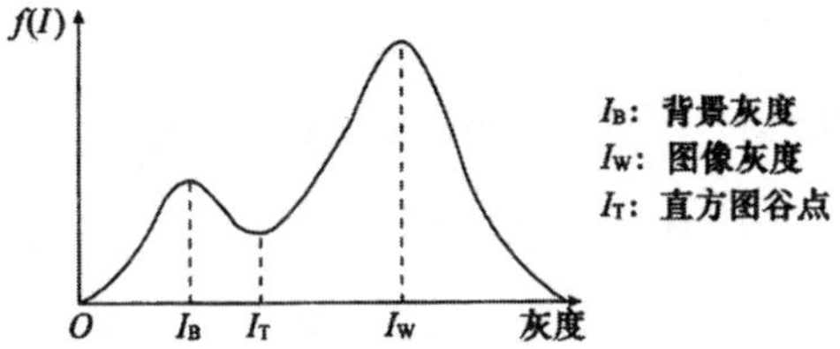

图 1-15　直方图

若取谷点，I_T 作为阈值，则

$$f(I)=\begin{cases}1, I>I_T\\0, I<I_T\end{cases}$$

这样就可以把一个多灰度级的图像变成二值图像，但实现上谷点 I_T 常常是不明显的，而且是变化的，因此，阈值 I_T 的选择是非常重要的，根据图像的复杂程度，可以选取固定阈值和自动阈值。

①固定阈值：取 I_T 为固定阈值。

②手动阈值：用人工调节 I_T 的大小。

③自动阈值：根据图像变化，可自动调整二值化的阈值的大小，使图像最好。

阈值 I_T 的数学表示为

$$I_T = T[(X,Y), N(X,Y), g(X,Y)]$$

式中，(X,Y)为像素坐标；$N(X,Y)$为像素周围局部灰度特征；$g(X,Y)$为灰度。

①整体阈值选择：$I_T = T[g(X,Y)]$，只由直方图谷点像素的灰度决定阈值，效果较差。

②局部阈值选择：$I_T = T[g(X,Y), N(X,Y)]$，这种方法主要根据一点与其周围各点的平均关系来定阈值，所以只适合于噪声变化平缓的图像。

③动态阈值选择：$I_T = T[(X,Y), N(X,Y), g(X,Y)]$该方法的要点是通过对像素的灰度的反复调整，修改直方图，使谷点清晰或单峰变双峰。

2. 平滑处理

对于二值化后的图像，由于噪声的干扰，会存在一些黑白的孤立点和边缘上的凹凸点。

(1)除孤立点

a	b	c
d	e	f
g	h	i

“·”与逻辑
“+”或逻辑

用九点窗扫描，用逻辑式为

$$e' = \bar{e}(a \cdot b \cdot c \cdot d \cdot f \cdot g \cdot h \cdot i) + e(a+b+c+d+f+h+i)$$

若周围八个点为“0”，扫描点为“1”，则把扫描点由“1”→“0”。

若周围八个点为“1”，扫描点为“0”，则把扫描点由“0”→“1”。

(2)除边缘凹凸点

除凸点的四种情况的逻辑式为

$$e\cdot\bar{a}\cdot\bar{b}\cdot\bar{d}\cdot\bar{g}\cdot\bar{h}=1$$

$$e\cdot\bar{d}\cdot\bar{g}\cdot\bar{h}\cdot\bar{i}\cdot\bar{f}=1$$

$$e\cdot\bar{b}\cdot\bar{c}\cdot\bar{h}\cdot\bar{i}\cdot\bar{f}=1$$

$$e\cdot\bar{a}\cdot\bar{b}\cdot\bar{c}\cdot\bar{d}\cdot\bar{f}=1$$

0	0	
0	1	
0	0	

0	1	0
0	0	0

	0	0
	1	0
	0	0

0	0	0
0	1	0

中心点由“1”→“0”。

补凹点有以下四种情况：

	1	
1	0	
	1	

1	0	1
	1	

	1	
	0	1
	1	

	1	
1	0	1

逻辑式为

$$\bar{e}\cdot b\cdot d\cdot h+\bar{e}\cdot d\cdot h\cdot f+\bar{e}\cdot b\cdot h\cdot f+\bar{e}\cdot b\cdot d\cdot f=1$$

中心点由“0”→“1”。

3. 细化处理

由于各种字符笔画粗细不同，为抽取特征方便和减小信息量，若把笔画宽度减小到一个像素的宽度，这样字符笔画就变成一个骨架，消除了笔画粗细对识别的影响。细化的方法很多，介绍的方法是逐渐去掉文字的边缘点。

方法：用 3×3 辅助矩阵去顺序扫描文字点阵的每个点，应用细化逻辑来判断所扫描的每个点应除掉还是保留。

细化逻辑设计规则：

(1)按上→下→左→右顺序去掉边缘点

①扫描只去掉上边缘点。

②扫描只去掉下边缘点。

③扫描只去掉左边缘点。

④扫描只去掉右边缘点。

	0	
	1	

①上边缘点

	1	
	0	

②下边缘点

0	1	

③左边缘点

	1	0

④右边缘点

(2)不能使笔画断线,应保留连点

常见的有以下四种情况:

	1	
0	1	0
	1	

	0	
1	1	1
	0	

1		0
	1	
0		1

0		1
	1	
1		0

(3)保留端点。

常见的有以下八种情况:

0	0	0
0	1	0
0	1	0

0	1	0
0	1	0
0	0	0

0	0	0
0	1	1
0	0	0

0	0	0
1	1	0
0	0	0

0	0	0
0	1	0
1	0	0

0	0	0
0	1	0
0	0	1

0	0	1
0	1	0
0	0	0

1	0	0
0	1	0
0	0	0

(4)保留节点(三叉点,四叉点)

常见的有以下六种情况:

0	1	0
1	1	1
	0	

0	1	
1	1	0
0	1	

	0	
1	1	1
0	1	0

	1	0
0	1	1
	1	0

0	1	0
1	1	1
0	1	0

1	0	1
0	1	0
1	0	1

(5)保留左右角点

常见的有以下四种情况：

0	0	0
1	1	0
1	0	0

0	0	0
0	1	1
0	0	1

1	0	0
1	1	0
0	0	0

0	0	1
0	1	1
0	0	

(6)保留上下角点

常见的有以下四种情况：

0	0	0
0	1	0
1	1	0

0	0	0
0	1	0
0	1	1

0	1	1
0	1	0
0	0	0

1	1	0
0	1	0
0	0	0

根据以上规则，可以编制软件程序也可以设计硬件逻辑电路，经多次扫描细化就只剩下字符骨架，如图 1-16 所示。

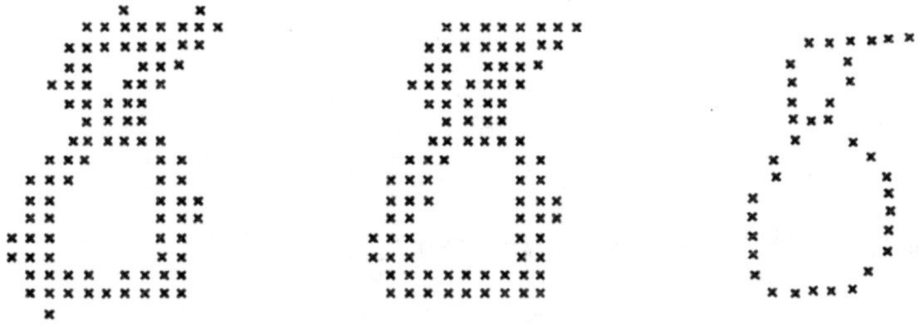

图 1-16　文字经过平滑和细化变化情况

4. 跟踪和抽取特征

(1)跟踪规则

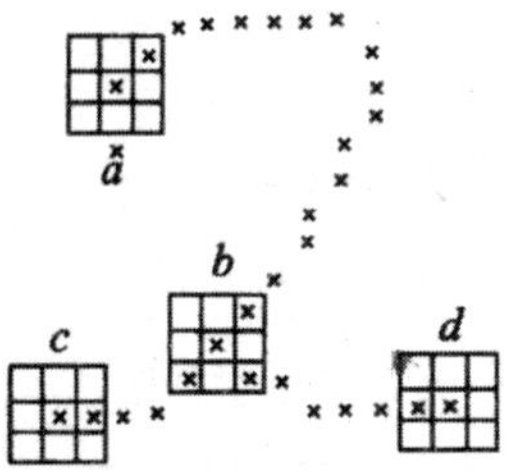

①跟踪从任一端点开始，每个端点只抽一次特征。

②按逆时针方向($a \to b \to c \to b \to d \to b \to a$)沿骨架移动一周，

直到重新回到原端点。

③跟踪方向的先后顺序由下列办法确定。

上次跟踪方向，检查下次跟踪方向的先后次序：

$f_1: d_8 \to d_7 \to d_2 \to d_1 \to d_3 \to d_5$

$f_2: d_8 \to d_2 \to d_1 \to d_3 \to d_6$

$f_3: d_2 \to d_1 \to d_4 \to d_3 \to d_5 \to d_7$

$f_4: d_2 \to d_4 \to d_3 \to d_5 \to d_8$

$f_5: d_4 \to d_3 \to d_6 \to d_5 \to d_7 \to d_1$

$f_6: d_4 \to d_6 \to d_5 \to d_7 \to d_2$

$f_7: d_6 \to d_5 \to d_8 \to d_7 \to d_1 \to d_3$

$f_8: d_6 \to d_8 \to d_7 \to d_1 \to d_4$

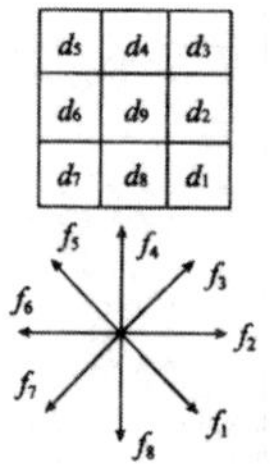

例如，上次跟踪方向是 f_7，下次跟踪次序为

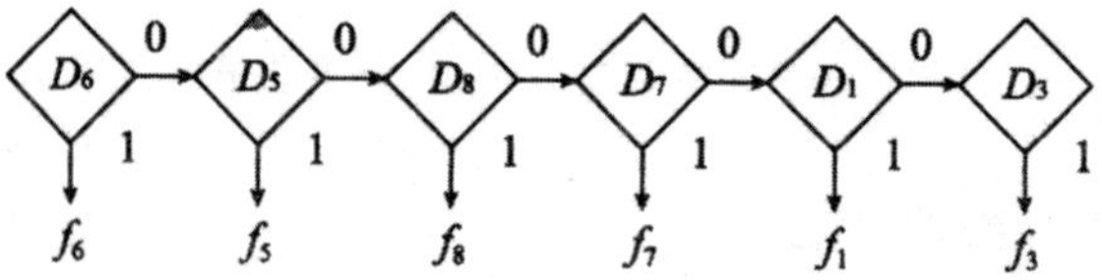

(2)抽特征

每跟踪一步就要抽取方向特征、线特征和分支特征。

1)方向特征

按 $f_1 \to f_8$ 共八个跟踪方向可获得八个方向特征。

2)线特征

包括凹凸平三种特征。方向增量 Δf 定义如下：

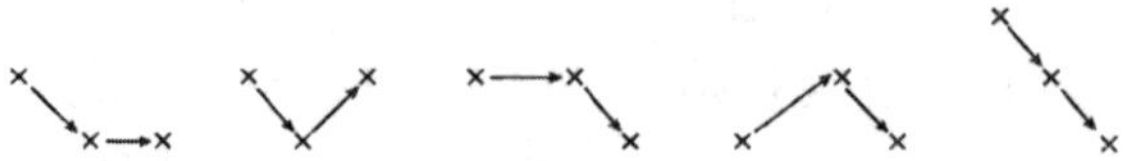

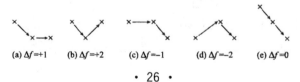

(a) $\Delta f=+1$　(b) $\Delta f=+2$　(c) $\Delta f=-1$　(d) $\Delta f=-2$　(e) $\Delta f=0$

凹凸平定义状态图：

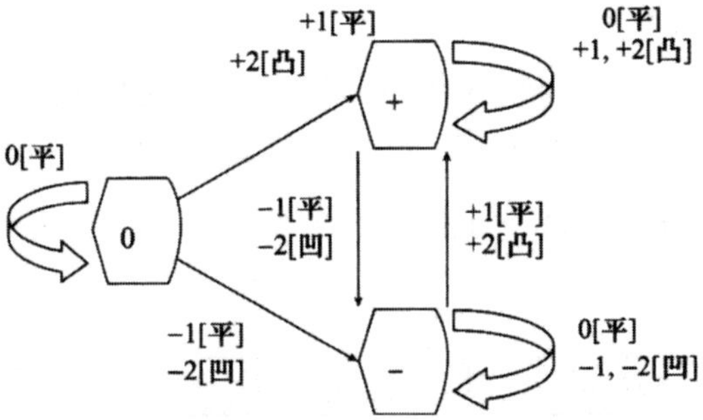

凹：$\Delta f=-2$，连续两个 $\Delta f=-1$。

凸：$\Delta f=+2$，连续两个 $\Delta f=+1$。

平：$\Delta f=0$。

3）分支特征（点特征）

包括端点、三叉点、四叉点、连点。

$$X=\frac{1}{2}d_9\sum_{k=1}^{8}\left|d_{k+1}-d_k\right|, k=1,2,\cdots,8 \quad \text{规定 } 8+1=1$$

当 $X=1$ 时，d_9 为端点。

当 $X=2$ 时，d_9 为三叉点。

当 $X=3$ 时，d_9 为四叉点。

当 $X=4$ 时，d_9 为连点。

例如，$d_1=d_2=d_3=d_5=d_7=d_9=1$。三叉点图如下所示。

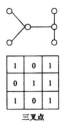

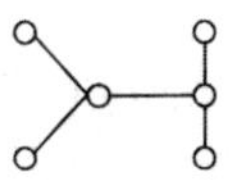

1	0	1
0	1	1
1	0	1

三叉点

所以 $X=\frac{1}{2}\times 1\times(0+0+1+1+1+1+1+1)=3$。

5. 分类判决

采用序贯分类方法，跟踪一步抽取方向特征、点特征、线特征三种特征，用这三种特征进行分类判决，若不能确定，再跟踪一步抽取这三种特征，再进行分类判决，直到确定类别为止，如图 1-17 所示。

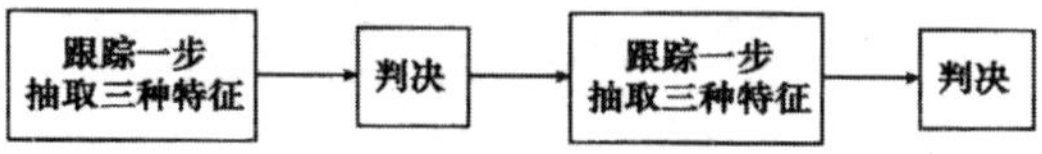

图 1-17　分类判决

(1)建立训练样本标准库

假设有 K 个已知类别的训练样本，抽取特征序列 $L_1, L_2, \cdots, L_K$，代表 K 个数字，用它建立训练样本标准库。

(2)顺序逻辑判决

假设输入字符为 X，它共有 a 个端点，因此字符 X 由 $S_1, S_2, \cdots, S_a$，a 个特征序列组成，而每一个特征序列又是由若干按一定顺序出现的特征组成：

$$X=\begin{cases} S_1=\{T_{11}, T_{12}, \cdots, T_{1e}\} \\ S_2=\{T_{21}, T_{22}, \cdots, T_{2e}\} \\ \vdots \\ S_a=\{T_{a1}, T_{a2}, \cdots, T_{ae}\} \end{cases}$$

这些特征包括点特征、方向特征和线特征等。X 表示 0～9 十个数字，它们的关系如图 1-18 所示。

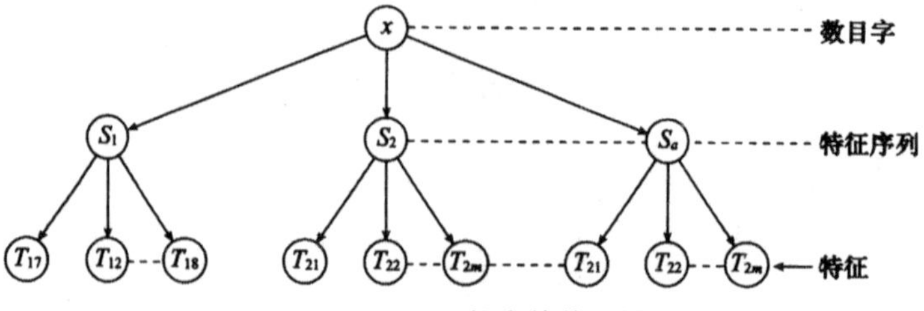

图 1-18　0～9 数字的关系图

1）$S_1 = L_1$？

假设现在要用顺序逻辑 L_1 对文字 X 进行判决。首先要对文字的分解形式用 L_1 对 $T_{11}, T_{12}, \cdots, T_{1e}$ 判决，并由此得出 S_1 是否符合 L_1 要求的结论。判决的程序框图如图 1-19 所示。

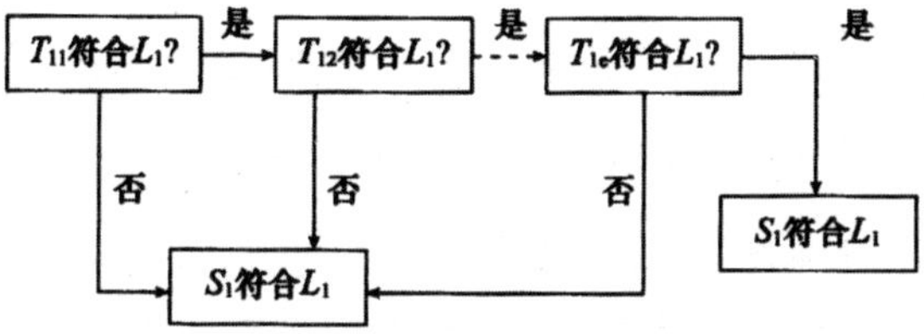

图 1-19　判决的程序框图

2）$X = L_1$？

同样可以根据图 1-20 的程序用 L_1 对 $S_2, S_3, \cdots, S_a$ 进行判决，并由各次判决的结果得出数字 X 是否符合 L_1 的结论，程序框图如图 1-20 所示。

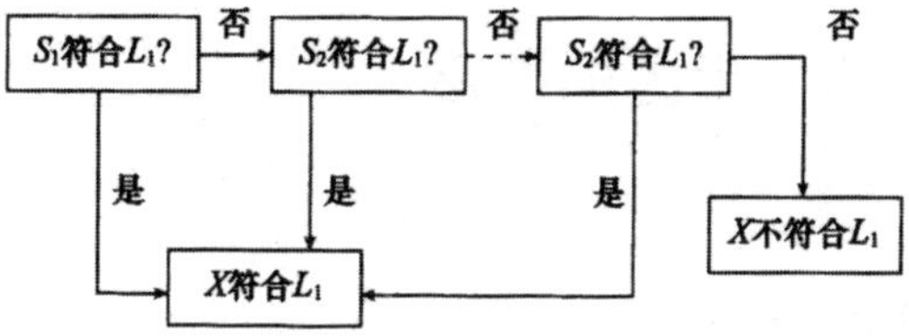

图 1-20 程序框图

3）$X = ?$

因有 k 个已知类别，抽取特征序列 $L_1, L_2, \cdots, L_k$ 代有 k 个数字，那么用这些逻辑来一一对 X 进行判决，将每一个逻辑对 X 的判决结果，用输出逻辑做一个总的综合，就可以得到识别结果，识别框图如图 1-21 所示。

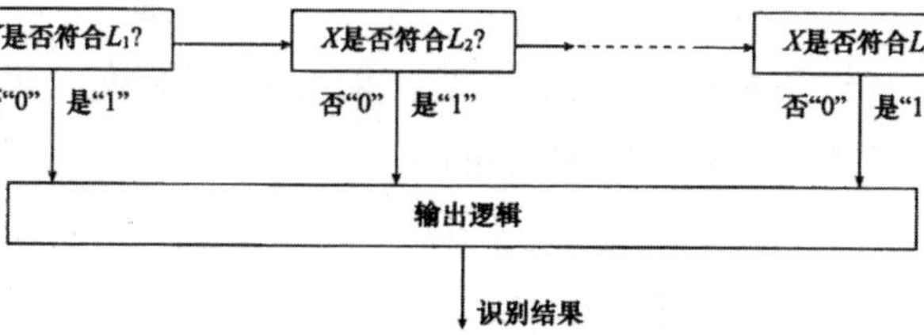

图 1-21　综合识别结果

第 2 章　统计模式识别中的概率方法

由于不确定性,各个类别之间呈现混淆、混沌的表象,给分类带来了困难。这时,需要采取统计方法,对模式的统计特性进行观测,并采用统计判别的分类器,分析归属概率的大小,按照某种方法如在分类错误发生的概率最小的前提下进行分类。

2.1　贝叶斯决策的基本概念

2.1.1　几个相关的概念

1. 先验概率

举一个具体的例子加以说明。假定有一对长相极为相似的双胞胎兄弟,单从长相上很难对两人进行区分,但两人的喜好却存在较大差异。其中,哥哥喜欢照相,而弟弟却不大喜欢。两人的父母为兄弟二人定制了一本内含 1000 张照片的相册。其中,有哥哥的照片 900 张,弟弟的照片 100 张。现从中任取一张照片,让猜一下是谁的照片。本来,因为照片是随机选取的,不论猜是谁的均可能猜中也可能猜错。但是,如果事先知道两人的喜好,则猜是哥哥的照片,猜中的可能性(即概率)会大一些。这种先于某个事件的发生就已知道的概率称为先验概率。

对于先验概率而言,有下面的结果。设哥哥的照片的全体组成类别 ω_1,弟弟的照片的全体组成类别 ω_2,并用 $P(\omega_1)$和

$P(\omega_2)$分别表示两个类别发生的先验概率，则有

$$P(\omega_1)+P(\omega_2)=1$$

这个结果是显然的。因为从相册中任取一张照片，该照片不是哥哥的就是弟弟的，两者必居其一。更一般地，在一个 N 类问题中，若以 $\omega_1,\omega_2,\cdots,\omega_N$ 表示类别，并用 $P(\omega_1),P(\omega_2),\cdots,P(\omega_N)$表示相应类别发生的先验概率，则有

$$P(\omega_1)+P(\omega_2)+\cdots+P(\omega_N)=1$$

这里，假设 N 个类别是互斥的。即当一个样本属于某个类别时，它必定不属于其他类别。

2. 条件概率密度

它被定义为在输入模式属于某个类别 ω 的条件下，观测样本作为 $\boldsymbol{x}$ 出现的概率密度函数，用 $p(\boldsymbol{x}|\omega)$表示。显然，它反映了类别 ω 的样本在所属的特征空间中的分布情况。仍以双胞胎兄弟的例子进行说明。假定这些照片是从不同角度拍摄的。为简单起见，假定拍摄角度仅在方位上存在差异。如图 2-1 所示，若对兄弟两人所拍摄照片的拍摄角度进行统计，并以方位角 x 为参数制作图示的经规范化处理的统计图表(即规格化统计直方图)，则作为一种近似，该图表可视为定义在方位角 x 空间上的一个类条件概率密度函数。显然，类条件概率密度函数在分类中起着至关重要的作用，它刻画了在特定的类别条件下观测样本的概率分布。在模式识别领域中，通常假定类条件概率密度函数的函数形式及主要参数是已知的，或者可以通过大量的抽样试验进行估计。

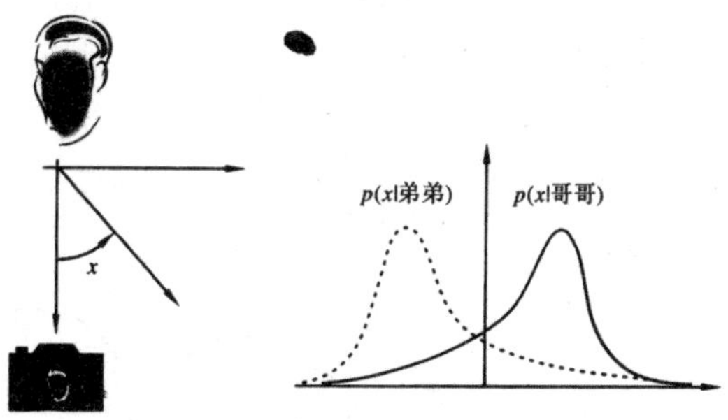

图 2-1　类条件概率密度函数的概念

3. 后验概率

它被定义为在观测样本 $\boldsymbol{x}$ 被观测的情况下，该观测样本属于某个类别 ω 的概率，用 $P(\omega|\boldsymbol{x})$表示。后验概率可以根据概率论中的贝叶斯公式进行计算。它可以直接被用作进行分类判决的依据。

2.1.2 贝叶斯公式

利用贝叶斯公式可以得到后验概率与先验概率和类条件概率密度函数的关系。贝叶斯公式为

$$P(\omega_i|\boldsymbol{x})=\frac{p(\boldsymbol{x}|\omega_i)P(\omega_i)}{p(\boldsymbol{x})} \tag{2-1}$$

其中，$p(\boldsymbol{x})=\sum_{i=1}^{c}p(\boldsymbol{x}|\omega_i)P(\omega_i)$，$c$ 是模式类的总数。贝叶斯公式实质上是通过观察 $\boldsymbol{x}$ 把状态的先验概率转化为状态的后验概率，如图 2-2 所示。

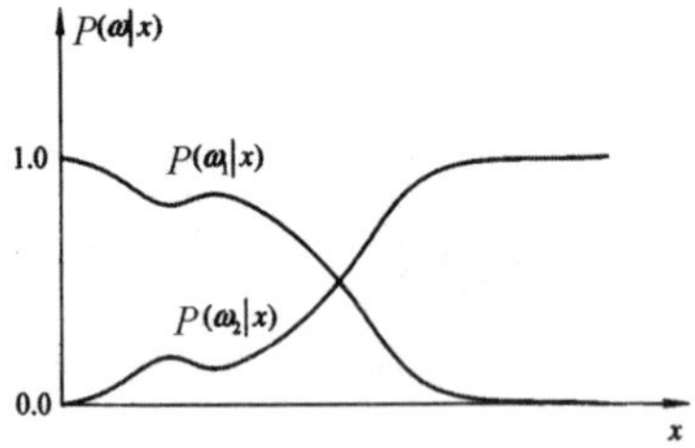

图 2-2　后验概率

2.2 基于最小错误率的贝叶斯决策

在模式分类问题中，人们往往希望尽可能地减少分类的错

误，从这样的要求出发，利用概率论中的贝叶斯公式，就能得出使错误率最小的分类规则，称之为基于最小错误率的贝叶斯决策。下面讨论一般理论：

①$(\omega_1,\omega_2,\cdots,\omega_M)$表示样本 x 所属的 M 个类别。

②先验概率 $P(\omega_i)$，$i=1,2,\cdots,M$。

③假设类条件概率密度函数 $p(\boldsymbol{x}|\omega_i)$，$i=1,2,\cdots,m$ 已知，计算后验概率后，若

$$P(\omega_i|\boldsymbol{x})>P(\omega_j|\boldsymbol{x}) \tag{2-2}$$

则 $\boldsymbol{x}\in\omega_1$ 类。这样的决策可使分类错误率最小。因此称为基于最小错误率的贝叶斯决策。由图 2-3 可知：R_1 和 R_3 的分界点是 $p(\boldsymbol{x}|\omega_1)P(\omega_1)=p(\boldsymbol{x}|\omega_3)P(\omega_3)$的交点。$R_2$ 和 R_3 的分界点是 $p(\boldsymbol{x}|\omega_2)P(\omega_2)=p(\boldsymbol{x}|\omega_3)P(\omega_3)$的交点。

对于 m 类的分类任务，按照决策规则可以把多维特征空间划分成 m 个决策区域 $R_1,R_2,\cdots,R_m$，叫决策域。两个区域 R_i、R_j 的边界叫决策面，x 是一维时，决策面是一个点；二维时，决策面是一条曲(直)线；三维时，决策面是一曲(平)面(图 2-4)；n 维时，决策面是一个超曲(平)面。

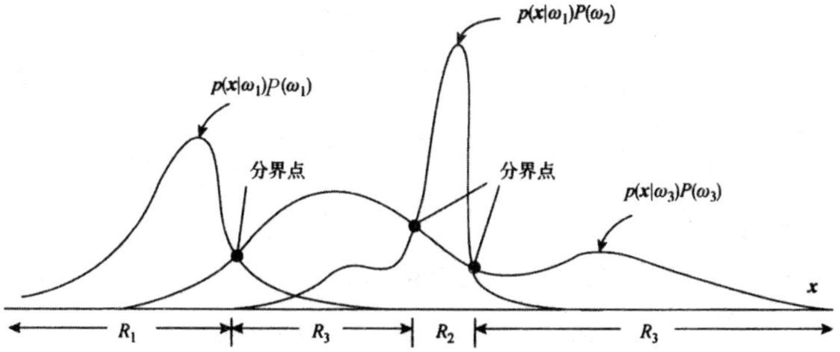

图 2-3　决策点

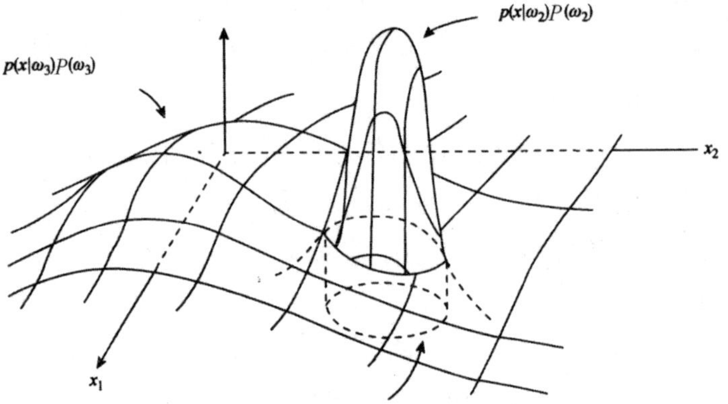

图 2-4 决策面

用 ω_1 和 ω_2 分别表示两个不同的类别，用 $P(\omega_1)$ 和 $P(\omega_2)$ 分别表示 ω_1 和 ω_2 各自的先验概率，用 $p(\boldsymbol{x}|\omega_1)$ 和及 $p(\boldsymbol{x}|\omega_2)$ 分别表示 ω_1 和 ω_2 的类条件概率密度函数。则由全概率公式，可知观测样本 $\boldsymbol{x}$ 出现的全概率密度由下式表示

$$p(\boldsymbol{x})=p(\boldsymbol{x}|\omega_1)P(\omega_1)+p(\boldsymbol{x}|\omega_2)P(\omega_2) \tag{2-3}$$

而由贝叶斯公式，在观测样本 $\boldsymbol{x}$ 出现的情况下，$\boldsymbol{x}$ 属于两个类别 ω_1 和 ω_2 的后验概率分别可表示为

$$P(\omega_1|\boldsymbol{x})=\frac{p(\boldsymbol{x}|\omega_1)P(\omega_1)}{p(\boldsymbol{x})} \tag{2-4}$$

$$P(\omega_2|\boldsymbol{x})=\frac{p(\boldsymbol{x}|\omega_2)P(\omega_2)}{p(\boldsymbol{x})} \tag{2-5}$$

如果规定把观测样本 $\boldsymbol{x}$ 判归后验概率较大的类别，则相应的判决规则可表示为

$$\begin{cases} P(\omega_1|\boldsymbol{x})>P(\omega_2|\boldsymbol{x})\Rightarrow x\in\omega_1 \\ P(\omega_2|\boldsymbol{x})>P(\omega_1|\boldsymbol{x})\Rightarrow x\in\omega_2 \end{cases} \tag{2-6}$$

将式(2-4)和(2-5)代入上式并经过整理，可得到等价的判决规则

$$\begin{cases} p(\boldsymbol{x}|\omega_1)P(\omega_1)>p(\boldsymbol{x}|\omega_2)P(\omega_2)\Rightarrow x\in\omega_1 \\ p(\boldsymbol{x}|\omega_2)P(\omega_2)>p(\boldsymbol{x}|\omega_1)P(\omega_1)\Rightarrow x\in\omega_2 \end{cases} \tag{2-7}$$

上述判决规则被称为最大后验概率判决规则。可以证明，由上述最大后验概率判决规则给出的判决结果的错误概率是最

小的。为说明这一点，来看一个一维两类分类问题的例子。此时，相应的区分超平面退化为一个点(称该分界点为判决阈值)。如图 2-5 所示，假设最佳判决阈值由 t 给出。显然，在所涉及的一维特征空间中，该判决阈值将整个空间划分为分别属于两个不同类别 ω_1 和 ω_2 的两个区域：Ω_1 和 Ω_2。其中，在区域 Ω_1 中，有

$$p(x|\omega_1)P(\omega_1) > p(x|\omega_2)P(\omega_2)$$

在区域 Ω_2 中，有

$$p(x|\omega_2)P(\omega_2) > p(x|\omega_1)P(\omega_1)$$

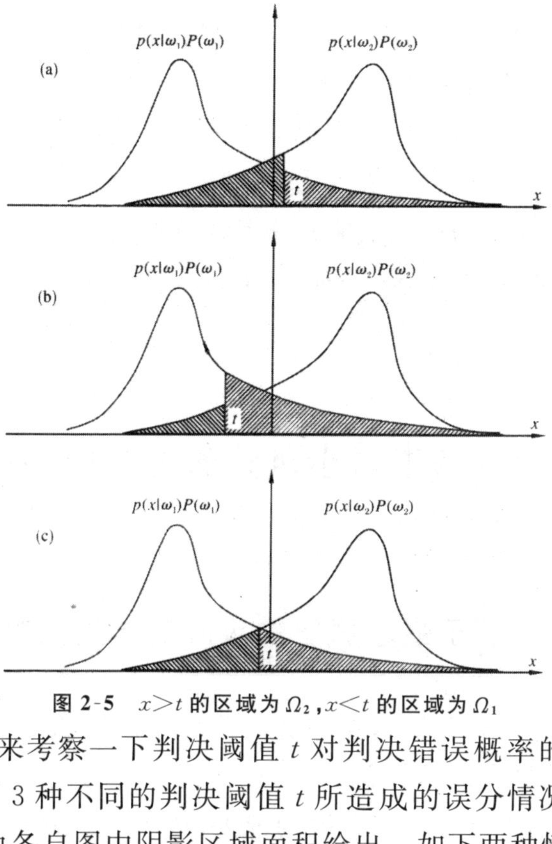

图 2-5 $x>t$ 的区域为 Ω_2，$x<t$ 的区域为 Ω_1

现在，来考察一下判决阈值 t 对判决错误概率的影响。图 2-7 给出了 3 种不同的判决阈值 t 所造成的误分情况。相应的错误概率由各自图中阴影区域面积给出。如下两种情况导致分类错误：①给定的属于 ω_1 的样本 x 被误判为属于 ω_2；②给定的属于 ω_2 的样本 x 被误判为属于 ω_1。故总的分类错误概率 $P(e)$

由下式表示

$$\begin{aligned}P(e)&=P(x\text{ 在 }\Omega_2\text{ 中}|\omega_1)+P(x\text{ 在 }\Omega_1\text{ 中}|\omega_2)\\&=\int_{\Omega_2}P(\omega_1)p(\boldsymbol{x}|\omega_1)\mathrm{d}\boldsymbol{x}+\int_{\Omega_1}P(\omega_2)p(\boldsymbol{x}|\omega_2)\mathrm{d}\boldsymbol{x}\\&=P(\omega_1)\int_{\Omega_2}p(\boldsymbol{x}|\omega_1)\mathrm{d}\boldsymbol{x}+P(\omega_2)\int_{\Omega_1}p(\boldsymbol{x}|\omega_2)\mathrm{d}\boldsymbol{x}\\&=P(\omega_1)P_1(e)+P(\omega_2)P_2(e)\end{aligned}\tag{2-8}$$

显然，为使总的错误概率 $P(e)$ 最小，判决阈值 t 应按图 2-5(c)所示的那样进行选择。因为，在其他选择下，阴影区域的面积（也即总的分类错误概率）都比图 2-5(c)所示的选择多出一块面积（意味着总的分类错误概率会更大一些）。由于图 2-5(c)所示的选择正是最大后验概率准则所建议的选择，因此，有些时候也把最大后验概率判决称为最小错误概率判决。

多类情况下的最大后验概率判决规则为

$$P(\omega_i)p(\boldsymbol{x}|\omega_i)=\max_{1\leqslant j\leqslant M}\{P(\omega_j)p(\boldsymbol{x}|\omega_j)\}\Rightarrow x\in\omega_i,i=1,2,\cdots,M\tag{2-9}$$

2.3 基于最小风险的贝叶斯决策

2.3.1 基于最小风险的贝叶斯决策的概念

基于最小错误概率，在分类时取决于观测值 $\boldsymbol{x}$ 对各类的后验概率中的最大值，因而也就无法估计做出错误决策所带来的损失。为此，不妨将做出判决的依据，从单纯考虑后验概率最大值，改为对该观测值 $\boldsymbol{x}$ 条件下各状态后验概率求加权和的方式，表示成

$$R_i(\boldsymbol{x}) = \sum_{j=1}^{M} \lambda(\alpha_i, j) P(\omega_j \mid \boldsymbol{x})$$

式中，α_i 代表将 $\boldsymbol{x}$ 判为 ω_i 类的决策；$\lambda(\alpha_i, j)$表示观测样品 $\boldsymbol{x}$ 实属于 ω_j，由于采用 α_i 决策而被判为 ω_i 时所造成的损失；R_i 则表示观测值 $\boldsymbol{x}$ 被判为 i 类时损失的均值；$\lambda(\alpha_1, 2)$表示 $\boldsymbol{x}$ 确实是异常药品(ω_2)，但采取决策 α_1 被判定为正常(ω_1)，则会有损失入 $\lambda(\alpha_1, 2)$；$\lambda(\alpha_2, 1)$表示 $\boldsymbol{x}$ 确实是正常(ω_1)，却采取决策 α_2 被判定为异常(ω_2)，则会损失入 $\lambda(\alpha_2, 1)$。

损失函数 $\lambda(\alpha_1, 2)$比 $\lambda(\alpha_2, 1)$大，另外为了使式子写得更方便，也可以定义 $\lambda(\alpha_1, 1)$与 $\lambda(\alpha_2, 2)$，是指正确判断也可有损失。那么把 $\boldsymbol{x}$ 判做 ω_1 引进的损失应该与 $\lambda(\alpha_1, 2)$以及$\lambda(\alpha_2, 1)$都有关，哪一个占主要成分，则取决于 $P(\omega_1 \mid \boldsymbol{x})$与 $P(\omega_2 \mid \boldsymbol{x})$，因此变成了一个加权和，如表 2-1 所示。

表 2-1　风险分析

$\boldsymbol{x}$	采取 α_1 决策，将 $\boldsymbol{x}$ 判为正常 ω_1 的风险 $R_1(\boldsymbol{x})$	采取 α_2 决策，将 $\boldsymbol{x}$ 判为异常 ω_2 的风险 $R_2(\boldsymbol{x})$
$\boldsymbol{x}$ 为正常	损失：$\lambda(\alpha_1, 1)$ 风险：$\lambda(\alpha_1, 1)P(\omega_1 \mid \boldsymbol{x})$	损失：$\lambda(\alpha_2, 1)$ 正常(ω_1)被判定为异常(ω_2) 风险：$\lambda(\alpha_2, 1)P(\omega_1 \mid \boldsymbol{x})$
$\boldsymbol{x}$ 为异常	损失：$\lambda(\alpha_1, 2)$ 异常(ω_2)被判做正常(ω_1) 风险：$\lambda(\alpha_1, 2)P(\omega_2 \mid \boldsymbol{x})$	损失：$\lambda(\alpha_2, 2)$ 风险：$\lambda(\alpha_2, 2)P(\omega_2 \mid \boldsymbol{x})$
总风险	$R_1(x) = \lambda(\alpha_1, 1)P(\omega_1 \mid \boldsymbol{x}) + \lambda(\alpha_1, 2)P(\omega_2 \mid \boldsymbol{x})$	$R_2(\boldsymbol{x}) = \lambda(\alpha_2, 1)P(\omega_1 \mid \boldsymbol{x}) + \lambda(\alpha_2, 2)P(\omega_2 \mid \boldsymbol{x})$

此时做出哪一种决策就要看 $R_1(\boldsymbol{x})$小还是 $R_2(\boldsymbol{x})$小了，这就是基于最小风险的贝叶决策的基本出发点。如果希望尽可能避免将某状态 ω_j 错判为状态 ω_i，则可将相应的 $\lambda(\alpha_i, j)$值选择得大些，以表明损失的严重性。加权和 R_i 用来衡量观测样品 $\boldsymbol{x}$ 被判为状态 ω_i 所需承担的风险。而究竟将 $\boldsymbol{x}$ 判为哪类则应依据所有 $R_i(i=1,2,\cdots,M)$中的最小值，即最小风险来确定。一

般 $\lambda(\alpha_1,1)=\lambda(\alpha_2,2)=0$，为了避免将异常药品判为正常的严重损失，取 $\lambda(\alpha_1,2)>\lambda(\alpha_2,1)$ 则会使 $R_2(\boldsymbol{x})<R_1(\boldsymbol{x})$ 机会多，根据贝叶斯最小风险分类法，表明正常药品错判为异常的可能性大于异常药品错判为正常的可能性，损失减小。

2.3.2 最小风险贝叶斯决策的操作步骤

损失函数 $\lambda(\alpha_i,j)$ 明确表示本身属于自然状态 ω_j，做出决策 α_i，使其归属于 ω_i 所造成的损失。

观测值 $\boldsymbol{x}$ 条件下的期望损失 $R(\alpha_i|\boldsymbol{x})$，$R_i$ 也称为条件风险。

$$R(\alpha_i|\boldsymbol{x})=\sum_{j=1}^{M}\lambda(\alpha_i,j)P(\omega_j|\boldsymbol{x}),i=1,2,\cdots,M \quad (2\text{-}10)$$

最小风险贝叶斯决策规则可写成

$$R(\alpha_k|\boldsymbol{x})=\min_{i=1,2,\cdots,M}R(\alpha_i|\boldsymbol{x}) \quad (2\text{-}11)$$

这里计算的是最小值。

最小风险贝叶斯决策的操作步骤可归纳如下：

①已知 $P(\omega_i)$，$p(\boldsymbol{x}|\omega_i)$，$i=1,2,\cdots,M$ 及给出待识别 $\boldsymbol{x}$ 的情况下，根据贝叶斯公式计算出后验概率。

$$P(\omega_i|\boldsymbol{x})=\frac{p(\boldsymbol{x}|\omega_i)P(\omega_i)}{\sum\limits_{j=1}^{M}p(\boldsymbol{x}|\omega_j)P(\omega_j)},j=1,2,\cdots,M$$

②利用计算出的后验概率及决策表，按式(2-10)计算出采取决策 α_i，$i=1,2,\cdots,M$ 的条件风险。

$$R(\alpha_i|\boldsymbol{x})=\sum_{j=1}^{M}\lambda(\alpha_i,j)P(\omega_j|\boldsymbol{x}),i=1,2,\cdots,M$$

③对②中得到的 M 个条件风险值 $R(\alpha_i|\boldsymbol{x})$，$i=1,2,\cdots,M$ 进行比较，找出使条件风险最小的决策 α_k，则 α_k 就是最小风险贝叶斯决策，ω_k 就是待识别样品 $\boldsymbol{x}$ 的归类。

2.3.3 最小错误率与最小风险的贝叶斯决策比较

设损失函数为

$$\lambda(\alpha_i,\omega_j)=\begin{cases}0, i=j\\1, i\neq j\end{cases}\quad i,j=1,2,\cdots,M \tag{2-12}$$

式中，假定对 M 类只有 M 个决策，即不考虑“拒绝”等其他情况，式(2-12)表明，当做出正确决策(即 $i=j$)时没有损失，而对于任何错误决策，其损失均为 1。这样定义的损失函数称为 0-1 损失函数，如表 2-2 所示。

由表 2-2 可见，当 $P(\omega_1|\boldsymbol{x})>P(\omega_2|\boldsymbol{x})$时，基于最小错误概率的贝叶斯决策结果是 ω_2 类；而此时 $R_2(\boldsymbol{x})=P(\omega_1|\boldsymbol{x})$，$R_1(\boldsymbol{x})=P(\omega_2|\boldsymbol{x})$，$R_2(\boldsymbol{x})<R_1(\boldsymbol{x})$基于最小风险的贝叶斯决策结果同样也是 ω_2 类。因此，在 0-1 损失函数情况下，基于最小风险的贝叶斯决策结果，也就是基于最小错误概率的贝叶斯决策结果。

表 2-2　最小错误率与最小风险的贝叶斯决策之间的关系

$\boldsymbol{x}$	采取 α_1 决策，将 $\boldsymbol{x}$ 判为正常 ω_1 的风险 $R_1(x)$	采取 α_2 决策，将 x 判为异常 ω_2 的风险 $R_2(\boldsymbol{x})$
$\boldsymbol{x}$ 为正常	损失：$\lambda(\alpha_1,1)=0$ 风险：$\lambda(\alpha_1,1)P(\omega_1|\boldsymbol{x})=0$	损失：$\lambda(\alpha_2,1)=1$ 正常(ω_1)被判定为异常(ω_2) 风险：$\lambda(\alpha_2,1)P(\omega_1|\boldsymbol{x})=P(\omega_1|\boldsymbol{x})$
$\boldsymbol{x}$ 为异常	损失：$\lambda(\alpha_1,2)=1$ 异常(ω_2)被判做正常(ω_1) 风险：$\lambda(\alpha_1,2)P(\omega_2|\boldsymbol{x})=P(\omega_2|\boldsymbol{x})$	损失：$\lambda(\alpha_2,2)=0$ 风险：$\lambda(\alpha_2,2)P(\omega_2|\boldsymbol{x})=0$
总风险	$R_1(\boldsymbol{x})=\lambda(\alpha_1,1)P(\omega_1|\boldsymbol{x})+\lambda(\alpha_1,2)P(\omega_2|\boldsymbol{x})$ $P(\omega_2|\boldsymbol{x})$是将 $\boldsymbol{x}$ 判为 ω_2 时的错误概率	$R_2(\boldsymbol{x})=\lambda(\alpha_2,1)P(\omega_1|\boldsymbol{x})+\lambda(\alpha_2,2)P(\omega_2|x)$ $P(\omega_1|\boldsymbol{x})$是将 $\boldsymbol{x}$ 判为 ω_1 时的错误概率

实际上，$\sum\limits_{j=1,j\neq i}^{M}P(\omega_j|\boldsymbol{x})$也是将 $\boldsymbol{x}$ 判为 ω_i 时的错误概率，$\sum\limits_{j=1,j\neq i}^{M}P(\omega_j|\boldsymbol{x})=1-\sum\limits_{j=1,j\neq i}^{M}P(\omega_i|\boldsymbol{x})$，因此，当 $P(\omega_i|\boldsymbol{x})$最大时，基于最小错误概率的贝叶斯决策结果，将该样品判归为 ω_i 类，

而此时 $R_i(\boldsymbol{x})$最小，风险也是最小的，它与基于最小错误率的贝叶斯决策的判据是一样的。

2.4 正态分布模型的统计决策

多元正态分布是最常见的一种概率分布。本小节叙述在正态分布的情况下最小错误率贝叶斯分类器的决策函数及分类边界的性状及性质。设各类都服从多元正态分布 $N(\boldsymbol{\mu}_i,\boldsymbol{\Sigma}_i)$，其密度函数表达式为

$$p(\boldsymbol{x}|\omega_i)=\frac{1}{(2\pi)^{\frac{n}{2}}|\boldsymbol{\Sigma}_i|^{\frac{1}{2}}}\exp\left\{-\frac{1}{2}(\boldsymbol{x}-\boldsymbol{\mu}_i)^{\mathrm{T}}\boldsymbol{\Sigma}_i^{-1}(\boldsymbol{x}-\boldsymbol{\mu}_i)\right\} \tag{2-13}$$

式中，$\boldsymbol{\mu}_i$ 为第 i 类期望向量；$\boldsymbol{\Sigma}_i$ 为第 i 类协方差矩阵。于是只要把式(2-13)代入贝叶斯分类器决策函数的表达式中即可。为计算方便，取它的对数并略去与类别无关的常数项$\frac{n}{2}\ln 2\pi$，得

$$d_i(\boldsymbol{x})=\ln P(\omega_i)-\frac{1}{2}\ln|\boldsymbol{\Sigma}_i|-\frac{1}{2}\left[(\boldsymbol{x}-\boldsymbol{\mu}_i)^{\mathrm{T}}\boldsymbol{\Sigma}_i^{-1}(\boldsymbol{x}-\boldsymbol{\mu}_i)\right] \tag{2-14}$$

将 $\boldsymbol{x}$ 纳入使 $d_i(\boldsymbol{x})$最大的类中去。第 i 类和第 j 类之间的分界面方程为 $d_i(\boldsymbol{x})=d_j(\boldsymbol{x})$。下面分几种情况进行讨论。

2.4.1 各类协方差都相等，且各分量相互独立情况

$\boldsymbol{\Sigma}_i=\boldsymbol{\Sigma}_j=\sigma^2\boldsymbol{I}$，也就是各分量独立且有相同方差的情况。这时 $\boldsymbol{\Sigma}^{-1}=\frac{1}{\sigma^2}\boldsymbol{I}$，且$\frac{1}{2}\ln|\boldsymbol{\Sigma}_i|$项可从式(2-14)的决策函数中除去。则式(2-14)可简化成

$$d_i(\boldsymbol{x})=-\frac{1}{2\sigma^2}(\boldsymbol{x}-\boldsymbol{\mu}_i)^{\mathrm{T}}(\boldsymbol{x}-\boldsymbol{\mu}_i)+\ln P(\omega_i) \tag{2-15}$$

将式(2-15)中的$(\boldsymbol{x}-\boldsymbol{\mu}_i)^{\mathrm{T}}(\boldsymbol{x}-\boldsymbol{\mu}_i)$展开，并略去与类别无关的$\boldsymbol{x}^{\mathrm{T}}\boldsymbol{x}$项，得

$$d_i(\boldsymbol{x})=\ln P(\omega_i)-\frac{1}{2\sigma^2}\boldsymbol{\mu}_i^{\mathrm{T}}\boldsymbol{\mu}_i+\frac{1}{\sigma^2}\boldsymbol{x}^{\mathrm{T}}\mu_i \tag{2-16}$$

若各类先验概率也相等，则分类规则简化成简单的根据待分类模式$\boldsymbol{x}$到各类中心$\boldsymbol{\mu}_i$的欧氏距离来分类，分到离$\boldsymbol{x}$最近的那一类去。分类边界是二类中心连线的垂直平分面。若各类先验概率不相等，分界面仍线性分界面，但不通过两个中心连线的中点。若$P(\omega_i)>P(\omega_j)$，则分界面向j靠拢。事实上，若式(2-16)代入分类边界方程$d_i(\boldsymbol{x})=d_j(\boldsymbol{x})$，容易看出这是个线性方程式。

$$2\boldsymbol{x}^{\mathrm{T}}(\boldsymbol{\mu}_j-\boldsymbol{\mu}_i)+\|\boldsymbol{\mu}_i\|^2-\|\boldsymbol{\mu}_j\|^2-2\sigma^2\ln\frac{P(\omega_i)}{P(\omega_j)}=0$$

图 2-6 示出当各类协方差阵相同，且为$\sigma^2\boldsymbol{I}$时，2 维四类问题的分类边界(设先验概率都相同)。对 2 维情况，分类边界是直线。若维数n高于 3 维，分类边界为超平面。

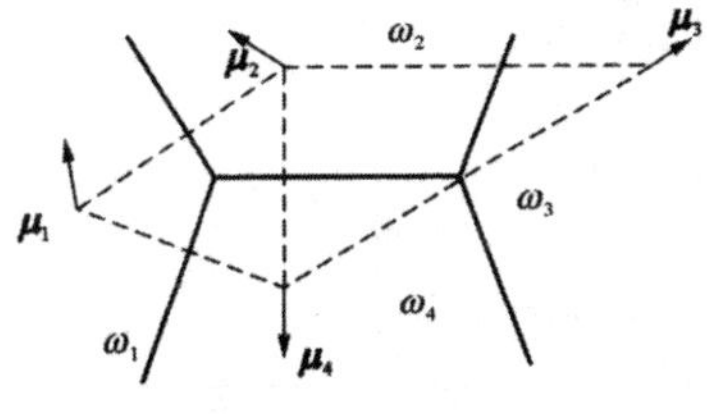

图 2-6　2 维四类问题分类边界图

2.4.2　各类协方差都相等，但各分量不相互独立情况

由式(2-14)，消去与类别无关的$\boldsymbol{x}^{\mathrm{T}}\boldsymbol{x}$项及$\frac{1}{2}\ln|\boldsymbol{\Sigma}_i|$项，得

$$d_i(\boldsymbol{x})=\ln P(\omega_i)-\frac{1}{2}[(\boldsymbol{x}-\boldsymbol{\mu}_i)^{\mathrm{T}}\boldsymbol{\Sigma}^{-1}(\boldsymbol{x}-\boldsymbol{\mu}_i)] \tag{2-17}$$

及

$$d_i(\boldsymbol{x})=\ln P(\omega_i)-\frac{1}{2}\boldsymbol{\mu}_i^{\mathrm{T}}\boldsymbol{\Sigma}^{-1}\boldsymbol{\mu}_i+\boldsymbol{x}^{\mathrm{T}}\boldsymbol{\Sigma}^{-1}\boldsymbol{\mu}_i \tag{2-18}$$

式(2-17)说明现在应该按 X 离各类中心的 Mahalanobis 距离(而不是欧氏距离)的大小进行分类。而式(2-18)表明分类边界仍是线性的。图 2-7(a)是这种情况下贝叶斯分类边界的示意图。事实上,2.4.1,2.4.2 中的两种情况之间有密切联系。若对第 2 种情况(各分量不相互独立情况)先作白化交换,即找到交换阵 $\boldsymbol{A}$ 使变换后的协方差阵 $\boldsymbol{A\Sigma A}^{\mathrm{T}}=\boldsymbol{I}$,则对变换后的矢量 $\boldsymbol{y}=\boldsymbol{Ax}$ 来说,情况就变为 $\boldsymbol{\Sigma}_{y1}=\boldsymbol{\Sigma}_{y2}=\boldsymbol{\Sigma}_{y}=\boldsymbol{I}$,即 2.4.1 中的情况[图 2-7(b)]。

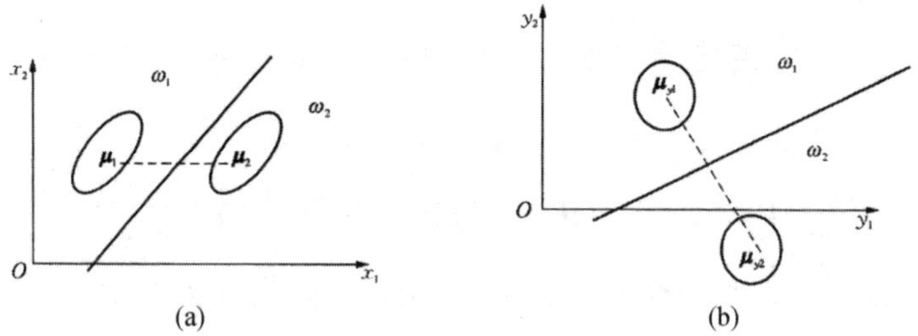

图 2-7 协方差阵相等时的分类边界

2.4.3 一般情况

这时,对式(2-14)无法做进一步的简化。因为一般情况下正态分布的贝叶斯分类边界是二次超曲面。按 $\boldsymbol{\Sigma}_i,\boldsymbol{\Sigma}_j,\boldsymbol{\mu}_i,\boldsymbol{\mu}_j$ 的不同,分类边界可能是超球面、超椭球面、超抛物面、超双曲面,在某些情况下也会退化为超平面。下面仅就 2 维二类情况下的分类边界形状作进一步的说明。对 2 维问题,分类边界应是二次曲线。为了叙述方便,令 $\boldsymbol{A}=\boldsymbol{\Sigma}_1^{-1}=\begin{bmatrix}a_{11} & a_{12}\\ a_{21} & a_{22}\end{bmatrix}$,$\boldsymbol{B}=\boldsymbol{\Sigma}_2^{-1}=\begin{bmatrix}b_{11} & b_{12}\\ b_{21} & b_{22}\end{bmatrix}$,则分类边界方程 $d_1(\boldsymbol{x})=d_2(\boldsymbol{x})$可写为

$$(\boldsymbol{x}-\boldsymbol{\mu}_1)^{\mathrm{T}}\boldsymbol{A}(\boldsymbol{x}-\boldsymbol{\mu}_1)-(\boldsymbol{x}-\boldsymbol{\mu}_2)^{\mathrm{T}}\boldsymbol{B}(\boldsymbol{x}-\boldsymbol{\mu}_2)+\boldsymbol{K}=0 \quad (2\text{-}19)$$

式中,K 为与 $\boldsymbol{x}$ 无关的常数。式(2-19)总可化成二次曲线的一般方程式

$$ax_1^2+2bx_1x_2+cx_2^2+2dx_1+2ex_2+f=0 \tag{2-20}$$

当二次项系数 a,b,c 为不同值时，式(2-20)分别对应于椭圆、抛物线、双曲线。由解析几何知识可知，若

$$\boldsymbol{H}=\begin{vmatrix} a & b \\ b & c \end{vmatrix} \qquad \boldsymbol{H}\begin{cases} >0, \text{分界线为椭圆} \\ =0, \text{分界线为抛物线} \\ <0, \text{分界线为双曲线} \end{cases} \tag{2-21}$$

将式(2-19)、式(2-20)进行比较，可得

$$\begin{aligned} \boldsymbol{H} &= \begin{vmatrix} a_{11}-b_{11} & a_{12}-b_{12} \\ a_{12}-b_{12} & a_{22}-b_{22} \end{vmatrix} = (a_{12}-b_{12})(a_{22}-b_{22})-(a_{12}-b_{12})^2 \\ &= (a_{11}a_{22}-a_{12}^2)+(b_{11}b_{22}-b_{12}^2)+(-a_{11}b_{22}+2a_{12}b_{12}-a_{22}b_{11}) \\ &= |\boldsymbol{A}|+|\boldsymbol{B}|-|\boldsymbol{B}|\operatorname{tr}(\boldsymbol{A}\boldsymbol{B}^{-1}) = |\boldsymbol{B}|\{1+|\boldsymbol{A}\boldsymbol{B}^{-1}|-\operatorname{tr}(\boldsymbol{A}\boldsymbol{B}^{-1})\} \end{aligned} \tag{2-22}$$

因为 $\boldsymbol{\Sigma}_1,\boldsymbol{\Sigma}_2$ 是正定阵，故 $|\boldsymbol{B}|>0$。设 $\boldsymbol{A}\boldsymbol{B}^{-1}$ 的特征值为 λ_1，λ_2，则

$$1+|\boldsymbol{A}\boldsymbol{B}^{-1}|-\operatorname{tr}(\boldsymbol{A}\boldsymbol{B}^{-1})=1+\lambda_1\lambda_2-(\lambda_1+\lambda_2)=(\lambda_1-1)(\lambda_2-1) \tag{2-23}$$

由式(2-21)及式(2-23)，我们可以根据 $\boldsymbol{\Sigma}_1^{-1}\boldsymbol{\Sigma}_2$ 的两个特征值是大于、小于还是等于 1 来判断 2 维二类问题贝叶斯分类边界的形状。至于在什么情况下，二次曲线将退化为一次曲线的问题，也可从分析式(2-20)的系数得到。

图 2-8 示出在不同情况下，贝叶斯分类器分类边界(对于正态，2 维，2 类情况)。

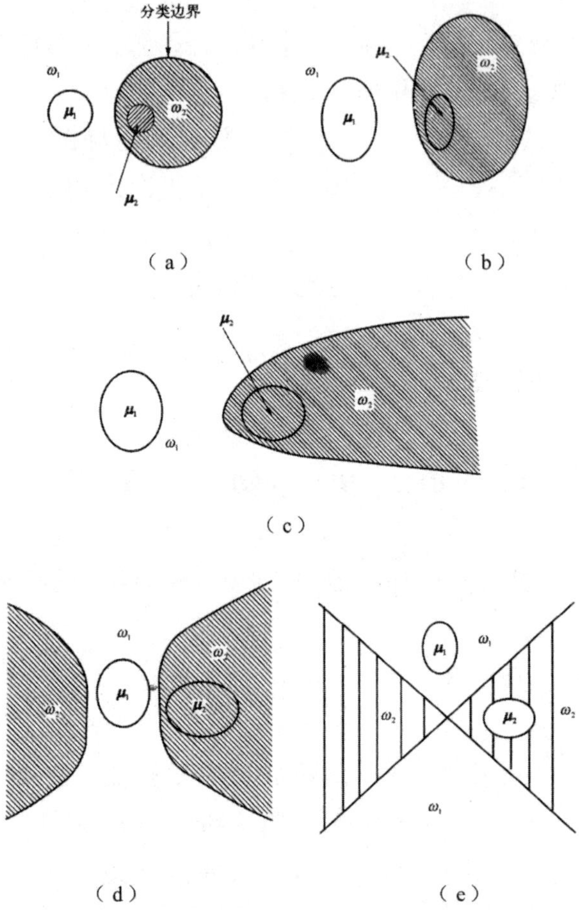

图 2-8　不同情况下贝叶斯分类边界

(a)圆；(b)椭圆；(c)抛物线；(d)双曲线；(e)直线

2.5　贝叶斯分类器的错误率

所谓错误率指的是平均错误率，定义为

$$P(e)=\int_{-\infty}^{+\infty}P(e|\boldsymbol{x})p(\boldsymbol{x})\mathrm{d}x \tag{2-24}$$

式中，$\boldsymbol{x}=[x_1,x_2,\cdots,x_n]^{\mathrm{T}}$；$P(e|\boldsymbol{x})$是 $\boldsymbol{x}$ 的条件错误概率。

2.5.1　错误率分析

1. 两类问题的错误率

设 R_1 和 R_2 分别为 ω_1 类和 ω_2 类样本的判决区域。在两类问题中，属于 ω_1 类和 ω_2 类的样本应该对应地划分到 R_1、R_2 区域中，但是可能会发生两种错误：

①将来自 ω_1 类的样本错分到 R_2 中去。

②将来自 ω_2 类的样本错分到 R_1 中去。

错误率表示为两种错误之和，由式(2-24)有

$$\begin{aligned} P(e) &= P(x \in R_2, \omega_1) + P(x \in R_1, \omega_2) \\ &= \int_{R_2} P_1(e|\boldsymbol{x})p(\boldsymbol{x})\mathrm{d}\boldsymbol{x} + \int_{R_1} P_2(e|\boldsymbol{x})p(\boldsymbol{x})\mathrm{d}\boldsymbol{x} \end{aligned} \tag{2-25}$$

式中，第一项表示 ω_1 类样本被错分的错误率；第二项表示 ω_2 类样本被错分的错误率。一维情况如图 2-9 所示，两个阴影区域的面积之和为错误率。

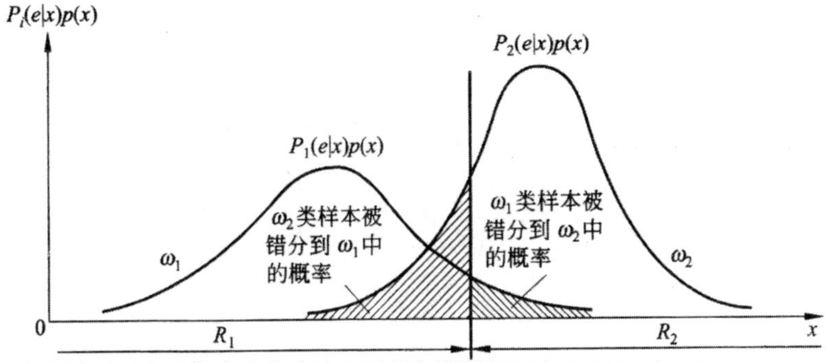

图 2-9　两类问题错误率

在两类问题的最小错误率贝叶斯决策中，决策规则用后验概率表示为

$$若\ P(\omega_1|\boldsymbol{x}) > P(\omega_2|\boldsymbol{x})，则\ x \in \omega_1$$

若 $P(\omega_1|\boldsymbol{x})<P(\omega_2|\boldsymbol{x})$，则 $x\in\omega_2$

用先验概率和类概率密度函数表示为

若 $p(\boldsymbol{x}|\omega_1)P(\omega_1)>p(\boldsymbol{x}|\omega_2)P(\omega_2)$，则 $\boldsymbol{x}\in\omega_1$

若 $p(\boldsymbol{x}|\omega_2)P(\omega_2)>p(\boldsymbol{x}|\omega_1)P(\omega_1)$，则 $x\in\omega_2$

判别界面为

$$P(\omega_1|\boldsymbol{x})=P(\omega_2|\boldsymbol{x})$$

或

$$p(\boldsymbol{x}|\omega_1)P(\omega_1)=p(\boldsymbol{x}|\omega_2)P(\omega_2)$$

此时式(2-25)中，$\boldsymbol{x}$ 的条件错误概率为

$$P(e|\boldsymbol{x})=\begin{cases}P_1(e|\boldsymbol{x})=P(\omega_1|\boldsymbol{x}),P(\omega_2|\boldsymbol{x})>P(\omega_1|\boldsymbol{x})\\P_2(e|\boldsymbol{x})=P(\omega_2|\boldsymbol{x}),P(\omega_1|\boldsymbol{x})>P(\omega_2|\boldsymbol{x})\end{cases}\tag{2-26}$$

以上式第一行为例，其含义是：当 $P(\omega_2|\boldsymbol{x})>P(\omega_1|\boldsymbol{x})$时，分类器会将 $\boldsymbol{x}$ 判为属于 ω_2 类的样本，但此时 $\boldsymbol{x}$ 属于 ω_1 类的可能性 $P(\omega_1|\boldsymbol{x})$仍然存在，那么从另一个角度考虑，发生错分的概率也是这么大，这也就是 ω_1 类样本被错分的概率。将式(2-26)代入式(2-25)，得出错误率为

$$P(e)=\int_{R_2}P(\omega_1|\boldsymbol{x})p(\boldsymbol{x})\mathrm{d}\boldsymbol{x}+\int_{R_1}P(\omega_2|\boldsymbol{x})p(\boldsymbol{x})\mathrm{d}\boldsymbol{x}\tag{2-27}$$

式(2-27)还可写为

$$\begin{aligned}P(e)&=\int_{R_2}p(\boldsymbol{x}|\omega_1)P(\omega_1)\mathrm{d}\boldsymbol{x}+\int_{R_1}p(\boldsymbol{x}|\omega_2)P(\omega_2)\mathrm{d}\boldsymbol{x}\\&=P(\omega_1)\int_{R_2}p(\boldsymbol{x}|\omega_1)\mathrm{d}\boldsymbol{x}+P(\omega_2)\int_{R_1}p(\boldsymbol{x}|\omega_2)\mathrm{d}\boldsymbol{x}\end{aligned}\tag{2-28}$$

令 $P_1(e)=\int_{R_2}p(\boldsymbol{x}|\omega_1)\mathrm{d}\boldsymbol{x}$，$P_2(e)=\int_{R_1}p(\boldsymbol{x}|\omega_2)\mathrm{d}\boldsymbol{x}$，则

$$P(e)=P(\omega_1)P_1(e)+P(\omega_2)P_2(e)\tag{2-29}$$

一维模式情况如图 2-10 所示。从图 2-10 中可以看到，最小错误率贝叶斯决策的判别界面 $p(\boldsymbol{x}|\omega_1)P(\omega_1)=p(\boldsymbol{x}|\omega_2)P(\omega_2)$位于

两条曲线的交点处，与图 2-9 相比，网格填充的三角区面积这时已减小为 0，错误率达到了最小。这也就是这一决策规则为何称为“最小错误率”的原因。实际上式(2-26)是对每个 $\boldsymbol{x}$ 都使 $P(e|\boldsymbol{x})$ 取最小，这也就使式(2-27)的积分必然为最小，即错误率达到最小，但错误率不可能为零，即两个斜线阴影部分的面积之和不可能为零。

考虑两类总的错误率是有必要的，因为对分类问题来说，待识别样本可能属于 ω_1 类，也可能属于 ω_2 类，仅使一类样本的错误率最小是没有意义的，因为这时另一类的错误率可能很大。

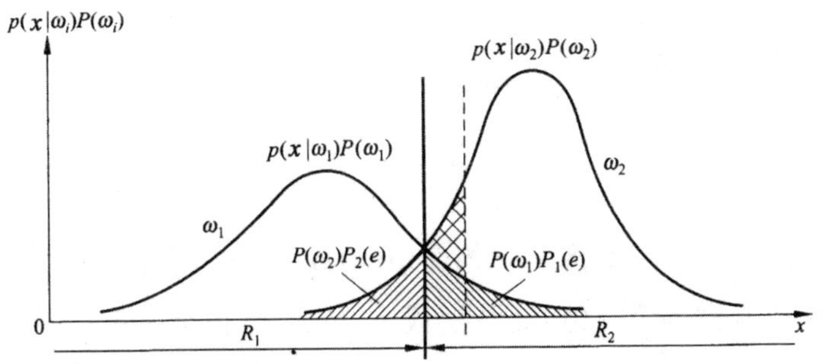

图 2-10 两类问题最小错误率贝叶斯决策的错误率

2. 多类情况错误率

设共有 M 类模式，当决策 $x \in \omega_i$ 时错误率为

$$\sum_{\substack{j=1 \\ j\neq i}}^{M}\int_{R_i} P(\omega_j|\boldsymbol{x})p(\boldsymbol{x})\mathrm{d}\boldsymbol{x} = \sum_{\substack{j=1 \\ j\neq i}}^{M}\int_{R_i} p(\boldsymbol{x}|\omega_j)P(\omega_j)\mathrm{d}\boldsymbol{x} \tag{2-30}$$

类似地，$\boldsymbol{x}$ 被判决为任何一类时，都存在这样一个可能的错误，故错误率为

$$P(e) = \sum_{i=1}^{M}\sum_{\substack{j=1 \\ j\neq i}}^{M}\int_{R_i} p(\boldsymbol{x}|\omega_j)P(\omega_j)\mathrm{d}\boldsymbol{x} \tag{2-31}$$

共有 $M(M-1)$ 项。可见直接求 $P(e)$ 的计算量很大，可以通过计算平均正确分类概率来间接求取。平均正确分类概率为

$$P(c)=\sum_{i=1}^{M}\int_{R_i}p(\boldsymbol{x}|\omega_i)P(\omega_i)\mathrm{d}\boldsymbol{x}$$

则错误率为

$$P(e)=1-P(c)$$

2.5.2 正态分布最小错误率

设 $$P(\omega_1)=P(\omega_2)=\frac{1}{2}$$

因为

$$p(\boldsymbol{x}|\omega_1)=\frac{1}{\sqrt{2\pi}\sigma}\exp\left\{-\frac{1}{2}\left[\frac{(\boldsymbol{x}-\mu_1)}{\sigma}\right]^2\right\}$$

$$p(\boldsymbol{x}|\omega_2)=\frac{1}{\sqrt{2\pi}\sigma}\exp\left\{-\frac{1}{2}\left[\frac{(\boldsymbol{x}-\mu_2)}{\sigma}\right]^2\right\}$$

把上式代入最小错误率条件 $p(\boldsymbol{x}|\omega_1)P(\omega_1)=p(\boldsymbol{x}|\omega_2)P(\omega_2)$，可解出 $\boldsymbol{x}$ 值就是 Y_T 值，把 Y_T 代入 $P(e)$ 可得 $P(e)_{\min}$，即

$$\begin{aligned}P(e)_{\min}&=\int_{Y_T}^{\infty}P(\omega_1)p(\boldsymbol{x}|\omega_1)\mathrm{d}\boldsymbol{x}+\int_{-\infty}^{Y_T}P(\omega_2)p(\boldsymbol{x}|\omega_2)\mathrm{d}\boldsymbol{x}\\&=\frac{1}{\sqrt{2\pi}}\int_{k}^{\infty}\exp\left(-\frac{1}{2}u^2\right)\mathrm{d}u\end{aligned}\tag{2-32}$$

式中，$u=\frac{\boldsymbol{x}-\mu_1}{\sigma}$；$k=\frac{1}{2}(\mu_1-\mu_2)^2\sigma^{-2}$。

若已知 μ_1,μ_2,σ，可以计算 k 和 $P(e)_{\min}$。

对多维问题：

$$p(\boldsymbol{x}|\omega_1)=N(\mu_1,\Sigma_1),p(\boldsymbol{x}|\omega_2)=N(\mu_2,\Sigma_2)$$

最小错误率为

$$P(e)_{\min}=\frac{1}{\sqrt{2\pi}}\int_{k}^{\infty}\exp\left(-\frac{1}{2}u^2\right)\mathrm{d}u$$

$$k=\frac{1}{2}(\mu_1-\mu_2)^2\Sigma^{-1}(\mu_1-\mu_2)\text{（错误率最小）}\tag{2-33}$$

若已知 μ_1, μ_2, Σ，可以计算 k，因此可计算出最小错误率。

2.5.3　错误率的实验估计

1. 已经设计好分类器时错误率的估计

(1)先验概率未知情况——随机抽样

这时随机地抽取 N 个样本，而不管这 N 个样本中有几个属第一类，几个属第二类，这种方法称为随机抽样。用一设计好的分类器对它分类，设有 K 个样本被分错，则以$\dfrac{K}{N}$作为错误率 ε 的估计量。下面分析这样做的合理性以及测得结果的可靠程度。若重复做上述试验，每次试验得到的错分样本数 K 不一定相同。K 是个离散性随机变量，它服从二项分布。若分类器的真实错误率为 ε，则

$$P(K)=C_N^K \varepsilon^K (1-\varepsilon)^{N-K} \tag{2-34}$$

现在的问题是从观察到的 K 值来估计错误率 ε，若用最大似然估计，应该求解$\dfrac{\partial P(K)}{\partial \varepsilon}=0$。因对数函数是单调函数，求解$\dfrac{\partial \ln P(K)}{\partial \varepsilon}=0$ 也可以。将式(2-34)对 ε 求导，即得

$$\begin{aligned}\frac{\partial \ln P(K)}{\partial \varepsilon}&=\frac{\partial}{\partial \varepsilon}[\ln C_N^K+K\ln\varepsilon+(N-K)\ln(1-\varepsilon)]\\&=\frac{K}{\varepsilon}-\frac{N-K}{1-\varepsilon}\\&=0\end{aligned}$$

从而解得

$$\hat{\varepsilon}=\frac{K}{N} \tag{2-35}$$

式(2-35)表明，可以用试验得到的错分百分比作为错误率的估计量，这个结论很直观。

因为 K 服从二项分布，$E\{K\}=N\varepsilon$，$\mathrm{var}\{K\}=N\varepsilon(1-\varepsilon)$，由式(2-35)，可得 ε 的期望和方差。

$E\{\hat{\varepsilon}\}=E\left\{\frac{K}{N}\right\}=\frac{N\varepsilon}{N}=\varepsilon$，可见这是个无偏估计量。

$\mathrm{var}\{\hat{\varepsilon}\}=\mathrm{var}\left\{\frac{K}{N}\right\}=\frac{N\varepsilon(1-\varepsilon)}{N^2}$，可见检验样本集愈大，即 N 值愈大，估计得愈可靠。图 2-11 示出相应 95%的置信区间。

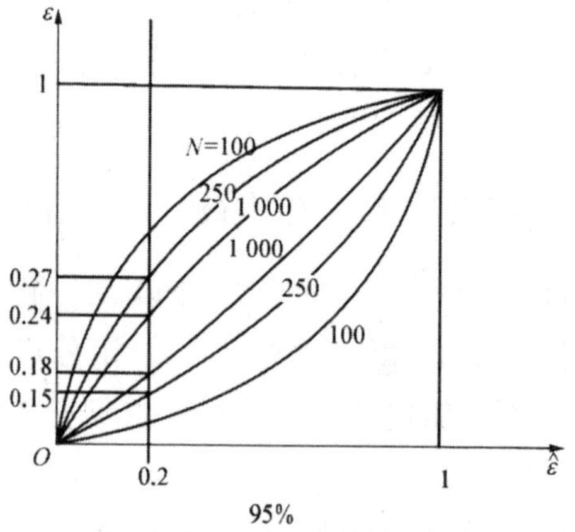

图 2-11　对于 95%的置信区间

(2)先验概率已知情况——选择性抽样

在已知 $P(\omega_1)$，$P(\omega_2)$时，可在估计错误率时利用这种信息以提高估计的可靠性。具体做法如下：

对检验样本中类别比例进行控制，使之符合先验概率知识。即在第 N 个检验样本中应有 $N_1=P(\omega_1)N$ 个第一类样本，$N_2=P(\omega_2)N$ 个第二类样本。这种方法称为选择性抽样。若分类结果 N_1 个第一类样本中有 K_1 个被分错，N_2 个中有 K_2 个被分错。因 K_1 和 K_2 独立，故

$$P(K_1,K_2)=\prod_{i=1}^{2}C_{N_i}{}^{K_i}\varepsilon_i{}^{K_i}(1-\varepsilon_i)^{N_i-K_i} \qquad (2\text{-}36)$$

式中，ε_i 为第 i 类真实错误率，用式(2-35)来估计 $\hat{\varepsilon}=\frac{K_i}{N_i}$，总错误率为

$$\hat{\varepsilon}=P(\omega_1)\hat{\varepsilon}_1+P(\omega_2)\hat{\varepsilon}_2=\frac{K_1+K_2}{N} \tag{2-37}$$

由于在选择样本时利用了类别分配比例的先验知识，这种方法性能比随机抽样时来得好。

2. 未设计好分类器的情况

这是指一共只有 N 个已知类别的样本，既要用它设计分类器，又要用它检验分类器性能。一般来说要把它们划分成设计集和检验集。设计集用于估计各类密度函数或决定分类器参数。在分类器确定后，用所设计的分类器对检验样本进行分类，看分错了多少。按这两个样本集的划分方法之不同可分为 C 方法和 U 方法。

(1)C 方法

用全部 N 个样本进行设计，设计以后仍用同样的 N 个样本来检验分类器的性能(测错误率)。由于 N 个样本既用于设计又用于检验，这样测得的错误率偏于乐观。即这是一个有偏的估计，总是估得偏小。

(2)U 方法

根据设计集和检验集取得不同可分为样本划分法和留一法。

1)样本划分法

把一部分样本用作设计集，另一部分用作检验集。当可提供的已知某类别的样本数较多时，这种做法可以得到好的效果。但当 N 较小时，设计和检验之间有较大矛盾。若设计集大些，则对各类密度函数的设计较有把握，但因检验样本太少，对测得的错误率把握不大。反之，设计得可能不够好，解决这种矛盾的办法是多次分组。先把某些样本作设计集，另一些做检验集，设计分类器并估计错误率，然后改变分组情况，重复地做几次，取各次测得错误率的平均值，这是一种以计算工作量换取可靠性的方案。

2)留一法

是上述多次分组法的极端情况。做法是用 $N-1$ 个样本设计分类器,只留下一个做检验样本。然后留另一个样本做检验样本,重复上述步骤。这样共设计、检验 N 次。则对每个样本都检验过了,而且对它检验的分类器的设计与被检验样本无关。当然这样做花费的计算工作量是很大的。

对 U 方法性能的详细分析表明 U 方法也是一种有偏的估计,是偏于悲观的。在解决具体问题时究竟选用什么方法求错误率应根据实际情况决定。

2.6 聂曼-皮尔逊决策

Neyman-Person 判决准则的基本思想是:在保持一类分类错误概率不变的情况下,使另一类分类错误概率最小。它只适用于两类情形。在两类情况下,有两种错误概率:第一类错误概率是,样本真实类别为 ω_1,但落到了 ω_2 的判决区域 R_2 内,从而被判为 ω_2 的概率,记为 E_1;第二类错误概率是,样本真实类别为 ω_2,但落到了 ω_1 的判决区域 R_1 内,从而被判为 ω_1 的概率,记为 E_2。平均错误概率为

$$P(e)=P(\omega_1)E_1+P(\omega_2)E_2$$

假设限定 E_2 不能超过某个阈值 ε,即

$$E_2\leqslant\varepsilon \tag{2-38}$$

在这个前提下,求判决区域使 E_1 达到最小值。

由于满足式(2-38)的 E_2 有多个,在不等式条件下,难以求解 E_1 的最小值,因此,可以选择 $\varepsilon_0<\varepsilon$,将式(2-38)条件下的求解问题转化为条件下的 E_1 最小值求解问题。这是一个典型的条件极值问题,我们采用 Lagrange 乘数法来求解,其中,约束条件为 $E_2-\varepsilon=0$。

构造目标函数

$$r=E_1+\mu(E_2-\varepsilon_0)$$

其中，μ 为 Lagrange 乘子。由 ω_1 与 ω_2 的决策区域分别为 R_1 与 R_2，可得

$$E_1=\int_{R_2}p(\boldsymbol{x}|\omega_1)\mathrm{d}\boldsymbol{x}$$

$$E_2=\int_{R_1}p(\boldsymbol{x}|\omega_2)\mathrm{d}\boldsymbol{x}$$

从而，目标函数可改写为

$$\begin{aligned}r&=\int_{R_2}p(\boldsymbol{x}|\omega_1)\mathrm{d}\boldsymbol{x}+\mu\left[\int_{R_1}p(\boldsymbol{x}|\omega_2)\mathrm{d}\boldsymbol{x}-\varepsilon_0\right]\\&=\left[1-\int_{R_1}p(\boldsymbol{x}|\omega_1)\mathrm{d}\boldsymbol{x}\right]+\mu\left[\int_{R_1}p(\boldsymbol{x}|\omega_2)\mathrm{d}\boldsymbol{x}-\varepsilon_0\right]\\&=(1-\mu\varepsilon_0)+\int_{R_1}[\mu p(\boldsymbol{x}|\omega_2)-p(\boldsymbol{x}|\omega_1)]\mathrm{d}\boldsymbol{x}\end{aligned}$$

为了使 r 达到最小，则要求使被积函数 $\mu p(\boldsymbol{x}|\omega_2)-p(\boldsymbol{x}|\omega_1)$ 小于 0 的点全部落入 R_1 中，且 R_1 中的点使被积函数 $\mu p(\boldsymbol{x}|\omega_2)-p(\boldsymbol{x}|\omega_1)$ 小于 0，所以

$$R_1=\{\boldsymbol{x}|\mu p(\boldsymbol{x}|\omega_2)-p(\boldsymbol{x}|\omega_1)<0\}$$

因此，可得 Nevman-Person 准则如下：

$$\text{若 } \mu p(\boldsymbol{x}|\omega_2)<p(\boldsymbol{x}|\omega_1)\text{，则 } x\in\omega_1 \tag{2-39}$$

$$\text{若 } \mu p(\boldsymbol{x}|\omega_2)>p(\boldsymbol{x}|\omega_1)\text{，则 } x\in\omega_2 \tag{2-40}$$

写成似然比形式为

$$\frac{p(\boldsymbol{x}|\omega_1)}{p(\boldsymbol{x}|\omega_2)}\gtrless\mu\Rightarrow\boldsymbol{x}\in\begin{cases}\omega_1\\\omega_2\end{cases} \tag{2-41}$$

上式左边为似然比函数，右边为阈值，形式和两类时的最大后验概率判决准则相似。不同之处在于阈值是 Lagrange 乘子，是一个不确定的量，需要根据约束条件求解，即

$$E_2=\int_{R_1}p(\boldsymbol{x}|\omega_2)\mathrm{d}\boldsymbol{x}=\varepsilon_0$$

其中

$$R_1=\left\{\boldsymbol{x}\middle|L(\boldsymbol{x})=\frac{p(\boldsymbol{x}|\omega_1)}{p(\boldsymbol{x}|\omega_2)}>\mu\right\} \tag{2-42}$$

由于 μ 的作用主要是影响积分域，因此，根据上式求 μ 的解析式很不容易，下面介绍一种实用的计算求解方法。

根据式(2-42)，μ 越大，R_1 越小，从而 E_2 也越小，即 E_2 是 μ 的单调减函数。给定一个 μ 值，可求出一个 E_2 值，在计算的值足够多的情况下，可构成一个二维表备查。给定一个 ε_0 后，可查表得到相应的 μ 值，这种方法得到的是计算解，其精度取决于二维表的制作精度。

2.7 概率密度函数的参数估计

2.7.1 最大似然估计

设 ω_i 类的类概率密度函数具有某种确定的函数形式，θ 是该函数的一个未知参数或参数集，可记为参数向量 $\boldsymbol{\theta}$。最大似然估计把 $\boldsymbol{\theta}$ 当做确定的(非随机)未知量进行估计。

若从 ω_i 类中独立地抽取 N 个样本，即

$$x^N = \{\boldsymbol{x}_1, \boldsymbol{x}_2, \cdots, \boldsymbol{x}_N\}$$

则这 N 个样本的联合概率密度函数 $p\{x^N|\boldsymbol{\theta}\}$ 称为相对于样本集 $\boldsymbol{x}^N$ 的 $\boldsymbol{\theta}$ 的似然函数。因为 N 个样本是独立抽取的；所以

$$p\{x^N|\boldsymbol{\theta}\} = p\{\boldsymbol{x}_1, \boldsymbol{x}_2, \cdots, \boldsymbol{x}_N|\boldsymbol{\theta}\} = \prod_{k=1}^{N} p\{\boldsymbol{x}_k|\boldsymbol{\theta}\} \tag{2-43}$$

式中，$p\{\boldsymbol{x}_k|\boldsymbol{\theta}\}$ 实际上是 $\boldsymbol{\theta}$ 已知时 ω_i 类的概率密度函数 $p(\boldsymbol{x}|\omega_i)$ 在 $\boldsymbol{x}=\boldsymbol{x}_k$ 时的值。为了便于理解，首先假定 $\boldsymbol{\theta}$ 是已知的，那么最可能出现的 N 个样本或者说最具代表性的 N 个样本是使 $p\{x^N|\boldsymbol{\theta}\}$ 为最大的样本。另一方面，若 $\boldsymbol{\theta}$ 是未知的，我们想知道抽取的这组最具代表性的样本最可能来自哪个密度函数($\boldsymbol{\theta}$ 取什么值)，即要找到一个 $\boldsymbol{\theta}$，它能使似然函数 $p\{x^N|\boldsymbol{\theta}\}$ 极大化。$\boldsymbol{\theta}$ 的最大似然估计量 $\hat{\boldsymbol{\theta}}$ 就是使似然函数达到最大的估计量，是下

面微分方程的解，即

$$\frac{\mathrm{d}p\{x^N|\boldsymbol{\theta}\}}{\mathrm{d}\boldsymbol{\theta}}=0 \tag{2-44}$$

图 2-12 所示是 $\boldsymbol{\theta}$ 为一维时，即只有一个未知参数时的情况。

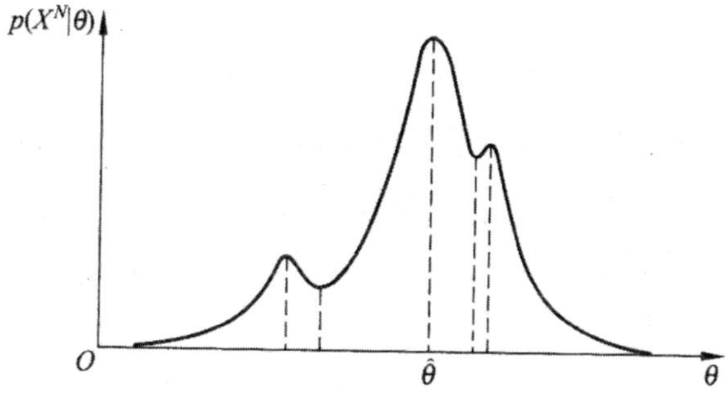

图 2-12　最大似然估计

为了便于分析，使用似然函数的对数比使用似然函数本身更容易些。因为对数函数是单调增加的，所以使对数似然函数最大的 $\boldsymbol{\theta}$ 值也必然使似然函数最大。定义似然函数的对数为

$$H(\boldsymbol{\theta})=\ln p\{x^N|\boldsymbol{\theta}\}$$

$\boldsymbol{\theta}$ 的最大似然估计就是下面微分方程的解

$$\frac{\mathrm{d}H(\boldsymbol{\theta})}{\mathrm{d}\boldsymbol{\theta}}=0 \tag{2-45}$$

设 ω_i 类的概率密度函数有 p 个未知参数 $\theta_1,\theta_2,\cdots,\theta_p$，此时 $\boldsymbol{\theta}$ 是一个 p 维向量，记为 $\boldsymbol{\theta}=\{\theta_1,\theta_2,\cdots,\theta_p\}^{\mathrm{T}}$，由式(2-43)有

$$H(\boldsymbol{\theta})=\ln p\{x^N|\boldsymbol{\theta}\}=\sum_{k=1}^{N}\ln p\{\boldsymbol{x}_k|\boldsymbol{\theta}\} \tag{2-46}$$

代入式(2-45)有

$$\frac{\mathrm{d}}{\mathrm{d}\theta}\left[\sum_{k=1}^{N}\ln p\{\boldsymbol{x}_k|\boldsymbol{\theta}\}\right]=0 \tag{2-47}$$

该式表示 $\boldsymbol{\theta}$ 的最大似然估计就是使似然函数的对数关于 $\boldsymbol{\theta}$ 的梯度为零的解，又可表示成以下 p 个微分方程，即

$$\begin{cases} \sum_{k=1}^{N} \frac{\partial}{\partial \theta_1} \ln p\{\boldsymbol{x}_k \mid \boldsymbol{\theta}\} = 0 \\ \sum_{k=1}^{N} \frac{\partial}{\partial \theta_2} \ln p\{\boldsymbol{x}_k \mid \boldsymbol{\theta}\} = 0 \\ \vdots \\ \sum_{k=1}^{N} \frac{\partial}{\partial \theta_p} \ln p\{\boldsymbol{x}_k \mid \boldsymbol{\theta}\} = 0 \end{cases} \tag{2-48}$$

解以上微分方程，就可得到 $\boldsymbol{\theta}$ 的最大似然估计值。下面以正态分布的模式类为例说明参数的最大似然估计法。

设 ω_i 类模式为正态分布，并且模式向量是一维的。ω_i 类的概率密度函数为

$$p(\boldsymbol{x} \mid \omega_i) \sim N(\mu, \sigma^2)$$

在这种情况下，待估计的未知参数为 μ 和 σ^2，即 $\boldsymbol{\theta}$ 是二维向量。设 $\boldsymbol{\theta} = \{\theta_1, \theta_2\}^{\mathrm{T}}$，$\theta_1 = \mu$，$\theta_2 = \sigma^2$，$p(\boldsymbol{x} \mid \omega_i)$ 也可表示为

$$p(\boldsymbol{x} \mid \boldsymbol{\theta}) \sim N(\mu, \sigma^2)$$

若 x^N 表示从 ω_i 类中独立抽取的 N 个样本，则 $\boldsymbol{\theta}$ 的似然函数为

$$p\{x^N \mid \boldsymbol{\theta}\} = \prod_{k=1}^{N} p\{\boldsymbol{x}_k \mid \boldsymbol{\theta}\}$$

$p\{\boldsymbol{x}_k \mid \boldsymbol{\theta}\}$ 和它的对数分别为

$$p\{\boldsymbol{x}_k \mid \boldsymbol{\theta}\} = \frac{1}{\sqrt{2\pi}\sigma} \exp\left[\frac{(\boldsymbol{x}_k - \mu)^2}{2\sigma^2}\right]$$

$$\ln p\{\boldsymbol{x}_k \mid \boldsymbol{\theta}\} = -\frac{1}{2}\ln(2\pi\sigma^2) - \frac{(\boldsymbol{x}_k - \mu)^2}{2\sigma^2}$$

由式(2-48)得

$$\begin{cases} \sum_{k=1}^{N} \frac{\partial}{\partial \theta_1} \ln p\{\boldsymbol{x}_k \mid \boldsymbol{\theta}\} = \sum_{k=1}^{N} \frac{\boldsymbol{x}_k - \theta_1}{\theta_2} = 0 \\ \sum_{k=1}^{N} \frac{\partial}{\partial \theta_2} \ln p\{\boldsymbol{x}_k \mid \boldsymbol{\theta}\} = \left[-\frac{1}{2\theta_2} + \frac{(\boldsymbol{x}_k - \theta_1)^2}{2\theta_2^2}\right] = 0 \end{cases}$$

由以上方程组解得均值和方差的估计量为

$$\hat{\mu} = \hat{\theta}_1 = \frac{1}{N}\sum_{k=1}^{N} \boldsymbol{x}_k$$

$$\hat{\sigma}^2 = \hat{\theta}_2 = \frac{1}{N}\sum_{k=1}^{N} (\boldsymbol{x}_k - \hat{\mu})^2$$

对于多维正态分布的模式类 ω_i，均值向量和协方差矩阵的最大似然估计也可仿照上述方法得到，分别为

$$\hat{\boldsymbol{M}}_i = \frac{1}{N}\sum_{k=1}^{N} \boldsymbol{x}_k$$

$$\hat{\boldsymbol{C}}_i = \frac{1}{N}\sum_{k=1}^{N} (\boldsymbol{x}_k - \hat{\boldsymbol{M}}_i)(\boldsymbol{x}_k - \hat{\boldsymbol{M}}_i)^{\mathrm{T}}$$

以上结论表明，均值向量的最大似然估计是样本的均值，协方差矩阵的最大似然估计是 N 个矩阵的算术平均。由于真正的均值向量是随机样本的期望值，真正的协方差矩阵是随机矩阵 $(\boldsymbol{x}-\boldsymbol{M}_i)(\boldsymbol{x}-\boldsymbol{M}_i)^{\mathrm{T}}$ 的期望值，所以均值向量和协方差矩阵的最大似然估计结果是非常合理的。

2.7.2　贝叶斯估计

对于一维参数，常用的代价函数有以下 3 个。

(1)绝对偏差

$$C(\hat{\theta},\theta) = |\hat{\theta}-\theta|$$

(2)平方偏差

$$C(\hat{\theta},\theta) = (\hat{\theta}-\theta)^2$$

(3)均匀偏差

$$C(\hat{\theta},\theta) = \begin{cases} 0, & |\hat{\theta}-\theta| \leqslant \Delta \\ 1, & |\hat{\theta}-\theta| > \Delta \end{cases}$$

它们的示意图如图 2-13 所示，其中，估计误差 $e=\hat{\theta}-\theta$。

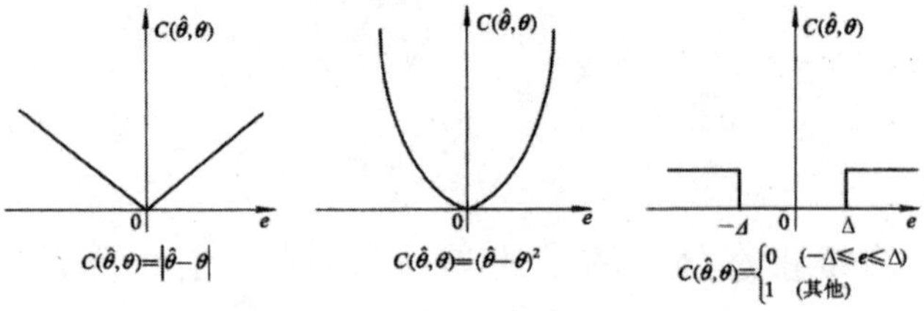

(a)　　　　(b)　　　　(c)

图 2-13　代价函数的示意图

(a)绝对偏差;(b)平方偏差;(c)均匀偏差

代价函数 $C(\hat{\theta},\theta)$ 的数学期望称为风险函数，记为 R，即

$$R=E[C(\hat{\theta},\theta)] \tag{2-49}$$

使风险函数达到最小的估计称为 Bayes 估计。

假设样本集 $\boldsymbol{x}=\{\boldsymbol{x}_1,\boldsymbol{x}_2,\cdots,\boldsymbol{x}_N\}$，风险函数可以用积分形式表示为

$$\begin{aligned}R &= E[C(\hat{\theta},\theta)]\\ &= \int\cdots\int C(\hat{\theta},\theta)p\{\boldsymbol{x}_1,\boldsymbol{x}_2,\cdots,\boldsymbol{x}_N;\theta\}\mathrm{d}\boldsymbol{x}_1\mathrm{d}\boldsymbol{x}_2\cdots\mathrm{d}\boldsymbol{x}_N\mathrm{d}\theta\\ &= \int\cdots\int C(\hat{\theta},\theta)p\{\boldsymbol{x}_1,\boldsymbol{x}_2,\cdots,\boldsymbol{x}_N\}p\{\theta|\boldsymbol{x}_1,\boldsymbol{x}_2,\cdots,\boldsymbol{x}_N\}\mathrm{d}\boldsymbol{x}_1\mathrm{d}\boldsymbol{x}_2\cdots\mathrm{d}\boldsymbol{x}_N\mathrm{d}\theta\\ &= \int\cdots\int p\{\boldsymbol{x}_1,\boldsymbol{x}_2,\cdots,\boldsymbol{x}_N\}\left[\int C(\hat{\theta},\theta)p\{\theta|\boldsymbol{x}_1,\boldsymbol{x}_2,\cdots,\boldsymbol{x}_N\}\mathrm{d}\theta\right]\mathrm{d}\boldsymbol{x}_1\mathrm{d}\boldsymbol{x}_2\cdots\mathrm{d}\boldsymbol{x}_N\end{aligned} \tag{2-50}$$

因为 $p\{\boldsymbol{x}_1,\boldsymbol{x}_2,\cdots,\boldsymbol{x}_N\}$ 非负，所以，只要使 $\int C(\hat{\theta},\theta)p\{\theta\mid\boldsymbol{x}_1,\boldsymbol{x}_2,\cdots,\boldsymbol{x}_N\}\mathrm{d}\theta$ 达到最小，就能使 $R=E[C(\hat{\theta},\theta)]$ 最小，即

$$\min_{\hat{\theta}}R\Leftrightarrow\min_{\hat{\theta}}\int C(\hat{\theta},\theta)p\{\theta|\boldsymbol{x}_1,\boldsymbol{x}_2,\cdots,\boldsymbol{x}_N\}\mathrm{d}\theta \tag{2-51}$$

1. 二次代价函数的 Bayes 估计

取代价函数为平方偏差 $C(\hat{\theta},\theta)=(\hat{\theta}-\theta)^2$，此时

$$\min_{\hat{\theta}}R\Leftrightarrow\min_{\hat{\theta}}\int(\hat{\theta}-\theta)^2p\{\theta|\boldsymbol{x}_1,\boldsymbol{x}_2,\cdots,\boldsymbol{x}_N\}\mathrm{d}\theta$$

对上式的右边取 $\hat{\theta}$ 的偏导，并令偏导等于 0，即

$$
\begin{aligned}
&\frac{\partial}{\partial\hat{\theta}}\int(\hat{\theta}-\theta)^2 p\{\theta|\boldsymbol{x}_1,\boldsymbol{x}_2,\cdots,\boldsymbol{x}_N\}\mathrm{d}\theta \\
&=2\int(\hat{\theta}-\theta)p\{\theta|\boldsymbol{x}_1,\boldsymbol{x}_2,\cdots,\boldsymbol{x}_N\}\mathrm{d}\theta \\
&=2\hat{\theta}\int p\{\theta|\boldsymbol{x}_1,\boldsymbol{x}_2,\cdots,\boldsymbol{x}_N\}\mathrm{d}\theta - \\
&\quad 2\int\theta p\{\theta|\boldsymbol{x}_1,\boldsymbol{x}_2,\cdots,\boldsymbol{x}_N\}\mathrm{d}\theta \\
&=2\hat{\theta}-2E\{\theta|\boldsymbol{x}_1,\boldsymbol{x}_2,\cdots,\boldsymbol{x}_N\} \\
&=0
\end{aligned}
$$

从而可得二次代价函数的 Bayes 估计为

$$\hat{\theta}_{\text{Bayes}}=E\{\theta|\boldsymbol{x}_1,\boldsymbol{x}_2,\cdots,\boldsymbol{x}_N\} \tag{2-52}$$

其中

$$E\{\theta|\boldsymbol{x}_1,\boldsymbol{x}_2,\cdots,\boldsymbol{x}_N\}=\int\theta p(\theta|\boldsymbol{x}_1,\boldsymbol{x}_2,\cdots,\boldsymbol{x}_N)\mathrm{d}\theta \tag{2-53}$$

是在给定样本集$\{\boldsymbol{x}_1,\boldsymbol{x}_2,\cdots,\boldsymbol{x}_N\}$的条件下 θ 的条件均值。

2. 均匀代价函数的 Bayes 估计

取代价函数为均匀偏差，此时，风险函数为

$$
\begin{aligned}
R_{\text{unif}} = &\int\cdots\int p\{\boldsymbol{x}_1,\boldsymbol{x}_2,\cdots,\boldsymbol{x}_N\} \\
&\left[1-\int_{\hat{\theta}-\Delta}^{\hat{\theta}+\Delta}p\{\theta|\boldsymbol{x}_1,\boldsymbol{x}_2,\cdots,\boldsymbol{x}_N\}\mathrm{d}\theta\right]\mathrm{d}\boldsymbol{x}_1\mathrm{d}\boldsymbol{x}_2\cdots\mathrm{d}\boldsymbol{x}_N
\end{aligned}
$$

从而

$$
\begin{aligned}
\min_{\hat{\theta}}R_{\text{unif}} &\Leftrightarrow \min_{\hat{\theta}}\left[1-\int_{\hat{\theta}-\Delta}^{\hat{\theta}+\Delta}p\{\theta|\boldsymbol{x}_1,\boldsymbol{x}_2,\cdots,\boldsymbol{x}_N\}\mathrm{d}\theta\right] \\
&\Leftrightarrow \max_{\hat{\theta}}\int_{\hat{\theta}-\Delta}^{\hat{\theta}+\Delta}p\{\theta|\boldsymbol{x}_1,\boldsymbol{x}_2,\cdots,\boldsymbol{x}_N\}\mathrm{d}\theta
\end{aligned}
$$

当 Δ 较小时

$$\int_{\hat{\theta}-\Delta}^{\hat{\theta}+\Delta}p\{\theta|\boldsymbol{x}_1,\boldsymbol{x}_2,\cdots,\boldsymbol{x}_N\}\mathrm{d}\theta\approx 2\Delta p\{\hat{\theta}|\boldsymbol{x}_1,\boldsymbol{x}_2,\cdots,\boldsymbol{x}_N\}$$

因此

$$\hat{\theta}_{\text{Bayes}}=\max_{\theta}{}^{-1}p\{\theta|\boldsymbol{x}_1,\boldsymbol{x}_2,\cdots,\boldsymbol{x}_N\} \tag{2-54}$$

其中，$\max_{\theta}^{-1} p\{\theta|\boldsymbol{x}_1,\boldsymbol{x}_2,\cdots,\boldsymbol{x}_N\}$表示使$p\{\theta|\boldsymbol{x}_1,\boldsymbol{x}_2,\cdots,\boldsymbol{x}_N\}$达到最大值的$\theta$值。此时，Bayes估计由下式求出：

$$\frac{\partial}{\partial\theta}p\{\theta|\boldsymbol{x}_1,\boldsymbol{x}_2,\cdots,\boldsymbol{x}_N\}=0 \tag{2-55}$$

此时，这种估计称为最大后验概率估计。

2.7.3 正态分布密度函数的贝叶斯学习

贝叶斯学习的概念是递推求解出后验概率密度$p\{\mu|x^N\}$后，直接计算类概率密度函数。μ_N表示在观察了N个样本后对μ的最好估计，而σ_N^2表示这种估计的不确定性。σ_N^2随观察样本数N的增加而单调减小，当$N\to\infty$时，$\sigma_N^2\to0$，所以每增加一个样本就可以减少对μ估计的不确定性。当N增大时，$p\{\mu|x^N\}$就变得越来越尖峰突起，当N趋于无穷时，$p\{\mu|x^N\}$趋于一个δ函数，这就是贝叶斯学习的过程，如图2-14所示。

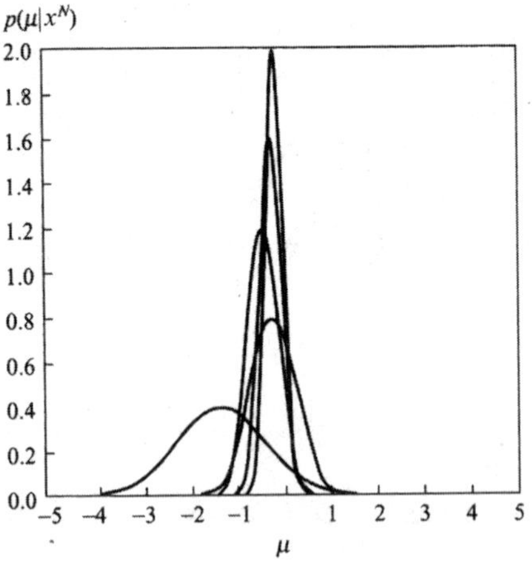

图2-14　贝叶斯学习过程示意图

得到后验概率密度$p\{\mu|x^N\}$后，就可以得到类概率密度函数$p\{x|x^N\}$，即

$$p\{x|x^N\}=\int p\{x|\mu\}p\{\mu|x^N\}\mathrm{d}\mu$$

$$=\int\frac{1}{\sqrt{2\pi}\sigma}\exp\left[-\frac{(x-\mu)^2}{2\sigma^2}\right]\frac{1}{\sqrt{2\pi}\sigma_N}\exp\left[-\frac{(\mu-\mu_N)^2}{2\sigma_N^2}\right]\mathrm{d}\mu$$

$$=\frac{1}{\sqrt{2\pi}\sqrt{\sigma^2+\sigma_N^2}}\exp\left[-\frac{(x-\mu_N)^2}{2(\sigma^2+\sigma_N^2)}\right] \quad (2\text{-}56)$$

由式(2-56)可见，$p\{x|x^N\}$是正态分布，其均值是 μ_N，方差为 $\sigma^2+\sigma_N^2$。均值与贝叶斯估计的结果是相同的，原方差 σ^2 增加到 $\sigma^2+\sigma_N^2$，这是由于用户的估计值代替了真实值，引起了不确定性的增加。

2.8 概率密度函数的非参数估计

2.8.1 非参数估计的基本原理与直方图方法

直方图(Histogram)方法是最简单直观的非参数估计方法，也是日常人们最常用的对数据进行统计分析的方法。图 2-15 给出了一个直方图的例子。

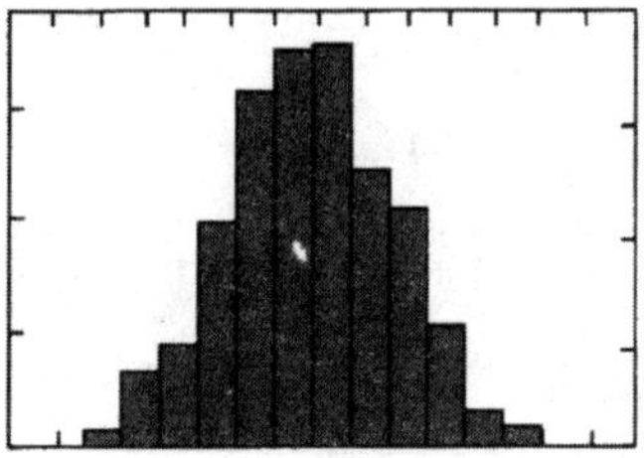

图 2-15 直方图举例

进行直方图估计的做法是：

①把样本 $\boldsymbol{x}$ 的每个分量在其取值范围内分成 k 个等间隔的小窗。如果 $\boldsymbol{x}$ 是 d 维向量，则这种分割就会得到 k^d 个小体积或者称作小舱，每个小舱的体积记作 V。

②统计落入每个小舱内的样本数目 q_i。

③把每个小舱内的概率密度看作是常数，并用$\frac{q_i}{NV}$作为其估计值，其中 N 为样本总数。

下面来分析非参数估计的基本原理。问题是：已知样本集 $\boldsymbol{x}=\{\boldsymbol{x}_1,\boldsymbol{x}_2,\cdots,\boldsymbol{x}_N\}$中的样本是从服从密度函数 $p(\boldsymbol{x})$的总体中独立抽取出来的，求 $p(\boldsymbol{x})$的估计 $\hat{p}(\boldsymbol{x})$。与参数估计时相同，这里不考虑类别，即假设样本都是来自同一个类别，对不同类别只需要分别进行估计即可。

考虑在样本所在空间的某个小区域 R，某个随机向量落入这个小区域的概率是

$$P_R=\int_R p(\boldsymbol{x})\mathrm{d}\boldsymbol{x} \tag{2-57}$$

根据二项分布，在样本集 $\boldsymbol{x}$ 中恰好有 k 个落入小区域 R 的概率是

$$P_k=C_N^k P_R^k(1-P_R)^{N-K}$$

其中 C_N^k 表示在 N 个样本中取 k 个的组合数。k 的期望值是

$$E[k]=NP_R$$

而且 k 的众数（概率最大的取值）是

$$m=[(N+1)P_R]$$

其中[]表示取整数。因此，当小区域中实际落入了 k 个样本时，P_R 的一个很好的估计是

$$\hat{P}_R=\frac{k}{N} \tag{2-58}$$

当 $p(\boldsymbol{x})$连续、且小区域 R 的体积 V 足够小时，可以假定在该小区域范围内 $p(\boldsymbol{x})$是常数，则式(2-57)可近似为

$$P_R=\int_R p(\boldsymbol{x})\mathrm{d}\boldsymbol{x}=p(\boldsymbol{x})V \tag{2-59}$$

用式(2-58)的估计代入到式(2-59)中，可得，在小区域 R 的范围内

$$\hat{p}(\boldsymbol{x})=\frac{k}{NV} \tag{2-60}$$

这就是在上面的直方图中使用的对小舱内概率密度的估计。

在上面的直方图估计中，采用的是把特征空间在样本取值范围内等分的做法。可以设想，小舱的选择是与估计的效果密切相连的：如果小舱选择过大，则假设 $p(\boldsymbol{x})$ 在小舱内为常数的做法就显得粗糙，导致最终估计出的密度函数也非常粗糙，如图 2-16(a)的例子所示；而另一方面，如果小舱过小，则有些小舱内可能就会没有样本或者很少样本，导致估计出的概率密度函数很不连续，如图 2-16(b)所示。

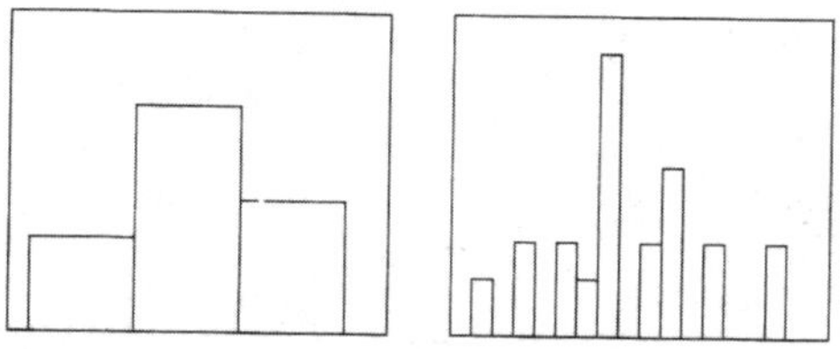

(a)　　　　　　(b)

图 2-16　小窗宽度对直方图估计的影响示意

(a)小窗过宽；(b)小窗过窄

所以，小舱的选择应该与样本总数相适应。理论上讲，假定样本总数是 n，小舱的体积为 V_n，在 $\boldsymbol{x}$ 附近位置上落入小舱的样本个数是 k_n，那么当样本趋于无穷多时 $\hat{p}(\boldsymbol{x})$ 收敛于 $p(\boldsymbol{x})$ 的条件是

$$\lim_{n\to\infty} V_n = 0;\lim_{n\to\infty} k_n = 0;\lim_{n\to\infty}\frac{k_n}{n} = 0 \tag{2-61}$$

直观的解释是：随着样本数的增加，小舱体积应该尽可能小，同时又必须保证小舱内有充分多的样本，但每个小舱内的样本数又必须是总样本数中很小的一部分。

自然可以想到，小舱内有多少样本不但与小舱体积有关，还与样本的分布有关。在有限数目的样本下，如果所有小舱的体积相同，那么就有可能在样本密度大的地方一个小舱里有很多样本，而在密度小的地方则可能一个小舱里只有很少甚至没有样本，这样就可能导致密度的估计在样本密度不同的地方表现不一致。因此，固定小舱宽度的直方图方法只是最简单的非参数估计方法，要想得到更好的估计，需要采用能够根据样本分布情况调整小舱体积的方法。

2.8.2 Parzen 窗法

1. Parzen 窗估计的基本概念

设区域 R 是一个 d 维超立方体，并设 h 是超立方体的棱长，则超立方体的体积为

$$V=h^d$$

定义窗函数 $\varphi(u)$为

$$\varphi(u)=\begin{cases}1, |u_j|\leqslant\frac{1}{2}; j=1,2,\cdots,d\\0,\text{其他}\end{cases}$$

由于 $\varphi(u)$是以原点为中心的一个超立方体，所以当 $\boldsymbol{x}_i$ 落入以 $\boldsymbol{x}$ 为中心，体积为 V 的超立方体时，$\varphi(u)=\varphi\dfrac{(\boldsymbol{x}-\boldsymbol{x}_i)}{h}$，否则 $\varphi(u)=0$，因此落入该超立方体内的样本数为

$$k_N=\sum_{i=1}^{N}\varphi\left(\frac{\boldsymbol{x}-\boldsymbol{x}_i}{h}\right)\tag{2-62}$$

将式(2-62)代入式(2-60)得

$$\hat{p}(\boldsymbol{x})=\frac{1}{N}\sum_{i=1}^{N}\frac{1}{V}\varphi\left(\frac{\boldsymbol{x}-\boldsymbol{x}_i}{h}\right)\tag{2-63}$$

该式是 Parzen 窗法的基本公式。窗函数不限于超立方体，还有更一般的形式。实质上，窗函数的作用是内插，每一样本对估计所起的作用取决于它到 $\boldsymbol{x}$ 的距离。

用窗函数估计的 $\hat{p}(x)$是否为一个合理的密度函数，也就是说它是否非负且积分为 1，要看窗函数是否满足以下两个条件：

①$\varphi(u)\geqslant 0$

②$\int\varphi(u)\mathrm{d}u=1$

若 $\varphi(u)$满足以上两条，则 $\hat{p}(\boldsymbol{x})$一定为密度函数，因为由式(2-63) 可知，若 $\varphi(u)\geqslant 0$，则 $\hat{p}(\boldsymbol{x})$非负。下面证明，若满足第二条，则$\int \hat{p}(\boldsymbol{x})\mathrm{d}\boldsymbol{x}=1$。因为

$$
\begin{aligned}
\int \hat{p}(\boldsymbol{x})\mathrm{d}\boldsymbol{x} &= \int \frac{1}{N}\sum_{i=1}^{N}\frac{1}{V}\varphi\left(\frac{\boldsymbol{x}-\boldsymbol{x}_i}{h}\right)\mathrm{d}\boldsymbol{x} \\
&= \frac{1}{N}\sum_{i=1}^{N}\int \frac{1}{V}\varphi\left(\frac{\boldsymbol{x}-\boldsymbol{x}_i}{h}\right)\mathrm{d}\boldsymbol{x} \\
&= \frac{1}{N}N = 1
\end{aligned}
$$

所以 $\hat{p}(\boldsymbol{x})$确实是概率密度函数。

2. 窗函数的选择

上面选择的超立方体窗函数一般称为方窗，窗函数还有其他形式，下面列举几个一维形式，如图 2-17 所示。

(1)方窗函数

$$
\varphi(u)=\begin{cases}1, & |u|\leqslant \dfrac{1}{2}\\ 0, & \text{其他}\end{cases}
$$

(2)正态窗函数

$$
\varphi(u)=\frac{1}{\sqrt{2\pi}}\exp\left(-\frac{1}{2}u^2\right)
$$

(3)指数窗函数

$$
\varphi(u)=\exp(-|u|)
$$

满足条件 $\varphi(u)\geqslant 0$ 和$\int \varphi(u)\mathrm{d}u=1$ 的函数都可以作为窗函数使用，但最终估计效果的好坏与样本情况、窗函数以及窗函数参数的选择有关。

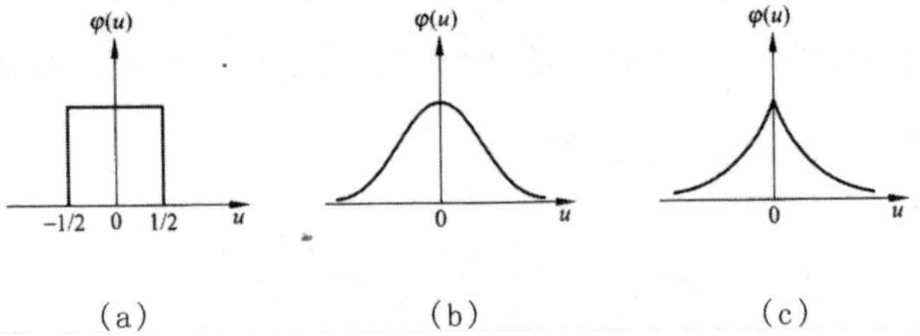

图 2-17 几种窗函数

(a)方窗;(b)正态窗;(c)指数窗

3. 窗宽 h 对估计量 $\hat{p}(x)$ 的影响

在样本数 N 有限时,窗宽 h 对估计量会有很大的影响,下面分析其原因。如果定义函数 $\delta(\boldsymbol{x})$ 为

$$\delta(\boldsymbol{x})=\frac{1}{V}\varphi\left(\frac{\boldsymbol{x}}{h}\right)$$

则 $\hat{p}(\boldsymbol{x})$ 为

$$\hat{p}(\boldsymbol{x})=\frac{1}{N}\sum_{i=1}^{N}\delta(\boldsymbol{x}-\boldsymbol{x}_i)$$

因为 $V=h^d$,所以 h 影响 $\delta(\boldsymbol{x})$ 的幅度。若 h 很大,则 $\delta(\boldsymbol{x})$ 的幅度很小,只有 $\boldsymbol{x}_i$ 离 $\boldsymbol{x}$ 较远时才能使 $\delta(\boldsymbol{x}-\boldsymbol{x}_i)$ 同 $\delta(0)$ 相差较大。这时 $\hat{p}(\boldsymbol{x})$ 变成 N 个宽度较大且函数值变化缓慢的函数的叠加,从而使估计的分辨率降低。反之若 h 很小,则 $\delta(\boldsymbol{x}-\boldsymbol{x}_i)$ 的幅值很大,这时 $\hat{p}(\boldsymbol{x})$ 变成 N 个以样本为中心的尖峰函数的叠加,使估计的统计变动很大,即 $\hat{p}(\boldsymbol{x})$ 随 $\boldsymbol{x}$ 的不同而变动很大。在 $h\rightarrow0$ 的极端情况下,$\delta(\boldsymbol{x}-\boldsymbol{x}_i)$ 趋于一个以 $\boldsymbol{x}_i$ 为中心的 δ 函数,从而使 $\hat{p}(\boldsymbol{x})$ 趋于以样本为中心的 δ 函数的叠加,因此,h 的选择对 $\hat{p}(\boldsymbol{x})$ 的影响很大。理论上,可让 V 随 N 的不断增加而缓慢趋于零,从而使 $\hat{p}(\boldsymbol{x})$ 收敛于 $p(\boldsymbol{x})$,但实际上样本是有限的,如何选取 h 要根据经验折中考虑。

4. 估计量 $\hat{p}(x)$ 的统计性质

对每个固定的 $\boldsymbol{x}$,$\hat{p}(\boldsymbol{x})$ 的值依赖于随机样本 $\boldsymbol{x}_1,\boldsymbol{x}_2,\cdots,\boldsymbol{x}_N$,

所以 $\hat{p}(\boldsymbol{x})$是一个随机量，有均值 $\bar{p}(\boldsymbol{x})$（相对于 $\boldsymbol{x}_i$ 的随机性而言的均值）和方差 σ_N^2。若

$$\lim_{N\to\infty}\hat{p}(\boldsymbol{x})=p(\boldsymbol{x})$$

$$\lim_{N\to\infty}\sigma_N^2=0$$

则称 $\hat{p}(\boldsymbol{x})$是 $p(\boldsymbol{x})$的渐近无偏估计，与 $\hat{p}(\boldsymbol{x})$在平方误差意义上一致收敛于 $p(\boldsymbol{x})$。

可以证明，若满足以下限制条件，则 $\hat{p}(\boldsymbol{x})$是渐近无偏和平方误差一致的。

①总体密度函数 $p(\boldsymbol{x})$在 $\boldsymbol{x}$ 点连续。

②窗函数满足以下条件

$$\varphi(u)\geqslant 0 \tag{2-64}$$

$$\int\varphi(u)\mathrm{d}u = 1 \tag{2-65}$$

$$\sup_u\varphi(u)<\infty \tag{2-66}$$

$$\lim_{u\to\infty}\varphi(u)\prod_{i=1}^{d}u_i = 0 \tag{2-67}$$

③窗函数受下列条件的约束

$$\lim_{N\to\infty}V=0 \tag{2-68}$$

$$\lim_{N\to\infty}NV=0 \tag{2-69}$$

以上限制条件中，式(2-64)和式(2-65)保证 $\hat{p}(\boldsymbol{x})$有密度函数的性质；式(2-66)保证 $\varphi(u)$有界，不能为无穷大；式(2-67)使 $\varphi(u)$随 u 的增加较快趋于零。它们都保证窗函数 $\varphi(u)$有较好的性质。式(2-68)和式(2-69)使体积随 N 的增大趋于零时，缩减的速度不会太快，其速度低于 N 增加的速度。

图 2-18 给出了两种不同分布情况下用不同的参数和高斯窗进行估计的结果，其中采用 $\sigma=\dfrac{h_1}{\sqrt{N}}$，$h_1$ 为例子中可调节的参量。

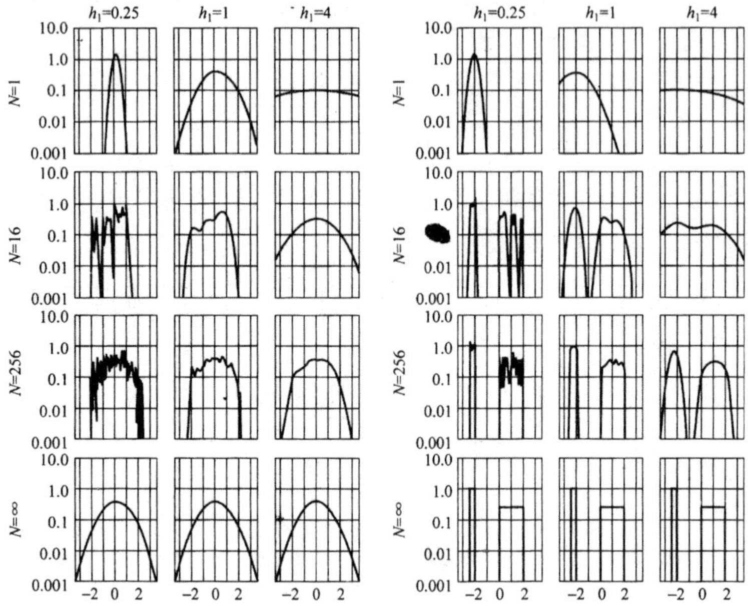

图 2-18　不同样本数和不同参数下 Parzen 窗估计的效果示例

2.8.3　k_N 近邻估计方法

k_N 近邻估计就是一种采用可变大小的小舱的密度估计方法，基本做法是：根据总样本确定一个参数是 N，即在总样本数为 N 时要求每个小舱内拥有的样本个数。在求 $\boldsymbol{x}$ 处的密度估计 $\hat{p}(\boldsymbol{x})$ 时，调整包含 $\boldsymbol{x}$ 的小舱的体积，直到小舱内恰好落入 k_N 个样本，并用式(2-59)来估算 $\hat{p}(\boldsymbol{x})$，即

$$\hat{p}(\boldsymbol{x})=\frac{\frac{k_N}{N}}{V} \tag{2-70}$$

这样，在样本密度比较高的区域小舱的体积就会比较小，而在密度低的区域则小舱体积自动增大，这样就能够比较好地兼顾在高密度区域估计的分辨率和在低密度区域估计的连续性。

为了取得好的估计效果，仍然需要根据式(2-61)来选择 k_N 与 N 的关系，比如可以选取为 $k_N \sim k\sqrt{N}$，k 为某个常数。

k_N 近邻估计与简单的直方图方法相比还有一个不同，就是 k_N 近邻估计并不是把 k_N 的取值范围划分为若干个区域，而是在 $\boldsymbol{x}$ 的取值范围内以每一点为小舱中心用式(2-70)进行估计，如图 2-19 所示。图 2-20 给出了两个一维情况下在不同样本数目时 k_N 近邻估计效果的例子。

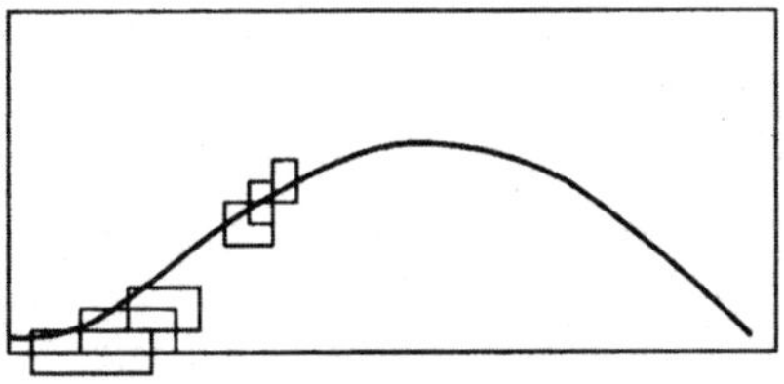

图 2-19　k_N 法的窗口宽度与样本密度的关系示意

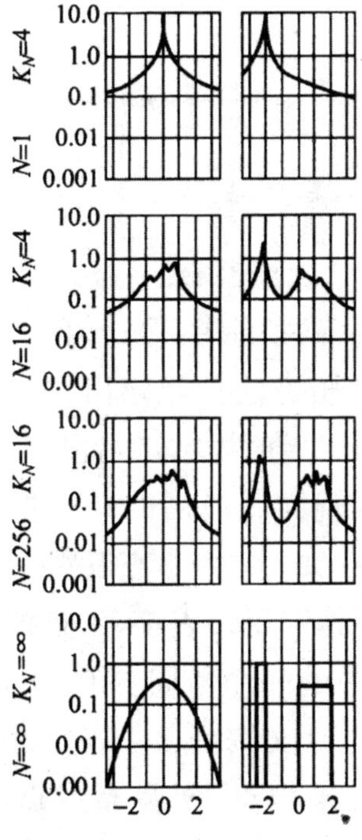

图 2-20　不同样本数和不同参数下 k_N 法估计的效果举例

2.8.4　修正的 k 近邻分类方法

用上述的 k 近邻法做分类时，需求出待识别样本特征间的距离，然后做比较。当学习样本数 N 很大时，计算各距离所需的时间往往过长，且识别用的计算设备需要过大的存储量（存储 N 个学习样本的坐标数据等），为了解决这类问题，人们建立了修正的 k 近邻分类方法，如剪辑近邻法、凝聚近邻法，下面予以介绍。

1. 剪辑近邻法

如图 2-21 所示，在做识别前，先对所有的学习样本点进行一次考察和编辑。在不降低（或基本上不降低）正确识别率的原则下，适当减少学习样本数，然后用减小了的（即剪辑后的）学习样本来做 k 近邻或最近邻法的识别。

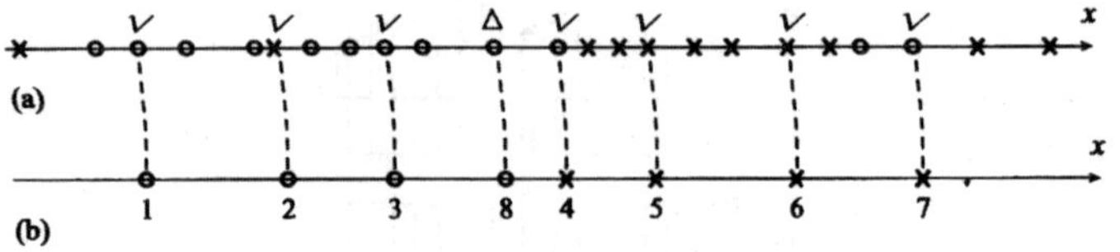

图 2-21　剪辑近邻法

下面结合图 2-21(a)所示中○、×两类学习样本做两类识别的例子，说明一种剪辑方法。规定由左起每隔两点取一点（即上面画√的点）作为剪辑后的样本点，且把它们看作待识别的点，用 k 近邻法来做识别（现在假设用的是 5 近邻法，并且规定画√点本身也作为五点之一）。就是说若识别为一类，就把这剪辑后的学习样本用○表示，否则用×表示，于是便得到图 2-21(b)。接着把图 2-21(a)所示中的每个点都按图 2-21(a)所示中学习样本做 5 近邻法识别，同时又按图 2-21(b)中学习样本做最近邻法识别，若所得识别结果相符，便舍弃这点，不再把它作为学习样本；若不符，便仍然把它作为学习样本，补画在图 2-21(b)中。按上述方法将所有学习样本识别一遍之后，图 2-21(b)所示中的学习样本点即剪辑后的学习样本点。这批学习样本点会比原来的学习样本点少得多。只把它们的坐标存储起来，在识别时也只把它们作为学习样本，用最近邻分类准则来进行识别。

对图 2-21(a)所示中上面标△的点按图 2-21(a)所示学习样本做 5 近邻识别所得的结果是○，而按图 2-21(b)所示学习样本做最近邻法识别时所得的结果却是×，故按上所述要把这点补画在图 2-21(b)上，也作为剪辑后学习样本中的一点，这样做会使识别更加准确。图 2-21(a)中的学习样本点共 23 个，而图 2-21(b)中的却只有八个，可见用了剪辑近邻法后，能大量减少所需的存储容量和计算时间。

2. 凝聚近邻法

用此方法也可以减少识别时所用的学习样本数。方法的精髓是，在不降低(或基本上不降低)识别准确性的原则下，把属于同一类的学习样本点，按加权平均的原则合并成一点(也即凝聚为一点)。只要不违背上述原则，这种合并步骤可重复进行，即是说，一遍遍重复做两个点之间的合并，通过合并，学习样本数当然减少，识别时按减少了的学习样本来做最近邻法的识别。

图 2-22(a)所示中的○、×点表示两类的学习样本点，现结合根据这组给出的学习样本来做识别的例子，说明凝聚近邻法。现规定从左起的学习样本点起，往右起逐步做同类点的合并。

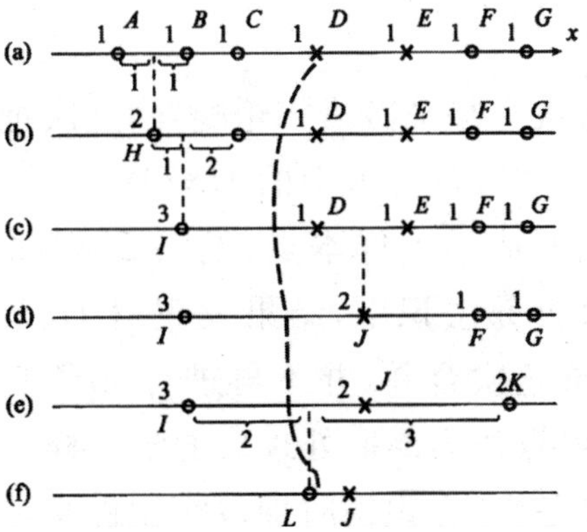

图 2-22　凝聚近邻法

每合并一对之后，便把图 2-22(a)所示中的所有学习样本点看作待识别点，把经合并后的各学习样本点看作学习样本点，用最近邻法做一遍类别识别，若所判类均属正确，就肯定这一对合并，否则便取消这对合并。由图 2-22(a)可见，应首先做 A、B 两点的合并，假设 A 到 G 各样本点的权值都是 1，已注在各点上面(权值都相同指各点的作用同等重视)，由于 A、B 点权值都是 1，故合并所得的 H 点[图 2-22(b)]应在 A、B 点的正中(因 H 与 A、B 间的距离之比应为 1∶1)，而其权值成为 2(因它代表两个权值为 1 的点，故其权值为 1+1)。其次把 A 到 G 各点看做待识别点，把图 2-22(b)所示中各点作为学习样本，进行最近邻识别，可以看出 A 到 G 各点所判类别分别为 1，1，1，2，2，1，1 类，结果均正确，因此，肯定了由图 2-22(a)到图 2-22(b)的合并(凝聚)处理，再继续由左向右地进行合并。在图 2-22(b)所示中，将 H 和 C 点做加权合并得到 I 点，按加权的含义，I 到 H 及 C 点的距离比值为 1∶2，而其权值为 2+1=3[图 2-22(c)]，把图 2-22(c)中各点看做学习样本点，图 2-22(a)所示中所有点做待识别点进行最近邻法识别，所判类别也都正确，故又肯定了图 2-22(b)到图 2-22(c)的凝聚处理。如此进行下去，逐步由 D、E 点合并成 J，F、G 点合并成 K 点，从而得到图 2-22(e)所示中的 I(○)、J(×)、K(○)三个学习样本点，这时，第一轮凝聚处理即告完成。

再从左到右从头起又做第二轮凝聚，这次把 J、K 点合并成了 L 点，得到图 2-22(f)所示中的 L (O)、J(×)两个学习样本点。接着将它们看成学习样本点，把图 2-22(a)所示中各点作为待识别点做最近邻法识别，结果发现对 D、F、G 三点都判错了类，因此便放弃这次合并，并不再进行凝聚工作，即是说将图 2-22(e)所示中各点作为凝取处理后的学习样本点，把它们的坐标值存入识别设备中，在识别时即以它们做学习样本点，用最近邻法去判别类别。容易看出，用这种方法判别，至少可保证对于特征值是各学习样本点特征值的待识别点[图 2-22(a)]，所判别的结果是完全正确的。

在上述剪辑近邻法和凝聚近邻法的讨论中，所用例子都属于只有一个特征的识别问题（即一维问题），其实将上述的思路和结论做推广后，也可用于特征数较多的识别问题。

第 3 章　统计模式识别中的聚类方法

聚类分析反映了"物以类聚，人以群分"的思想，是以模式相似性为基础，按照某种聚类准则进行判决。

3.1　聚类分析的概念

3.1.1　聚类分析的步骤

事实上，聚类是一个无监督的分类，它没有任何先验知识可用。聚类的形式可描述如下：

令 $U=\{p_1,p_2,\cdots,p_n\}$ 表示一个模式（实体）集合，p_i 表示第 i 个模式 $i=\{1,2,\cdots,n\}$；$C_t\subseteq U$，$t=1,2,\cdots,k$，$C_t=\{p_{t1},p_{t2},\cdots,p_{tw}\}$；proximity$(p_{ms},p_{ir})$。其中，第 1 个下标表示模式所属的类，第 2 个下标表示某类中某一模式，函数 proximity 用来刻画模式的相似性距离。若诸类 C_t 为聚类结果，则诸 C_t 需满足如下条件：

① $\bigcup_{t=1}^{k} C_t = U$

②对于 $\forall C_m,C_r\subseteq U,C_m\neq C_r$，有 $C_m\cap C_r=\varnothing$（仅限于刚性聚类）；

$$\mathrm{MIN}_{\forall p_{mu}\in C_m,\forall p_{rv}\in C_r,\forall C_m,C_r\subseteq U,C_m\neq C_r}[\text{proximity}(p_{ms},p_{ir})]$$
$$>\mathrm{MAX}_{\forall p_{mx},p_{ry}\in C_m,\forall C_m\subseteq U}[\text{proximity}(p_{ms},p_{ir})]$$

聚类分析过程如下：

①数据准备：包括特征标准化和降维。

②特征选择：从最初的特征中选择最有效的特征，并将其存

储于向量中。

③特征提取:通过对所选择的特征进行转换形成新的突出特征。

④聚类(或分组):首先选择合适特征类型的某种距离函数(或构造新的距离函数)进行接近程度的度量;而后执行聚类或分组。

⑤聚类结果评估:是指通过外部有效性评估、内部有效性评估和相关性测试评估等实现对聚类结果的正确评价。

3.1.2　聚类方法有效性

方法有效性取决于分类算法和特征点分布情况的匹配。

1. 特征选取不同对聚类的影响

下面以动物为例进行说明:羊、狗、猫(哺乳动物)、麻雀、海鸥(鸟类)、蛇、蜥蜴(爬虫类)、金鱼、蓝鲨(鱼)、青蛙(两栖)。如果按照肺是否存在来对它们进行分类,则金鱼和蓝鲨是一类,其他的动物为第二类[图 3-1(a)]。如果以它们生活的环境进行分类,则羊、狗、猫、麻雀、海鸥、蛇和蜥蜴都是陆生动物,金鱼和蓝鲨是水生动物,青蛙由于是两栖动物将独自成为第三类[图 3-1(b)]。当然还可以以它们繁衍后代的方式等其他的聚类准则来对这些动物进行分类,这里就不再一一列举了。

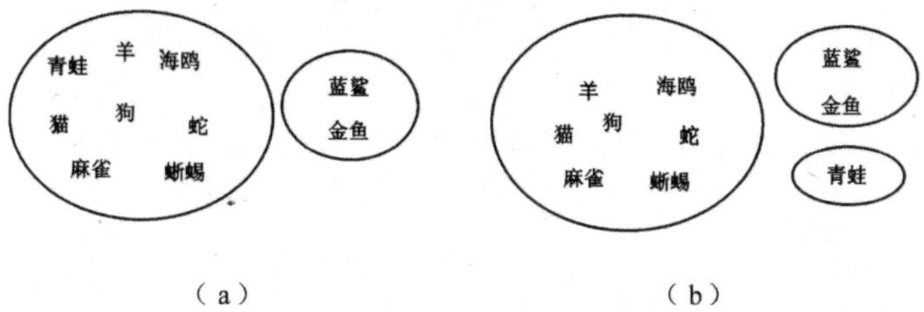

图 3-1　不同聚类准则下的聚类分析

(a)按照肺是否存在的分类;(b)按照生活环境的分类

由上述例子可知，特征选取不同，聚类的结果也不同。当然，特征选取不当，聚类也可能无效。

2. 量纲选取不当可使聚类无效

特征量纲的改变会使特征的数值发生较大的变化。当使用某种相似性准则进行判定时，因为特征量纲选取不当，某一特征值的变化可能严重影响相似性测度值，从而产生误判。所以在分类识别中应尽量选用不受量纲影响的相似性度量，或是特征值中心化后再用方差归一化。

3. 距离阈值对聚类的影响

在图 3-2 中选择不同的阈值，聚类的结果是不一样的。选择合适的阈值对有效的聚类尤其重要。

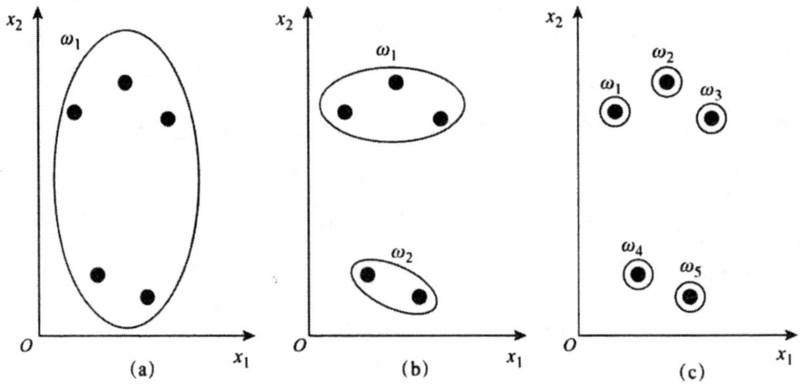

图 3-2　距离阈值对聚类的影响

3.2　模式相似性测度与聚类准则

3.2.1　距离相似性度量

1. 欧氏距离

欧氏距离简称距离，模式样本向量 $\boldsymbol{x}$ 与 $\boldsymbol{y}$ 之间的欧氏距离定义为

$$D_e(\boldsymbol{x},\boldsymbol{y}) = \|\boldsymbol{x}-\boldsymbol{y}\| = \sqrt{\sum_{i=1}^{d}|x_i - y_i|^2}, d \text{ 为特征空间的维数}$$

当 $D_e(\boldsymbol{x},\boldsymbol{y})$ 较小时，表示 $\boldsymbol{x}$ 和 $\boldsymbol{y}$ 在一个类型区域，反之，则不在一个类型区域。这里有一个阈值 d_s 的选择问题。若 d_s 选择过大，则全部样本被视作一个唯一类型；若 d_s 选取过小，则可能造成每个样本都单独构成一个类型。必须正确选择阈值以保证正确分类。

欧氏距离具有旋转不变的特性，但对于一般的线性变换则要对数据进行标准化处理(欧氏距离使用时，注意量纲，量纲不同聚类结果不同)。例如，假设有 4 个二维模式向量 $\boldsymbol{x}_1$，$\boldsymbol{x}_2$，$\boldsymbol{x}_3$，$\boldsymbol{x}_4$，向量的两个分量 x_1，x_2 均表示长度，当分量的单位发生不同的变化时，会出现如图 3-3 所示的不同分类结果。

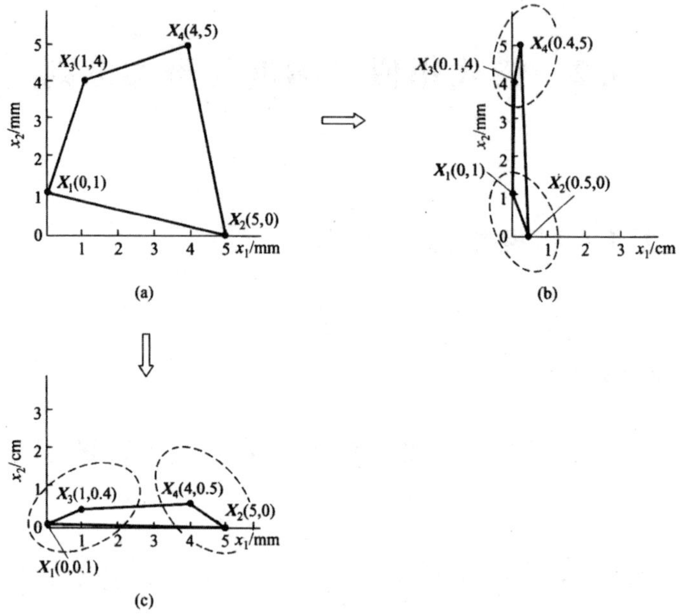

图 3-3　单位变化对聚类分析结果的影响

2. 马氏距离

定义：马氏距离的平方

$$\gamma^2=(\boldsymbol{x}-\boldsymbol{\mu})^{\mathrm{T}}\boldsymbol{\Sigma}^{-1}(\boldsymbol{x}-\boldsymbol{\mu})$$

其中，$\boldsymbol{\mu}$ 为均值向量；$\boldsymbol{\Sigma}$ 为协方差矩阵。

马氏距离排除了不同特征之间相关性的影响，其关键在于协方差矩阵的计算。当 $\boldsymbol{\Sigma}$ 为对角阵时，各特征之间才完全独立；当 $\boldsymbol{\Sigma}$ 为单位矩阵时，马氏距离等于欧氏距离。

通常马氏距离 γ 比较适用于对样本已有初步分类的情况，做进一步考核、修正。

3. 明氏距离

定义：明氏(Minkowsky)距离

$$D_\lambda(\boldsymbol{x},\boldsymbol{y})=\left[\sqrt{\sum_{i=1}^{d}|x_i-y_i|^\lambda}\right]^{\frac{1}{\lambda}},\lambda>0$$

它是若干距离函数的通式。

$\lambda=2$ 时，等于欧氏距离；

$\lambda=1$ 时，称为“街坊”距离。

3.2.2　相似系数

当特征用连续的量来表示时，常用的相似系数有如下几种。

(1)夹角余弦

夹角余弦是受相似形的启发而产生的。向量 $(x_{i1},x_{i2},\cdots,x_{in})^{\mathrm{T}}$ 与 $(x_{j1},x_{j2},\cdots,x_{jn})^{\mathrm{T}}$ 之间的夹角余弦的定义为

$$c_{ij}=\frac{\sum_{k=1}^{n}x_{ik}x_{jk}}{\sqrt{\sum_{k=1}^{n}x_{ik}^{2}\sum_{k=1}^{n}x_{jk}^{2}}}$$

(2)相关系数

相关系数是将数据标准化后的夹角余弦，即

$$c_{ij}=\frac{\sum_{k=1}^{n}(x_{ik}-\bar{x}_{k})(x_{jk}-\bar{x}_{k})}{\sqrt{\sum_{k=1}^{n}(x_{ik}-\bar{x}_{k})^{2}\sum_{k=1}^{n}(x_{jk}-\bar{x}_{k})^{2}}}$$

其中，$\bar{x}_k$ 为第 k 个分量的平均值。可以借助于相似系数来定义距离。

(3)指数相似系数

指数相似系数定义为

$$c_{ij}=\frac{1}{n}\sum_{k=1}^{n}\exp\left[-\frac{3(x_{ik}-x_{jk})^{2}}{4s_{k}^{2}}\right]$$

其中，$s_k=\sqrt{\frac{1}{n}\sum_{i=1}^{n}(x_{ik}-\bar{x}_{k})^{2}}$ 为相应分量的方差。指数相似系数不受量纲变化的影响。

(4)特征向量的各分量为非负时的几种相似系数

当特征向量的各分量非负时,还有下列几种相似系数。

$$c_{ij}=\frac{\sum_{k=1}^{n}\min(x_{ik},x_{jk})}{\sum_{k=1}^{n}\max(x_{ik},x_{jk})}$$

$$c_{ij}=\frac{\sum_{k=1}^{n}\min(x_{ik},x_{jk})}{\frac{1}{2}\sum_{k=1}^{n}(x_{ik}+x_{jk})}$$

$$c_{ij}=\frac{\sum_{k=1}^{n}\min(x_{ik},x_{jk})}{\sum_{k=1}^{n}\sqrt{x_{ik}x_{jk}}}$$

(5)列联系数和关联系数

对于名义量,它们之间的相似系数通过列联表来定义。设名义量 y_i 取值是 $t_1,t_2,\cdots,t_p$,y_j 取值是 $r_1,r_2,\cdots,r_q$,用 n_{kl} 表示 y_i 取 t_k、y_j 取 r_l 的样本数,列成表 3-1 的形式,称为列联表。

表 3-1　列联表

y_i \ y_j	$r_1\ r_2\cdots\ r_q$	Σ
t_1	$n_{11}\ n_{12}\cdots\ n_{1q}$	$n_{1\cdot}$
t_2	$n_{21}\ n_{22}\cdots\ n_{2q}$	$n_{2\cdot}$
$\vdots$	$\vdots\ \vdots\ \vdots$	$\vdots$
t_p	$n_{p1}\ n_{p2}\cdots\ n_{pq}$	$n_{p\cdot}$
Σ	$n_{\cdot 1}\ n_{\cdot 2}\cdots\ n_{\cdot q}$	$n_{\cdot\cdot}$

令

$$\chi^2=n_{\cdot\cdot}\left(\sum_{i=1}^{p}\sum_{j=1}^{q}\frac{n_{ij}^2}{n_{i\cdot}n_{\cdot j}}-1\right)$$

其中

$$n_{i\cdot}=\sum_{j=1}^{q}n_{ij},i=1,2,\cdots,p$$

$$n_{\cdot j}=\sum_{i=1}^{p}n_{ij},j=1,2,\cdots,q$$

$$n_{\cdot\cdot}=\sum_{i=1}^{p}\sum_{j=1}^{q}n_{ij}$$

利用 χ^2 可以定义名义量之间的相似系数。

列联系数

$$c_{ij}=\sqrt{\frac{\chi^2}{\chi^2+n_{\cdot\cdot}}}$$

关联系数

$$c_{ij}=\sqrt{\frac{\chi^2}{n_{\cdot\cdot}\max(p-1,q-1)}}$$

$$c_{ij}=\sqrt{\frac{\chi^2}{n_{\cdot\cdot}\min(p-1,q-1)}}$$

$$c_{ij}=\sqrt{\frac{\chi^2}{n_{\cdot\cdot}\sqrt{(p-1)(q-1)}}}$$

3.2.3　聚类准则函数

1.误差平方和准则

令样本集合为 $X=\{\boldsymbol{x}_1,\boldsymbol{x}_2,\cdots,\boldsymbol{x}_N\}$,假设在某种相似性测度下它被聚合成 c 个分离开的子集 $X_1,X_2,\cdots,X_c$,其中,每个子集中所包含的样本数依次为 $n_1,n_2,\cdots,n_c$。则误差平方和聚类准则函数由下式定义

$$J_c=\sum_{j=1}^{c}\sum_{k=1}^{n_j}\|\boldsymbol{x}_k-\boldsymbol{\mu}_j\|^2$$

式中，$\boldsymbol{\mu}_j$ 为类型 ω_j 中样本的均值，$\boldsymbol{\mu}_j=\frac{1}{n_j}\sum_{j=1}^{n_j}\boldsymbol{x}_j$，$j=1,2,\cdots,c$。

误差平方和准则适用于各类样本比较密集且样本数目差距不大的样本分布。例如，在图 3-4 的样本分布中，共有 3 个类型，各个类型的样本数目相差不多(10 个左右)。类内较密集，误差平方和很小，类别之间距离远。

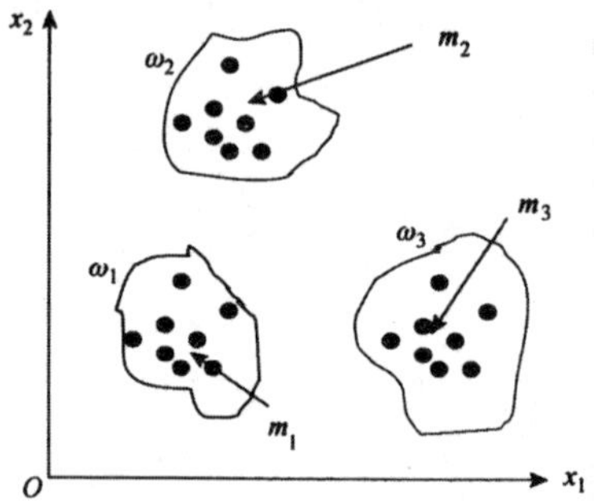

图 3-4　样本分布

注意：如果不同类型的样本数目相差很大，那么采用误差平方和准则，有可能把样本数目多的类型分开，以便达到总的 J_c 最小，如图 3-5 所示。

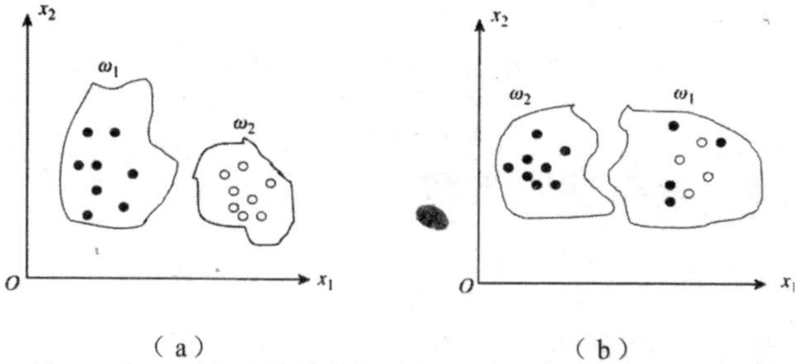

图 3-5　正确分类与错误分类

2. 加权平均平方距离和准则

加权平均平方距离和准则函数由下式定义

$$J_l=\sum_{j=1}^{c}P_jS_j^*$$

式中，c 为聚类的类别数；$P_j(j=1,2,\cdots,c)$ 为类别

$\omega_j(j=1,2,\cdots,c)$发生的先验概率；S_j^* 是类内样本间平均平方距离。$S_j^*=\frac{2}{n_j(n_j-1)}\sum_{x\in X_j}\sum_{x'\in X_j}\|\boldsymbol{x}-\boldsymbol{x}'\|^2$ 为所有的样本之间距离的平均值。

X_j 中的样本个数 n_j，X_j 中的样本两两组合共有$\frac{n_j(n_j-1)}{2}$种。$\sum_{x\in X_j}\sum_{x'\in X_j}\|\boldsymbol{x}-\boldsymbol{x}'\|^2$ 表示所有样本之间距离之和。p 为 ω_1 类的先验概率，可以用样本数目 n_j 和样本总数目 n 来估计。

$$p_1=\frac{n_j}{n},j=1,2,\cdots,c$$

因此，$J_l=\frac{1}{n}\sum_{j=1}^{c}n_jS_j^*$。

3. 类间距离和准则函数

类间距离和准则函数 J_b 是为从类间距离分布出发对聚类结果进行评估而开发的。它包括如下两个定义

$$J_{b1}=\sum_{j=1}^{c}(\boldsymbol{\mu}_j-\boldsymbol{\mu})^{\mathrm{T}}(\boldsymbol{\mu}_j-\boldsymbol{\mu})$$

$$J_{b2}=\sum_{j=1}^{c}P_j(\boldsymbol{\mu}_j-\boldsymbol{\mu})^{\mathrm{T}}(\boldsymbol{\mu}_j-\boldsymbol{\mu})$$

式中，$\boldsymbol{\mu}_j$ 为第 j 个类别 ω_j 的样本均值，$\boldsymbol{\mu}_j=\frac{1}{n_j}\sum_{j=1}^{n_j}\boldsymbol{x}_j$，$j=1,2,\cdots,c$；$\boldsymbol{\mu}$ 为全体样本的均值向量，$\boldsymbol{\mu}=\frac{1}{n}\sum_{j=1}^{c}\sum_{k=1}^{n_j}\boldsymbol{x}_j$。

J_{b1}称为类间距离和准则函数，J_{b2}称为加权的类间距离和准则函数。若用$\frac{n_j}{n}$作为 P_j 的估计，则 J_{b2}可写为

$$J_{b2}=\frac{1}{n}\sum_{j=1}^{c}n_j(\boldsymbol{\mu}_j-\boldsymbol{\mu})^{\mathrm{T}}(\boldsymbol{\mu}_j-\boldsymbol{\mu})$$

显然，J_{b1} 和 J_{b2}的取值越大，各类别间相距越远，聚类效果

越好。

4. 散射矩阵

散射矩阵准则函数既可以反映同类样本的聚集程度，又可以反映不同类之间的分离程度。

假定混合样本集 X 的 n 个样本被聚集成 c 个类型的子集 X_j，每个子集有 n_j 个样本，则类内散射矩阵 $\boldsymbol{S}_w$ 定义为

$$\boldsymbol{S}_w = \sum_{j=1}^{c} P_j \boldsymbol{S}_j$$

其中，$\boldsymbol{S}_j$ 为某一个类型的类内散射矩阵

$$\boldsymbol{S}_j = \frac{1}{n_j} \sum (\boldsymbol{x}_k^{(j)} - \boldsymbol{\mu}_j)(\boldsymbol{x}_k^{(j)} - \boldsymbol{\mu}_j)^{\mathrm{T}}$$

式中，$\boldsymbol{x}_k^{(j)}$ 表示类型 ω_j 的第 k 个样本，$j=1,2,\cdots,c$。

类间散射矩阵 $\boldsymbol{S}_b$ 定义为

$$\boldsymbol{S}_b = \sum_{j=1}^{c} P_j (\boldsymbol{\mu}_j - \boldsymbol{\mu})(\boldsymbol{\mu}_j - \boldsymbol{\mu})^{\mathrm{T}}$$

定义全部样本的总散射矩阵 $\boldsymbol{S}_t$ 为

$$\boldsymbol{S}_t = \frac{1}{n} \sum_{k=1}^{n} (\boldsymbol{\mu}_k - \boldsymbol{\mu})(\boldsymbol{\mu}_k - \boldsymbol{\mu})^{\mathrm{T}}$$

上述 3 个散射矩阵有如下关系：

$$\boldsymbol{S}_t = \boldsymbol{S}_w + \boldsymbol{S}_b$$

这一结果表明，对于给定的混合样本集，类内散射的减少，将导致类间散射的增加。对某一聚类结果，类内散射越小越好，类间散射越大越好。利用 $\boldsymbol{S}_t$、$\boldsymbol{S}_w$、$\boldsymbol{S}_b$ 可以定义如下的 4 个聚类准则：

$$J_1 = \mathrm{tr}(\boldsymbol{S}_w^{-1} \boldsymbol{S}_b)$$

$$J_2 = |\boldsymbol{S}_w^{-1} \boldsymbol{S}_b|$$

$$J_3 = \mathrm{tr}(\boldsymbol{S}_w^{-1} \boldsymbol{S}_t)$$

$$J_4 = |\boldsymbol{S}_w^{-1} \boldsymbol{S}_t|$$

tr 表示矩阵的迹，也就是对角线元素之和。J_1 ∶ J_4 同时考虑了

类内的散射和类间散射，为了得到好的聚类结果，它们的值越大越好。

考虑到矩阵的迹和行列式的旋转不变性，总可以找到一个正交矩阵 $\boldsymbol{U}$，使

$$\boldsymbol{U}^{\mathrm{T}}(\boldsymbol{S}_w^{-1}\boldsymbol{S}_b)\boldsymbol{U}=\boldsymbol{\Lambda}$$

其中，$(\boldsymbol{S}_w^{-1}\boldsymbol{S}_b)$ 是 $d\times d$ 维的对称矩阵，$\boldsymbol{U}$ 是 $d\times d$ 维正交归一化矩阵，$\boldsymbol{\Lambda}$ 是以特征值 $\lambda_i\,(i=1,2,\cdots,d)$ 为对角线的对角矩阵。则有

$$J_1=\sum_{i=1}^{d}\lambda_i,J_2=\prod_{i=1}^{d}\lambda_i$$

又由于

$$\boldsymbol{S}_w^{-1}\boldsymbol{S}_t=\boldsymbol{S}_w^{-1}(\boldsymbol{S}_w+\boldsymbol{S}_b)=\boldsymbol{I}+\boldsymbol{S}_w^{-1}\boldsymbol{S}_b$$

其中，$\boldsymbol{I}$ 为 $d\times d$ 维单位矩阵。

所以

$$J_3=\sum_{i=1}^{d}(1+\lambda_i),J_4=\prod_{i=1}^{d}(1+\lambda_i)$$

因此，只要求出 $\boldsymbol{S}_w^{-1}\boldsymbol{S}_b$ 的特征值，就很容易求得 J_1 ∶ J_4。若 J_1 ∶ J_4 够大，则聚类质量好；若较小，则聚类质量差，应该重新聚类。

3.3　基于距离阈值的聚类法

3.3.1　基于最近邻规则的试探法

设待分类样本集为 $\{\boldsymbol{x}_1,\boldsymbol{x}_2,\cdots,\boldsymbol{x}_N\}$，按最近邻规则进行聚类，算法具体步骤如下：

①选取任意一个样本作为第一个聚类中心 $\boldsymbol{z}_1$，例如，令 ω_1 类的中心 $\boldsymbol{z}_1=\boldsymbol{x}_1$，选定一非负的类内距离阈值 T。

②计算下一个样本 $\boldsymbol{x}_2$ 到 $\boldsymbol{z}_1$ 的距离 d_{21}。若 $d_{21}>T$,则建立一新的聚类中心 $\boldsymbol{z}_2$,且 ω_2 类的中心 $\boldsymbol{z}_2=\boldsymbol{x}_2$。若 $d_{21}\leqslant T$,则认为 $\boldsymbol{x}_2$ 在以 $\boldsymbol{z}_1$ 为中心的邻域中,即 $\boldsymbol{x}_2$ 属于 ω_1 类。

③假定已有 m 类的中心 $\boldsymbol{z}_1,\boldsymbol{z}_2,\cdots,\boldsymbol{z}_m$,计算尚未确定类别的样本 $\boldsymbol{x}_i$ 到 m 类中心 $\boldsymbol{z}_j(j=1,2,\cdots,m)$的距离 d_{ij}。如果所有的 d_{ij} 均满足 $d_{ij}>T$,则建立一新的聚类中心 $\boldsymbol{z}_{m+1}$,且 ω_{m+1}类的中心 $\boldsymbol{z}_{m+1}=\boldsymbol{x}_i$;否则将 $\boldsymbol{x}_i$ 划分到距离其最近的聚类中心所代表的类中。

④检查是否所有的样本已经确定类别,如果都已确定类别,则转下一步;否则返回③。

⑤按照某种聚类准则评价聚类结果,如果不满意,则重新选取第一个聚类中心和类间距离阈值 T,返回②;如果满意,则算法结束。

这种方法的聚类结果与第一个聚类中心的选取、待分类样本的排列次序、阈值 T 的大小以及样本分布的几何特性有关。图 3-6 表示了距离阈值 T 的大小和初始聚类中心位置对聚类结果的影响。

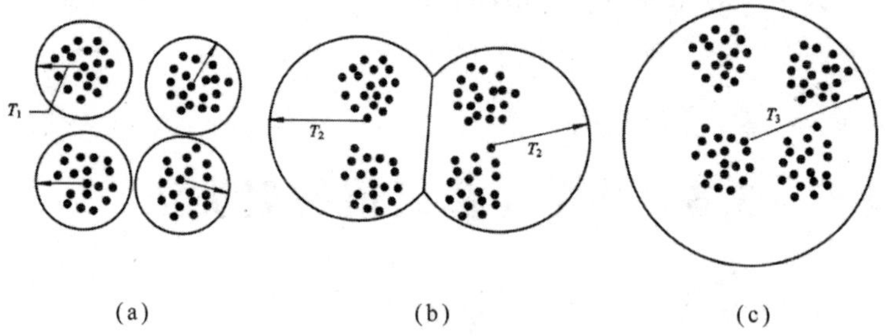

图 3-6　距离阈值 T 和初始聚类中心位置对聚类结果的影响

这种方法的优点是计算简单。若具有模式样本几何分布的先验知识,则可以用来指导初始点和阈值的选取,从而较快地达到合理的聚类结果。

3.3.2　最大最小距离聚类算法

最大最小距离聚类算法是另一种简单的试探法，以类间距离最大作为选取新的聚类中心的条件，以最小距离原则进行样本归类。这种算法通常采用欧氏距离，算法具体步骤如下：

①选取任意一个样本作为第一个聚类中心 $\boldsymbol{z}_1$。

②选取距离 $\boldsymbol{z}_1$ 最远的样本作为第二个聚类中心 $\boldsymbol{z}_2$。

③计算所有未作为聚类中心的样本 $\boldsymbol{x}_i$ 与 $\boldsymbol{z}_1$、$\boldsymbol{z}_2$ 的距离 d_{i1}，d_{i2}，并设 $d_i=\min(d_{i1},d_{i2})$，若存在 $d_l=\max\limits_{i}\{d_i\}>\theta\cdot d(\boldsymbol{z}_1,\boldsymbol{z}_2)$，则建立第三个聚类中心 $\boldsymbol{z}_3$，且 $\boldsymbol{z}_3=\boldsymbol{x}_l$。其中，$d(\boldsymbol{z}_1,\boldsymbol{z}_2)$为 $\boldsymbol{z}_1$ 与 $\boldsymbol{z}_2$ 之间的距离；θ 可用试探法取为一固定分数，例如，$\theta=\dfrac{1}{2}$。

④假定已有 m 个聚类中心 $\boldsymbol{z}_1,\boldsymbol{z}_2,\cdots,\boldsymbol{z}_m$，计算尚未作为聚类中心的各样本 $\boldsymbol{x}_i$ 到 m 类中心 $\boldsymbol{z}_j\,(j=1,2,\cdots,m)$的距离 d_{ij}，并计算

$$d_j=\min(d_{j1},d_{j2},\cdots,d_{jm})=\max_{i}\{\min(d_{i1},d_{i2},\cdots,d_{im})\}$$

如果 $d_j>\theta\cdot d(\boldsymbol{z}_1,\boldsymbol{z}_2)$，则建立第 $m+1$ 个聚类中心 z_{m+1}，且 $z_{m+1}=x_j$，并转④；否则转下一步。

⑤将全部样本按最近距离原则划分到各类中。

⑥按照某种聚类准则评价聚类结果，如果不满意，则重新选取第一个聚类中心和 θ 值，返回②；如果满意，则算法结束。

3.4　层次聚类算法

3.4.1　类与类之间的距离

用 d_{ij} 表示样品 $\boldsymbol{x}_i$ 与 $\boldsymbol{x}_j$ 之间距离，用 D_{ij} 表示类 G_i 与 G_j 之间的距离。

1. 最短距离法

定义类 G_i 与 G_j 之间的距离为两类最近样品的距离，即

$$D_{ij}=\min_{x_i\in G_i,x_j\in G_j} d_{ij}$$

设类 G_p 与 G_q 合并成一个新类记为 G_r，则任一类 G_k 与 G_r 的距离是

$$\begin{aligned}D_{kr}&=\min_{x_i\in G_k,x_j\in G_r} d_{ij}\\&=\min\{\min_{x_i\in G_k,x_j\in G_p} d_{ij},\min_{x_i\in G_k,x_j\in G_q} d_{ij}\}\\&=\min\{D_{kp},D_{kq}\}\end{aligned}$$

最短距离法聚类的步骤如下：

①定义样品之间距离，计算样品两两距离，得一距离阵记为 $D_{(0)}$，开始每个样品自成一类，显然这时 $D_{ij}=d_{ij}$。

②找出 $D_{(0)}$ 的非对角线最小元素，设为 D_{pq}，则将 G_p 与 G_q 合并成一个新类，记为 G_r，即 $G_r=\{G_p,G_q\}$。

③给出计算新类与其他类的距离公式

$$D_{kr}=\min\{D_{kp},D_{kq}\}$$

将 $D_{(0)}$ 中第 p、q 行及 p、q 列用上面公式并成一个新行新列，新行新列对应 G_r，所得到的矩阵记为 $D_{(1)}$。

④对 $D_{(1)}$ 重复上述对 $D_{(0)}$ 的②和③两步得 $D_{(2)}$；如此下去，直到所有的元素并成一类为止。

如果某一步 $D_{(k)}$ 中非对角线最小的元素不止一个，那么对应这些最小元素的类可以同时合并。

2. 最长距离法

定义类 G_i 与 G_j 之间距离为两类最远样品的距离，即

$$D_{pq}=\max_{x_i\in G_p,x_j\in G_q} d_{ij}$$

最长距离法与最短距离法的并类步骤完全一样，也是将各样品先自成一类，然后将非对角线上最小元素对应的两类合并。设

某一步将类 G_p 与 G_q 合并为 G_r，则任一类 G_k 与 G_r 的距离用最长距离公式为

$$\begin{aligned} D_{kr} &= \max_{x_i \in G_k, x_j \in G_r} d_{ij} \\ &= \max\{\max_{x_i \in G_k, x_j \in G_p} d_{ij}, \max_{x_i \in G_k, x_j \in G_q} d_{ij}\} \\ &= \max\{D_{kp}, D_{kq}\} \end{aligned}$$

再找非对角线最小元素的两类并类，直至所有的样品全归为一类为止。

3. 中间距离法

如图 3-7 所示，如果在某一步将类 G_p 与 G_q 合并为 G_r，那么任一类 G_k 与 G_r 的距离公式为

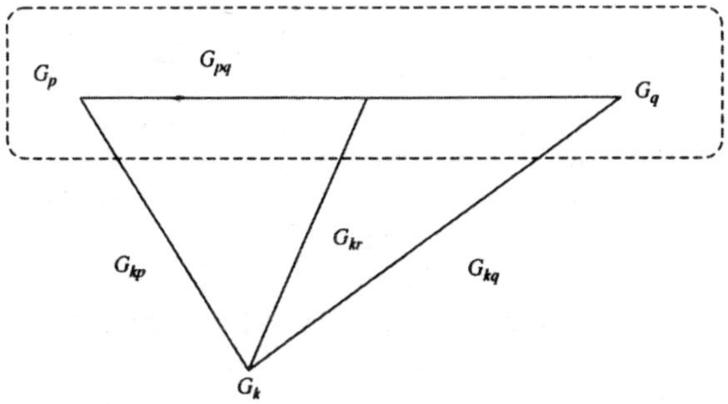

图 3-7　中间距离法

$$D_{kr}^2 = \frac{1}{2}D_{kp}^2 + D_{kq}^2 + \beta D_{pq}^2, -\frac{1}{4} \leqslant \beta \leqslant 0$$

当 $\beta = -\frac{1}{4}$ 时，由初等几何知 D_{kr} 就是上面三角形的中线。

如果用最短距离法，那么 $D_{kr} = D_{kp}$；如果用最长距离法，那么 $D_{kr} = D_{kq}$；如果取夹在这两边的中线作为 D_{kr}，那么 $D_{kr} = \sqrt{\frac{1}{2}D_{kp}^2 + \frac{1}{2}D_{kq}^2 - \frac{1}{4}D_{pq}^2}$，鉴于距离公式中的量都是距离的平方，为了上机计算的方便，可将表 $D_{(0)}, D_{(1)}, D_{(2)}, \cdots$ 中的元素，都用相应元素的平方代替而得表 $D_{(0)}^2, D_{(1)}^2, D_{(2)}^2, \cdots$。

4. 重心法

重心法定义两类之间的距离就是两类重心之间的距离。设 G_p 与 G_q 的重心(即该类样品的均值)分别是以 $\bar{\boldsymbol{x}}_p$ 和 $\bar{\boldsymbol{x}}_q$(注意一般它们是 p 维向量),则 G_p 与 G_q 之间的距离是

$$D_{pq}=d_{x_p x_q}$$

设聚类到某一步,G_p 与 G_q 分别有样品 n_p,n_q 个,将 G_p 与 G_q 合并为 G_r,则 G_r 内样品个数为 $n_r=n_p+n_q$,它的重心是 $\bar{\boldsymbol{x}}_r=\frac{1}{n_r}(n_p\bar{\boldsymbol{x}}_p+n_q\bar{\boldsymbol{x}}_q)$,某一类 G_k 的重心是 $\bar{\boldsymbol{x}}_k$,它与新类 G_r 的距离(最初样品之间的距离采用欧氏距离)为

$$\begin{aligned}
D_{kr}^2 &= d_{x_k x_r^2} = (\bar{\boldsymbol{x}}_k-\bar{\boldsymbol{x}}_r)^{\mathrm{T}}(\bar{\boldsymbol{x}}_k-\bar{\boldsymbol{x}}_r)\\
&= [\bar{\boldsymbol{x}}_k-(n_p\bar{\boldsymbol{x}}_p+n_q\bar{\boldsymbol{x}}_q)]^{\mathrm{T}}[\bar{\boldsymbol{x}}_k-(n_p\bar{\boldsymbol{x}}_p+n_q\bar{\boldsymbol{x}}_q)]\\
&=\bar{\boldsymbol{x}}_k^{\mathrm{T}}\bar{\boldsymbol{x}}_k-2\frac{n_p}{n_r}\bar{\boldsymbol{x}}_k^{\mathrm{T}}\bar{\boldsymbol{x}}_p-2\frac{n_q}{n_r}\bar{\boldsymbol{x}}_k^{\mathrm{T}}\bar{\boldsymbol{x}}_q+\frac{1}{n_r^2}(n_p^2\bar{\boldsymbol{x}}_k^{\mathrm{T}}\bar{\boldsymbol{x}}_k)+2n_pn_q\bar{\boldsymbol{x}}_p^{\mathrm{T}}\bar{\boldsymbol{x}}_q\\
&\quad+n_q^2\bar{\boldsymbol{x}}_q^{\mathrm{T}}\bar{\boldsymbol{x}}_q
\end{aligned}$$

利用 $\bar{\boldsymbol{x}}_k^{\mathrm{T}}\bar{\boldsymbol{x}}_k=\frac{1}{n_r}(n_p\bar{\boldsymbol{x}}_k^{\mathrm{T}}\bar{\boldsymbol{x}}_k+n_q\bar{\boldsymbol{x}}_k^{\mathrm{T}}\bar{\boldsymbol{x}}_k)$代入上式得

$$\begin{aligned}
D_{kr}^2 &= \frac{n_p}{n_r}(\bar{\boldsymbol{x}}_k^{\mathrm{T}}\bar{\boldsymbol{x}}_k-2\bar{\boldsymbol{x}}_k^{\mathrm{T}}\bar{\boldsymbol{x}}_p+\bar{\boldsymbol{x}}_p^{\mathrm{T}}\bar{\boldsymbol{x}}_p)+\frac{n_q}{n_r}(\bar{\boldsymbol{x}}_k^{\mathrm{T}}\bar{\boldsymbol{x}}_k-2\bar{\boldsymbol{x}}_k^{\mathrm{T}}\bar{\boldsymbol{x}}_q+\bar{\boldsymbol{x}}_q^{\mathrm{T}}\bar{\boldsymbol{x}}_q)\\
&\quad-\frac{n_pn_q}{n_r^2}(\bar{\boldsymbol{x}}_p^{\mathrm{T}}\bar{\boldsymbol{x}}_p-2\bar{\boldsymbol{x}}_p^{\mathrm{T}}\bar{\boldsymbol{x}}_q+\bar{\boldsymbol{x}}_q^{\mathrm{T}}\bar{\boldsymbol{x}}_q)\\
&=\frac{n_p}{n_r}D_{kp}^2+\frac{n_q}{n_r}D_{kq}^2-\frac{n_pn_q}{n_rn_r}D_{pq}^2
\end{aligned}$$

显然,当 $n_p=n_q$ 时即为中间距离法的公式。

如果样品之间的距离不是欧氏距离,那么可根据不同情况给出不同的距离公式。

重心法的归类步骤与以上三种方法基本上一样,所不同的是每合并一次类,就要重新计算新类的重心及各类与新类的距离。

5. 类平均法

重心法不能充分利用各样品的信息，而类平均法能弥补重心法的缺陷。它定义两类之间的距离平方为这两类元素两两之间距离平方的平均，即

$$D_{pq}^2 = \frac{1}{n_p n_q} \sum_{x_i \in G_p} \sum_{x_j \in G_q} d_{ij}^2$$

设聚类到某一步将 G_p 与 G_q 合并为 G_r，则任一类 G_k 与 G_r 的距离为

$$\begin{aligned} D_{kr}^2 &= \frac{1}{n_k n_r} \sum_{x_i \in G_k} \sum_{x_j \in G_r} d_{ij}^2 \\ &= \frac{1}{n_k n_r} \left(\sum_{x_i \in G_k} \sum_{x_j \in G_p} d_{ij}^2 + \sum_{x_i \in G_k} \sum_{x_j \in G_q} d_{ij}^2 \right) \\ &= \frac{n_p}{n_r} D_{kp}^2 + \frac{n_q}{n_r} D_{kq}^2 \end{aligned}$$

6. 可变类平均法

鉴于类平均法公式中没有反映 G_p 与 G_q 之间距离 D_{pq} 的影响，所以给出可变类平均法，此法定义两类之间的距离同上，只是将任一类 G_k 与新类 G_r 的距离改为如下形式：

$$D_{kr}^2 = \frac{n_p}{n_r}(1-\beta) D_{kp}^2 + \frac{n_q}{n_r}(1-\beta) D_{kq}^2 + \beta D_{pq}^2$$

其中，β 是可变的且 $\beta>1$。

7. 可变法

此法定义两类之间的距离仍同上，而新类 G_r 与任一类的 G_k 的距离公式为

$$D_{kr}^2 = \frac{1-\beta}{2}(D_{kp}^2 + D_{kq}^2) + \beta D_{pq}^2$$

其中，β 是可变的，且 $\beta>1$。

可变类平均法与可变法的分类效果与β的选择关系极大，β如果接近 1，那么一般分类效果不好，在实际应用中β常取负值。

8. 离差平方和法

这个方法是 Ward 提出来的，故又称为 Ward 法。

设将n个样品分成k类：$G_1, G_2, \cdots, G_k$，用$\boldsymbol{x}_{it}$表示G_t中的第i个样品（注意$\boldsymbol{x}_{it}$是p维向量），n_t表示G_t中的样品个数，$\bar{\boldsymbol{x}}_t$是G_t的重心，则G_t中样品的离差平方和为

$$S_t = \sum_{i=1}^{n_t} (\boldsymbol{x}_{it} - \bar{\boldsymbol{x}}_t)^{\mathrm{T}} (\boldsymbol{x}_{it} - \bar{\boldsymbol{x}}_t)$$

k个类的类内离差平方和为

$$S = \sum_{t=1}^{k} S_t = \sum_{t=1}^{k} \sum_{i=1}^{n_t} (\boldsymbol{x}_{it} - \bar{\boldsymbol{x}}_t)^{\mathrm{T}} (\boldsymbol{x}_{it} - \bar{\boldsymbol{x}}_t)$$

粗看 Ward 法与前七种方法有较大的差异，但是如果将G_p与G_q的距离定义为

$$D_{pq}^2 = S_r - S_p - S_q$$

其中，$G_r = G_p \cup G_q$，那么就可使 Ward 法和前七种系统聚类方法统一起来，且可以证明 Ward 法合并类的距离公式为

$$D_{kr}^2 = \frac{n_k + n_p}{n_k + n_r} D_{kp}^2 + \frac{n_k + n_q}{n_k + n_r} D_{kq}^2 - \frac{n_k}{n_k + n_r} D_{pq}^2$$

以上介绍的八种聚类分析方法的步骤是完全一样的。当采用欧氏距离时，八种方法有统一形式的递推公式：

$$D_{kr}^2 = \alpha_p D_{kp}^2 + \alpha_q D_{kq}^2 + \beta D_{pq}^2 + \gamma \left| D_{kp}^2 - D_{kq}^2 \right|$$

如果不采用欧氏距离，那么除重心法、中间距离法、离差平方和法之外，统一形式的递推公式仍成立。上式中参数α_p，α_q，β，γ对不同的方法有不同的取值。表 3-2 列出上述八种方法中参数的取值。

表 3-2　系统聚类方法

方法	α_p	α_q	β	γ
最短距离法	1/2	1/2	0	−1/2
最长距离法	1/2	1/2	0	1/2
中间距离法	1/2	1/2	$-\frac{1}{4}\leqslant\beta\leqslant 0$	0
重心法	$\frac{n_p}{n_r}$	$\frac{n_p}{n_r}$	$-\alpha_p\alpha_q$	0
类平均法	$\frac{n_p}{n_r}$	$\frac{n_p}{n_r}$	0	0
可变类平均法	$\frac{(1-\beta)n_p}{n_r}$	$\frac{(1-\beta)n_p}{n_r}$	<1	0
可变法	$\frac{1-\beta}{2}$	$\frac{1-\beta}{2}$	<1	0
离差平方和法	$\frac{n_k+n_p}{n_k+n_r}$	$\frac{n_k+n_q}{n_k+n_r}$	$-\frac{n_k}{n_k+n_r}$	0

3.4.2　层次聚类法

层次聚类法(Hierarchical Clustering Method)的基本思想是：首先将 n 个样本各自看成一类，然后计算类与类之间的距离，选择距离最小的两个类合并成一个新类，接着计算在新的类别划分下各类之间的距离，再将距离最近的两类合并，这样每次减少一类，直至所有样本聚成两类为止，或者直到满足分类要求。

层次聚类算法的具体步骤如下：

①初始分类。令 $k=0$，每个样本自成一类，即 $G^0=\{G_1^0,G_2^0,\cdots,G_n^0\}$，其中，$G_i^0=\{\boldsymbol{x}_i\}$，$i=1,2,\cdots,n$。

②计算各类之间的距离 D_{ij}，由此得到一个类间距离矩阵

$\boldsymbol{D}^{(k)}=(D_{ij})_{c\times c}$，其中，$c$ 为类别个数（初始时 $c=n$）。

③找出前一步求得的距离矩阵 $\boldsymbol{D}^{(k)}$ 中的最小元素，设它是 $G_i^{(k)}$ 和 $G_j^{(k)}$ 间的距离，将 $G_i^{(k)}$ 和 $G_j^{(k)}$ 合并为一类，由此得到新的分类 $G_1^{(k+1)}, G_2^{(k+1)}, \cdots$。令 $k=k+1, c=c-1$，计算新的距离矩阵 $\boldsymbol{D}^{(k)}$。

④检查类的个数。如果类的个数 c 等于 2 或者达到某种分类要求，则算法停止；否则，转步骤③。

图 3-8 给出了层次聚类法的示意图.在层次聚类过程中，类别由多变少，聚类中心不断进行调整。需指出，在层次聚类法中，某个样本一旦划到某个类以后就不会再改变了。

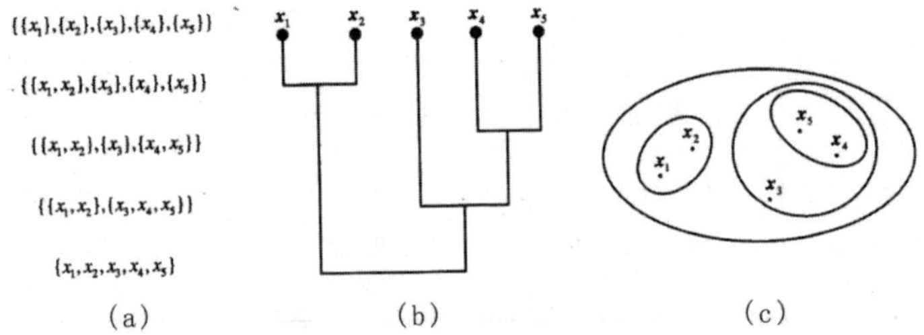

图 3-8　层次聚类示意图

(a)中给出了样本集聚类的过程；(b)中给出了聚类过程的树图；

(c)是该过程的 Venn 图

3.5　动态聚类算法

用系统聚类法分类若在某一步将样本分错了类，则以后一直错下去，因为按照算法，它不再修正各点的类别情况，因此在系统聚类法中每步都要慎重。另外，系统聚类法要求计算 $N\times N$ 对称阵，并存储于内存，当 N 数目较大时就有问题。而动态聚类法是先对数据粗略地分一下类，然后根据一定的原则对初始分类进行迭代修正，希望经过多次迭代，修正收敛到一个合理的分类结果。其大致过程示于图 3-9。

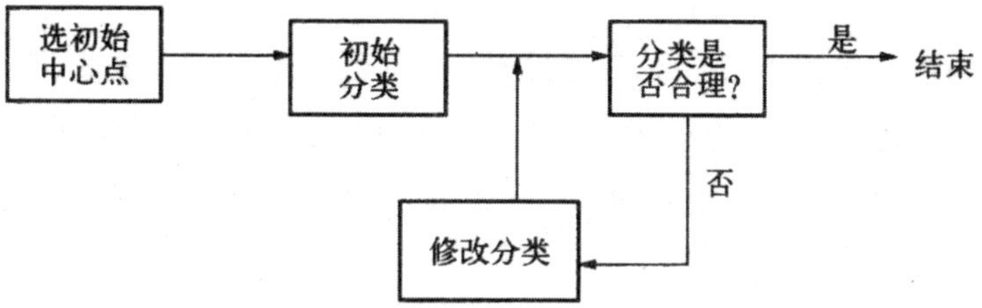

图 3-9　动态聚类方框图

3.5.1　K 均值算法

1. 算法描述

K 均值算法使用的聚类准则函数是误差平方和准则，通过反复迭代优化聚类结果，使所有样本到各自所属类别的中心的距离平方和达到最小。K 均值算法的步骤如下：

①任选 K 个初始聚类中心：$\boldsymbol{z}_1^{(1)},\boldsymbol{z}_2^{(1)},\cdots,\boldsymbol{z}_K^{(1)}$，其中，上角标表示聚类过程中的迭代运算次数。

②假设已进行到第 r 次迭代。若对某一样本 $\boldsymbol{x}$ 有

$$d(\boldsymbol{x},\boldsymbol{z}_j^{(r)})=\min\{d(\boldsymbol{x},\boldsymbol{z}_i^{(r)}),i=1,2,\cdots,K\}$$

则 $\boldsymbol{x}\in S_j^{(r)}$。其中，$S_j^{(r)}$ 是以 $\boldsymbol{z}_j^{(r)}$ 为聚类中心的样本子集。以此种方法，即最小距离原则，将全部样本分配到 K 个聚类中。

③计算重新分类后的各聚类中心：

$$\boldsymbol{z}_j^{(r+1)}=\frac{1}{n_j^{(r)}}\sum_{x\in S_j^{(r)}}x,j=1,2,\cdots,K$$

式中，$n_j^{(r)}$ 为 $S_j^{(r)}$ 中所包含的样本数。

④若 $\boldsymbol{z}_j^{(r+1)}=\boldsymbol{z}_j^{(r)},j=1,2,\cdots,K$，则结束；否则转②。

因为在第③步要计算 K 个聚类的样本均值，故称做 K 均值算法。

2. 算法讨论

K 均值算法是否有效受到以下几个因素的影响：指定的聚

类中心的个数是否符合模式的实际分布;所选聚类中心的初始位置;模式样本分布的几何性质;样本读入次序等。实际应用中,需要试探不同的 K 值和选择不同的聚类中心起始值。如果模式样本形成几个距离较远的孤立分布的小块区域,一般结果都收敛。

3. 聚类准则函数 J_j 与 K 的关系曲线

上述 K 均值算法,其类型数目假定已知为 K 个。当 K 未知时,可以令 K 逐渐增加,如 $K=1,2,\cdots$。聚类准则函数 J_j 表示的是每一类样本到各自聚类中心的距离平方和,或者说是误差的平方和。由它所代表的含义可以看出,随着 K 的增加,J_j 会单调减少。最初由于 K 较小,类型的分裂(增加)会使 J_j 迅速减小,但当 K 增加到一定数值时,J_j 的减小速度会减慢,直到 K 等于总样本数 N 时,$J_j=0$,这时意味着每类样本自成一类,每个样本就是聚类中心。J_j-K 的关系曲线如图 3-10 所示。

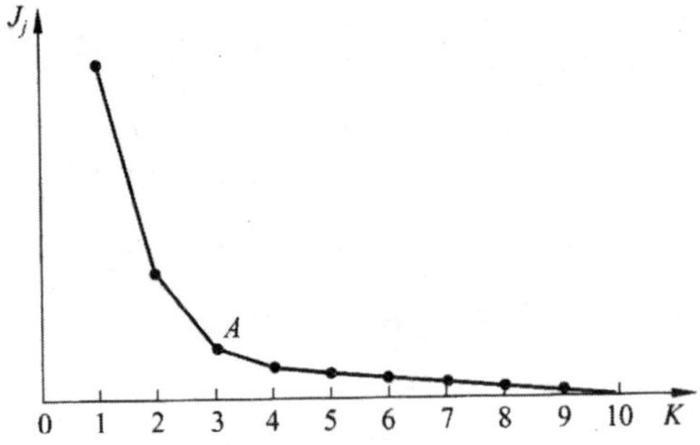

图 3-10　J_j-K 关系曲线

图 3-10 中,曲线的拐点 A 对应着接近最优的 K 值,最优 K 值是对 J_j 值减小量、计算量以及分类效果等进行权衡得出的结果。并非所有的情况都容易找到 J_j-K 关系曲线的拐点,此时 K 值将无法确定。

3.5.2 迭代自组织的数据分析算法

迭代自组织算法流程图如图 3-11 所示。

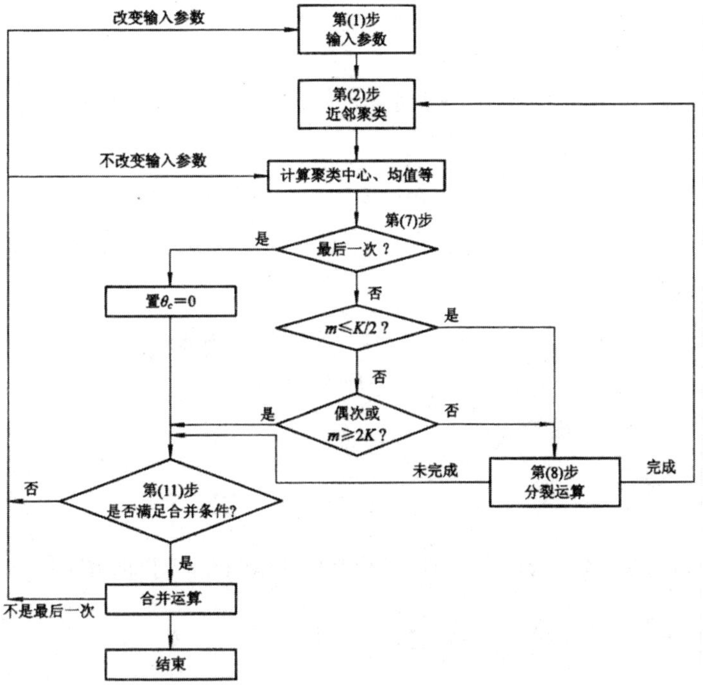

图 3-11 迭代自组织算法流程图

ISODATA 算法的具体步骤如下：

(1)读入包含 N 个模式的样本集$\{\boldsymbol{x}_1,\boldsymbol{x}_2,\cdots,\boldsymbol{x}_N\}$，选择 m 个初始聚类中心$\{\boldsymbol{z}_1,\boldsymbol{z}_2,\cdots,\boldsymbol{z}_m\}$。其中，$m$ 不一定等于预期的聚类中心数目。

参数设计如下：

K——预期的聚类中心数目；

θ_N——一个聚类中最少的样本数目，即如少于此数就不作为一个独立的聚类；

θ_s——聚类中样本单个分量的标准方差的上限，若某个聚类中样本单个分量的标准方差的最大值大于此数，则可能分裂该聚类的中心。

θ_c——两聚类中心之间的最小距离，如小于此数，合并两个聚类；

L——在一次迭代过程中，最多可以合并的聚类中心的对数；

I——最大的迭代次数。

(2)根据最小距离准则，将样本 $\boldsymbol{x}_1,\boldsymbol{x}_2,\cdots,\boldsymbol{x}_N$ 分别归入最近的聚类，若

$$D_j=d(\boldsymbol{x},\boldsymbol{z}_j)=\min\{d(\boldsymbol{x},\boldsymbol{z}_i),i=1,2,\cdots,m\}$$

即距离 $d(\boldsymbol{x},\boldsymbol{z}_j)$ 最小，则 $x\in S_j$。其中，S_j 是以 $\boldsymbol{z}_j$ 为聚类中心的样本子集。

(3)如果 $S_j(j=1,2,\cdots,m)$ 中的样本数目 $N_j<\theta_N$，则取消 S_j，令 $m=m-1$，并转入(2)；否则转入下一步。

(4)调整聚类中心

$$z_j=\frac{1}{N_j}\sum_{x\in S_j}\boldsymbol{x},j=1,2,\cdots,m$$

(5)计算各聚类中样本与聚类中心之间的平均距离。

$$\overline{D}_j=\frac{1}{N_j}\sum_{x\in S_j}\boldsymbol{x},j=1,2,\cdots,m$$

(6)计算全部模式样本与相应聚类中心之间的平均距离。

$$\overline{D}=\frac{1}{N}\sum_{j=1}^{m}N_j\overline{D}_j$$

(7)判断分裂、合并和迭代运算等步骤

①如果迭代运算次数已达最大的迭代次数 I，即最后一次迭代，令 $\theta_c=0$，转入(11)，结束迭代运算。

②如聚类中心的数目小于等于规定值的一半，即 $m\leqslant\frac{K}{2}$，则转入(8)，分裂已有的聚类。

③如迭代运算的次数是偶数，或者 $m\geqslant 2K$，则不进行分裂处理，转入(11)；否则，转入(8)，分裂已有的聚类。

分裂处理：

(8)计算聚类 S_j 中样本的标准方差向量

$$\boldsymbol{\sigma}_j=(\sigma_{j1},\sigma_{j2},\cdots,\sigma_{jd})^{\mathrm{T}},j=1,2,\cdots,m$$

向量 $\boldsymbol{\sigma}_j$ 的第 i 个分量为

$$\sigma_{ji}=\sqrt{\frac{1}{N_j}\sum_{x_k\in S_j}(x_{ki}-z_{ji})^2}$$

其中,d 为样本的维数;样本 $\boldsymbol{x}_k=(x_{k1},x_{k2},\cdots,x_{kd})^{\mathrm{T}}$;$S_j$ 的中心 $\boldsymbol{z}_j=(z_{j1},z_{j2},\cdots,z_{jd})^{\mathrm{T}}$。

(9)找出标准方差向量 $\boldsymbol{\sigma}_j=(\sigma_{j1},\sigma_{j2},\cdots,\sigma_{jd})^{\mathrm{T}}$ 中的最大分量,记为 $\sigma_{j,\max},j=1,2,\cdots,m$。

(10)检测最大分量集 $\{\sigma_{j,\max},j=1,2,\cdots,m\}$ 中所有的元素,如 $\sigma_{j,\max}>\theta_s$(该值给定),同时又满足以下两个条件中的一个:

①$\overline{D}_j>D_j$ 和 $N_j>2(\theta_N+1)$,即 S_j 中样本总数超过规定值的一倍以上;

②$m\leqslant\dfrac{K}{2}$。

则将 S_j 的中心 $\boldsymbol{z}_j$ 分裂为两个新的聚类中心 $\boldsymbol{z}_j^+$ 和 $\boldsymbol{z}_j^-$,且令 $m=m+1$,其中,$\boldsymbol{z}_j^+$ 和 $\boldsymbol{z}_j^-$ 的计算如下:

①选定一个 p 值,$0\leqslant p\leqslant 1$;

②令 $\boldsymbol{\gamma}_j=p\boldsymbol{\sigma}_j$ 或 $\boldsymbol{\gamma}_j=(0,\cdots,p\sigma_{j,\max},\cdots,0)^{\mathrm{T}}$;

③$\boldsymbol{z}_j^+=\boldsymbol{z}_j+\boldsymbol{\gamma}_j,\boldsymbol{z}_j^-=\boldsymbol{z}_j+\boldsymbol{\gamma}_j$。

如果本步完成了分裂运算,则转入(2),否则转入(11)。

合并处理:

(11)计算全部聚类中心之间的距离

$$D_{ij}=d(\boldsymbol{z}_i,\boldsymbol{z}_j),i=1,2,\cdots,m-1;j=i+1,\cdots,m$$

(12)比较 D_{ij} 与 θ_c 值,将 $D_{ij}<\theta_c$ 的前 L 个值递增排列,即

$$\{D_{i_1j_1},D_{i_2j_2},\cdots,D_{i_Lj_L}\}$$

其中,$D_{i_1j_1}\leqslant D_{i_2j_2}\leqslant\cdots\leqslant D_{i_Lj_L}$。

(13)从最小的 $D_{i_1j_1}$ 开始,对于每个 $D_{i_lj_l}$,合并相应的两个聚类中心 $\boldsymbol{z}_{i_l}$ 和 $\boldsymbol{z}_{j_l}$,新的聚类中心为

$$\boldsymbol{z}_j^*=\frac{N_{i_l}\boldsymbol{z}_{i_l}+N_{j_l}\boldsymbol{z}_{j_l}}{N_{i_l}+N_{j_l}},l=1,2,\cdots,L$$

并令 $m=m-L$。

(14)如果迭代运算次数已达最大的迭代次数 I,即最后一次迭代,则算法结束;否则,如果需要由操作者改变输入参数,转入(1),设计相应的参数;否则,转入(2)。到了本步运算,迭代运算的次数加1。

3.5.3 基于LBG算法的聚类分析

LBG算法是矢量量化中的一种重要码书生成算法,先选取初始码书,通过对训练样本的量化、聚类、迭代,产生局部最优的码书。这里,把LBG算法应用于聚类分析,具体步骤如下:

① 设样本集为 $\{\boldsymbol{x}_1,\boldsymbol{x}_2,\cdots,\boldsymbol{x}_N\}$。给定初始聚类中心 $\{\boldsymbol{z}_i^{(0)}\mid i=1,2,\cdots,K\}$,并置 $r=0$,设起始平均失真 $D^{(-1)}\to\infty$,给定计算停止阈值 $\varepsilon(0<\varepsilon<1)$。

②设已进行到第 r 次迭代。若对每一样本 x 有

$$d(\boldsymbol{x},\boldsymbol{z}_j^{(r)})=\min_{1\leqslant i\leqslant K}d(\boldsymbol{x},\boldsymbol{z}_i^{(r)})$$

则 $\boldsymbol{x}\in S_j^{(r)}$,其中,$S_j^{(r)}$ 是以 $z_j^{(r)}$ 为聚类中心的样本子集。以此种方法将全部样本分配到 K 个聚类中。

③计算平均失真与相对失真。平均失真为

$$D^{(r)}=\frac{1}{N}\sum_{i=1}^{N}\min_{1\leqslant j\leqslant K}d(\boldsymbol{z}_j^{(r)},\boldsymbol{x}_i)$$

其中,距离 $d(\boldsymbol{z}_j^{(r)},\boldsymbol{x}_i)$取为欧氏距离。相对失真为

$$\widetilde{D}^{(r)}=\left|\frac{D^{(r)}-D^{(r-1)}}{D^{(r)}}\right|$$

若 $\widetilde{D}^{(r)}\leqslant\varepsilon$,则停止,当前聚类为设计好的最终聚类;否则,进行下一步。

④计算各聚类中心的新向量值

$$z_i^{(r+1)}=\frac{1}{N_j}\sum_{x\in S_j^{(r)}}\boldsymbol{x}\ j=1,2,\cdots,K$$

式中,N_j 为 $S_j^{(r)}$ 中所包含的样本数,并置 $r=r+1$,返回到②,将全部样本重新分类,重复迭代计算。

第 4 章　结构模式识别中的句法方法

句法模式识别试图用小而简单的基元与语法规则来描述和识别大而复杂的模式，通过对基元的识别，进而识别子模式，最终达到识别复杂模式的目的。

4.1　形式语言基础

4.1.1　模式基元和模式结构的表达

模式基元的选择对于解决复杂模式的识别问题而言是十分重要的。选择得好，可以取得事半功倍的效果。但是，遗憾的是模式基元的选择并没有一个通用的方法。它是一个典型的面向任务的问题，只能采取具体问题具体对待的策略。虽然如此，模式基元的选择还是存在一般原则的。首先，所选择的模式基元应能很好地满足特殊应用场合的需求。特别地，所选择的模式基元应是精简的，使用它应能方便、合理地实现对模式结构的表达。其次，模式基元本身应该可以使用相关领域已有的技术手段方便地得到。上述两个一般原则有时是相互矛盾的。例如，在景物分析的应用中，可以选用区域以及位于区域边界上的点、直线段、特定形状的曲线段等作为模式基元。其中，边界点的抽取相对比较简单，但据此得到的模式的表达可能会是冗长的和难于分析的，而这无疑会给后续的识别带来困难。相比之下，若引入某些具有特定形状的曲线段等作为模式基元，则有可能以一种简洁的方式实现对模式的紧凑表示，从而使后续的模式分析变得简单。然而,要从图像中获得这样的模式基元就现在的技术水平而言可能并非是一件容易的事情。

考虑图 4-1(a)中的图片模式。若选用直线段和圆弧作为模式基元,那么,借助于分叉树可以对图片中的模式的多层构造很好地予以表达,结果如图 4-1(b)所示。这里,假定图中的诸直线段和圆弧可以使用图像处理手段方便地得到。注意:最终形成的树状表示具有明显的分层结构。图片模式 P 位于树根处,它由位于下一层的两个子模式图形 A 和图形 B 所构成。而子模式图形 A 和图形 B 又由更简单的子模式所构成。例如,在本例中,图形 A 进一步由圆弧 a 和直线段 b、c、d 所构成,等等。在上述分叉树表示中,根节点对应于模式,中间节点对应于子模式,而树叶对应于模式基元。此外,在上述表示中,隐含地使用了下一层节点是上一层节点的一部分这样一个关系。

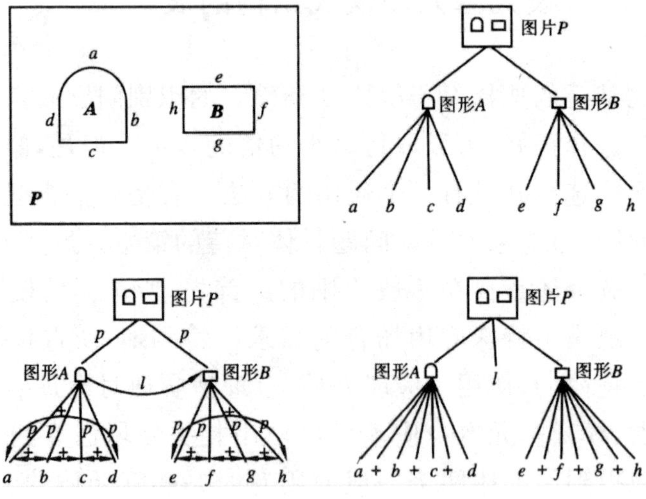

图 4-1　图片 P 多层结构的几种表示

(a)图片 P;(b)图片 P 的分叉树表示;

(c)图片 P 的关系图表示;(d)考虑节点之间关系的分叉树表示

除了树之外,也可以使用所谓的关系图来表达一个复杂模式。与分叉树表示相比,关系图表示可以提供对模式更详尽的描述。仍以图 4-1(a)中的图片模式为例,其关系图表示如图 4-1(c)所示。与分叉树表示相比,关系图表示增加了对节点之间关系的描述。例如，在图形 A 和图形 B 之间增加了一个由图形 A 指向图形 B 的有向线段，该有向线段和位于其上部的关系符“l”表示图形 A 在图形 B 的左边。类似地，由图形 A 指向图片 P 的有向线段和位于其旁的关系符“p”表示图形 A 是图片 P 的一部分，而由圆弧 a 指向直线段 b 的有向线段和位于其上部的关系符“+”表示圆弧 a 和直线段 b 具有相互连接关系，等等。

一个值得注意的结果是，通过引入适当的操作，可以将一个模式的关系图表示转换为一个树状表示。例如，在图 4-1 所示的例子中，若假定每一个子模式是一个封闭的图形，则可以根据以下操作将图片 P 转换为一个分叉树表示：若在两个节点之间（属于某个子模式的两个左右端部节点除外）存在一个说明其相关关系的有向线段，则去除该有向线段，并在该两个节点之间增加一个节点。其中，该新增节点由相应的关系符所命名，并被连接到所属的上一层节点。在本例中，施行转换后的结果如图 4-1(d) 所示。

一旦模式基元和模式的表达方式得以确立，那么，据此可以完成对输入模式的识别任务。例如，一种可行的方法是将具有相同树状结构的模式视为一类，并为每一类定义一个或一组合适的树状模板，而识别工作可由输入模式的树状表示和树状模板之间的匹配操作来完成。具体的识别过程如下：首先，从输入模式中抽取模式基元；然后，根据模式基元之间的相互关系，形成输入模式的树状表示；最后，通过模板匹配操作完成对输入模式的结构分析，最终给出分类结果。

但是，需要指出的是，上述基于“模板”匹配的方法在理论上固然可行，但在实际中有时会遭遇困难。由于模式基元抽取方法的不完善和数据噪声等因素的影响，会产生实际获得的模式结构描述和模型不一致的情况。例如，上面例子中给出的图片 P 的描述是一种理想情况。实际得到的描述一般和理想情况有所差别。有时候，这种差别可能会非常大。图 4-2(a) 给出了该图片模式的一个实际描述，相应的分叉树表示参见图 4-2(b)。

显然,如果依据实际得到的模式描述,采用基于“模板”匹配的方法对输入模式进行结构分析,可能会得到错误的结论。虽然可以通过增加模板的方法使上述情况得到一定的改善,但是,当所需要的模板的数量很大时,这种单纯增加模板的方法不能从根本上解决问题。因此,如何对一个模式可能有的多样化的表达进行概括和总结,进而以一种紧凑的方式、通过执行一组操作或适用一组规则形成模式的多样化描述就成为对复杂模式进行识别的重要节。所幸的是,“它山之石可以攻玉”。文法和语言之间存在的关联性为解决模式的多样化描述问题提供了一种参照和方法。语言是由句子所构成的,而句子又是由单词根据文法所生成的。与此类似,正像前面的描述中所看到的那样,模式类、模式和模式基元之间也存在类似的关系:模式类是由模式所构成的,而模式又是由模式基元根据一组装配规则所生成的。上面所揭示的在模式类和语言之间、模式和句子之间以及模式基元和单词之间存在的简单类比关系告诉我们,可以借助于在语言学中业已存在的一些方法来解决模式的多样化描述问题以及相应的识别问题。

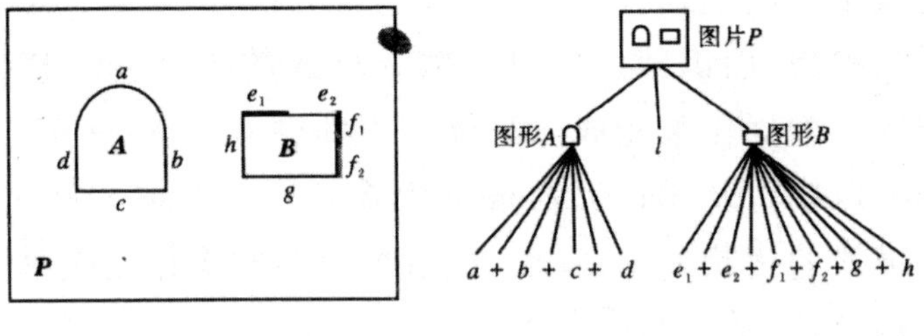

(a) (b)

图 4-2 图片 *P* 的一个实际描述

(a)模式基元的抽取结果;(b)基于实际得到的模式基元的分叉树表示

一个典型的句法模式识别系统的框图被示于图 4-3。

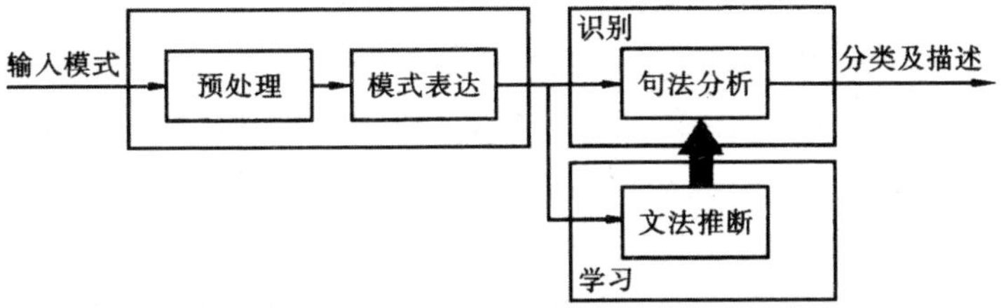

图 4-3　句法模式识别系统框图

4.1.2　基本概念

①字母表：与所研究的问题有关的符号集合。例如，$V_1=\{A,B,C,D\}$，$V_2=\{a,b,c,d\}$。

②句子（链）：由字母表中的符号所组成的有限长度的符号串。

③句子（链）的长度：所包含的符号数目。例如，$|a^3b^3c^3|=9$。

④语言：由字母表中的符号组成的句子集合，用 L 表示。

例如，字母表 $V=\{a,b\}$，则

$L_1=\{ab,aab,abab\}$为有限语言。

$L_2=\{a^nb^n|n,m=0,1,2,\cdots\}$为无限语言。

⑤文法：在一种语言中，构成句子所必须遵循的规则的集合，用 G 表示，$L(G)$表示由文法 G 构成的语言。

⑥V^*：由字母表 V 中的符号组成的所有句子的集合，包括空句子 λ 在内。例如，$V^*=\{\lambda,01,001\}$。

⑦V^+：不包括空句子在内的句子集合，即 $V^+=V^*-\lambda$。

⑧V_T：终止符，不能再分割的最简基元的集合，用小写字母表示。例如，$V_T=\{a,b,c\}$。

⑨V_N：非终止符，由基元组成的子模式和句子的集合。用大写字母表示。例如，$V_N=\{A,B,C\}$

V_T 与 V_N 的关系：$V_T\cap V_N=\varnothing$（空集）

$V_T\cup V_N=V$（全部字母表）

⑩产生式(再写规则)P:存在于终止符和非终止符间的关系式。例如,$\alpha \to \beta, \alpha \in V_N, \beta \in V_N, V_T$。

⑪文法的数学定义:它是一个四元式,由四个参数构成,即

$$G=\{V_N, V_T, P, S\}$$

4.1.3 四种文法

1. 无约束文法(0 型文法)

设文法 $G=\{V_N, V_T, P, S\}$,其中,V_N 是非终止符,用大写字母表示;V_T 是终止符,用小写字母表示;S 是起始符;$P: \alpha \to \beta$,其中,$\alpha \in V^+, \beta \in V^*$。$\alpha, \beta$ 无任何限制(V^+ 包括空符号串,V^* 包括空符号串)。

例如,文法 $G=\{V_N, V_T, P, S\}$,$V_N=\{S, A\}$,$V_T=\{a, b, c\}$,P:①$S \to aSb$;②$Sb \to bA$;③$abA \to c$。则该文法可产生的句子为 $S \to aSb \to aaSbb \to a^nSb^n \to a^nbAb^{n-1} \to a^{n-1}abAb^{n-1} \to a^{n-1}cb^{n-1}$,因此,该文法可产生的语言为 $L(G)=\{a^ncb^n \mid n=0,1,2,\cdots\}$,由 0 型文法产生的语言称为 0 型语言。

2. 上下文有关文法(1 型文法)

设文法 $G=\{V_N, V_T, P, S\}$,其中,V_N 是非终止符,用大写字母表示;V_T 是终止符,用小写字母表示;S 是起始符;产生式 $P: \alpha_1 A \alpha_2 \to \alpha_1 B \alpha_2$,其中,$A \in V_N$,$B \in V^+$,$\alpha_1, \alpha_2 \in V^*$ 满足 $|\alpha_1 A \alpha_2| \leqslant |\alpha_1 B \alpha_2|$ 或 $|A| \leqslant |B|$。

1 型文法的特点是,产生式左右两端有相同的上下文(空句也可以作为上下文),但左端除上下文外,只能是非终止符,且进行转换后句子长度不能缩短。

例如,文法 $G=\{V_N, V_T, P, S\}$,$V_N=\{S, B, C\}$,$V_T=\{a, b, c\}$,P:①$S \to aSBC$;②$S \to abC$;③$CB \to BC$;④$bB \to bb$;⑤

$bC \to bc$；⑥ $cC \to cc$。P 可改写为 ① $\lambda S\lambda \to \lambda aSBC\lambda$；② $\lambda S\lambda \to \lambda abC\lambda$；③$\lambda CB\lambda \to \lambda BC\lambda$；④$bB\lambda \to bb\lambda$；⑤$bC\lambda \to bc\lambda$；⑥$cC\lambda \to cc\lambda$ 都符合 1 型文法规则。该文法可产生的句子为

$S \to abC \to abc$

$S \to aSBC \to aabCBC \to aabBCC \to aabbCC \to aabbcC \to aabbcc$

$S \to aSBC \to aaSBCBC \to aaabCBCBC \to aaabBCCBC \to aaabBCBCC \to aaabBBCCC \to aaabbBCCC \to aaabbbCCC \to aaabbbcCC \to aaabbbccC \to aaabbbccc$

因此，该文法 G 可产生的语言为 $L(G)=\{a^n b^n c^n \mid n=1,2,\cdots\}$。由于该文法产生的所有句子都具有结构上的相似性。1 型文法产生的语言称为 1 型语言。假设用 a、b、c 表示三个基元如图 4-4 所示。

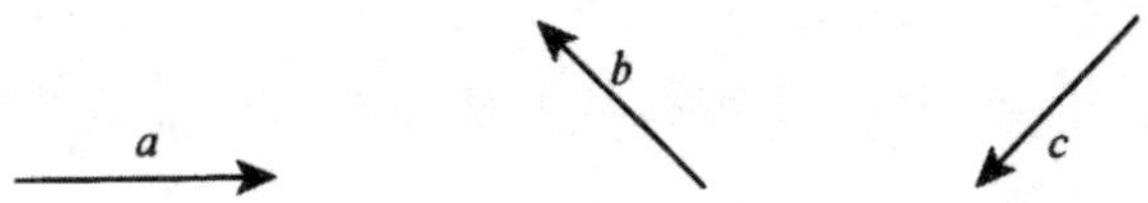

图 4-4　a、b、c 表示三个基元

语言 $L(G)$ 可以描述不同的三角形，$X=abc$ 的三角形描述如图 4-5(a)所示，$X=a^2b^2c^2$ 的三角形描述如图 4-5(b)所示。

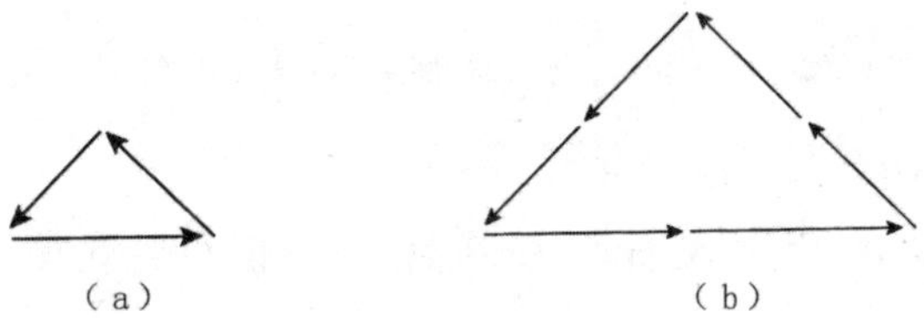

图 4-5　三角形描述

(a)$X=abc$；(b)$X=a^2b^2c^2$

3. 上下文无关文法(2 型文法)

设文法 $G=\{V_N,V_T,P,S\}$，其中，V_N 是非终止符，用大写字母表示；V_T 是终止符，用小写字母表示；S 是起始符；产生式 P：$A \to \beta$，其中，$A \in V_N$ 是单个的非终止符，$\beta \in V^*$ 可以是终止符，非终止符，不能是空符号串，对产生限制比较严格. 同样地，2

型文法产生的语言称为 2 型语言。

例如，文法 $G=\{V_N,V_T,P,S\}$，$V_N=\{S,A,B\}$，$V_T=\{a,b\}$，P：①$B\rightarrow aBB$；②$S\rightarrow bA$；③$A\rightarrow a$；④$A\rightarrow aS$；⑤$A\rightarrow bAA$；⑥$B\rightarrow b$；⑦$B\rightarrow bS$；⑧$B\rightarrow aBB$。该文法可产生的句子为

$S\rightarrow aB\rightarrow abS\rightarrow abaB\rightarrow ababS\rightarrow ababaB\rightarrow (ab)^n aB\rightarrow (ab)^n ab\rightarrow (ab)^{n+1}$

$S\rightarrow aB\rightarrow abS\rightarrow abbA\rightarrow abba$

$S\rightarrow bA\rightarrow baS\rightarrow baaB\rightarrow baab$

$S\rightarrow bA\rightarrow baS\rightarrow babA\rightarrow baba$

$S\rightarrow aB\rightarrow ab$

$S\rightarrow bA\rightarrow ba$

对于 2 型文法，有两种方法可以替换非终止符：

①最左推导：每次替换都是先从最左边的非终止符开始。

②最右推导：每次替换都是先从最右边的非终止符开始。

4. 正则文法(3 型文法)

设文法 $G=\{V_N,V_T,P,S\}$，其中，V_N 是非终止符，用大写字母表示；V_T 是终止符，用小写字母表示；S 是起始符；产生式 P：$A\rightarrow aB$ 或 $A\rightarrow a$，对产生式限制最严格。其中，$A,B\in V_N$ 且是单个字符，$a\in V_T$ 且是单个字符。

3 型文法的产生式右端必须含有终止符。3 型文法是计算机编程语言中最为重要的文法类型，如果把非终止符看成是系统不同的状态，终止符表示状态转移的类型，3 型文法可以用状态图来表示。同样的，3 型文法产生的语言称为 3 型语言。

例如，文法 $G=\{V_N,V_T,P,S\}$，$V_N=\{S,A\}$，$V_T=\{0,1\}$，P：①$S\rightarrow 0A$；②$A\rightarrow 0A$；③$A\rightarrow 1$；该文法对应的状态图如图 4-6 所示，T 是终止状态。

该文法可产生的句子为 $S\rightarrow 0A\rightarrow 00A\rightarrow 000A\rightarrow 0001\rightarrow 0^n 1$，因此，该文法 G 可产生的语言为 $L(G)=\{0^n \mid n=1,2,\cdots\}$。

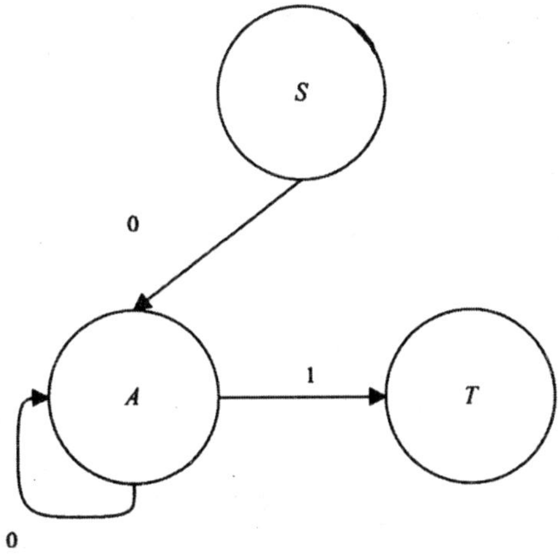

图 4-6　文法状态图

5. 四种文法的关系

四种文法从外到内逐层增加限制，限制不严格的文法包含限制严格的文法如图 4-7 所示。

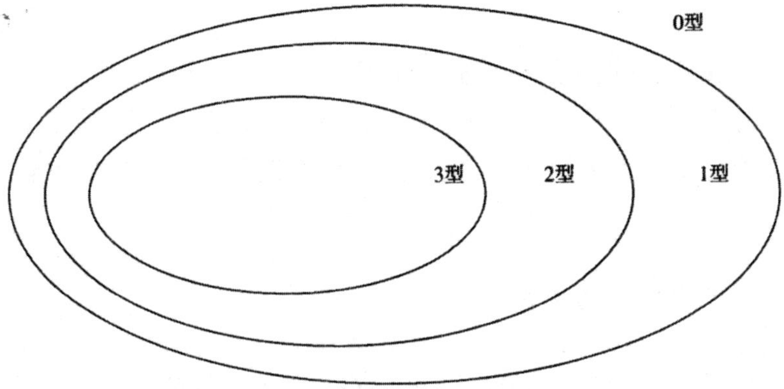

图 4-7　四种文法逐层包含关系

四种文法和自动机的关系如表 4-1 所示。

表 4-1　四种文法和自动机关系对应表

文法	自动机
0 型无约束文法	图灵机
1 型上下文有关文法	线性界限自动机
2 型上下文无关文法	下推自动机
3 型正则文法	有限状态自动机

4.2　文法推断

4.2.1　基本概念

1. 无限文法与有限文法

若在产生式中至少有一个产生式存在以下形式：$A_i \to \alpha_i A_i \beta_i$，文法 $G=\{V_N, V_T, P, S\}$ 是循环文法或不确定，由它产生的语言 $L(G_t)$ 为无限的。若文法 G 为不循环的，则必为确定的，且 $L(G)$ 为有限的。

2. 正取样与负取样

S^+ 是 $L(G)$ 的子集，即 $S^+ \in L(G)$，称为正取样，S^- 是 $\overline{L}(G)$ 子集，记为 $S^- \in \overline{L}(G)$ 称为负取样。若正取样 $S^+=(x_1, x_2, \cdots, x_i)=L(G)$，称为 S^+ 是完备的，负取样 $S^-=(x_1, x_2, \cdots, x_i)=\overline{L}(G)$，称 S^- 也是完备的。且 $S_t(S^+, S^-)=(x_1, x_2, \cdots, x_i)=[L(G), \overline{L}(G)]$ 也是完备的。

4.2.2　有限状态文法推断

状态图表示方法，文法可以用图来表示，如图 4-8 所示。

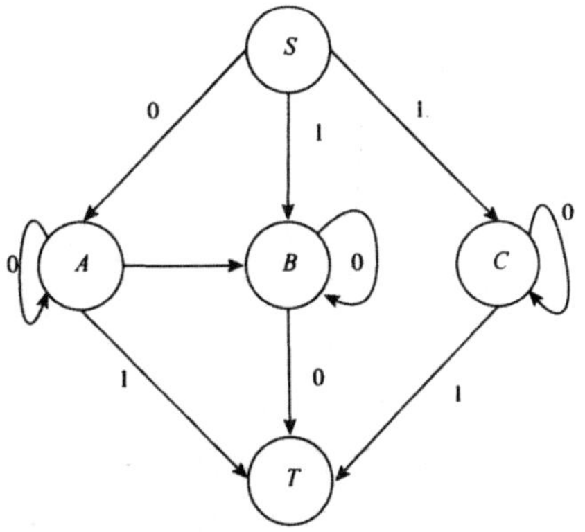

图 4-8　文法状态图

1. 规范确定文法

已知正取样 $S^+=\{x_1,x_2,\cdots,x_n\}$，推断规范文法 $G_c=\{V_N,V_T,P,S\}$的步骤如下：

①$V_T=S^+$中不同的终止符；

②设 $x_i=a_{i1},a_{i2},\cdots,a_{in}$链，因为 $P_L:S\rightarrow a_{i1}Z_{i1},Z_{i1}\in V_N,a_{i1}\in V_T,Z_{i1}\rightarrow a_{i2}Z_{i2},Z_{i2}\in V_N,a_{i1}\in V_T,Z_{in-2}\rightarrow a_{in-1}Z_{in-1},Z_{in-1}\in V_N,a_{in-1}\in V_T,Z_{in-1}\rightarrow a_{in},a_{in}\in V_T$，所以可得 $V_N=\{S,Z_{i1},Z_{i2},\cdots,Z_{in-1}\}$。状态图如图 4-9 所示。

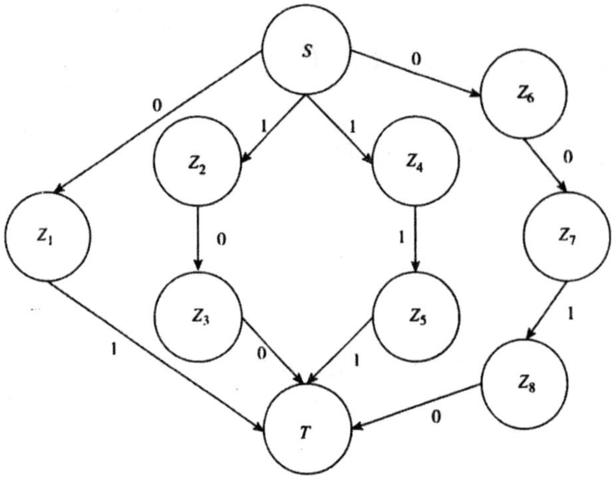

图 4-9 状态图

显然对任一有限取样都可用此法推断出规范文法，方法简单，适用计算机运算。缺点是非终止符太多，产生式也多。

2. 导出文法（简化规范方法）

设：G_c 为规范确定文法，非终止符集合 $V_N=\{S,Z_1,Z_2,\cdots,Z_n\}$，把 V_N 分成 r 个子集：$V_{ND}=\{B_S,B_1,B_2,\cdots,B_r\}$，$S\in B_s$，$Z_i\in B_j$，这些子集满足：

$$B_j\cap B_k=\Phi,j\neq k$$

$$\bigcup_{j=s}^{r}B_j=V_N$$

定义导出文法 $G_D=\{V_{ND},V_T,P_D,B_s\}$ 是由规范确定文法 G_c 产生，导出规则如下：

①V_T 与规范确定文法中的 V_T 相同。

②$V_{ND}=\{B_S,B_1,B_2,\cdots,B_r\}$。

③B_s 为起始符，$B_s=S$。

④P_D 定义：若 $Z_\alpha\rightarrow\alpha Z_\beta$ 在 P_C 中，则 P_D 中有 $B_i\rightarrow\alpha B_j$，$Z_\alpha\in B_i$，$Z_\beta\in B_j$；若 $Z_\alpha\rightarrow\alpha$ 在 P_C 中，则 P_D 中有 $B_i\rightarrow\alpha$，$Z_\alpha\in B_i$。

3. 形式微商文法（“余码”文法）

将舍去链码的前面部分后的剩余部分作为 V_N（舍去部分作

为 V_T)的概念,来根据给定的正样本 S^+ 推断出所谓的形式微商文法。

形式微商定义:集合 A 对于符号 $a \in V_T$ 的形式微商是:

$$D_a A = \{X \mid aX \in A\}$$

若 $a=\lambda$(空串),则 $D_\lambda A = A$。

二次微商:$Da_1a_2A = Da_2(Da_1A)$。

n 次微商:$Da_1a_2\cdots a_{n-1}a_nA = Da_n(Da_1a_2\cdots a_{n-1}A)$。

推断形式微商文法的步骤如下:

已知正样本 $S^+ = \{x_1, x_2, \cdots, x_n\}^{\mathrm{T}}$,形式微商文法 $G_{CD} = \{V_N, V_T, P, S\}$定义如下:

①$V_T = S^+$ 中不同的符号。

②$V_N = U\{U_1, U_2, \cdots, U_p\}$,其中,$U_i(i=1,2,\cdots,p)$是 S^+ 的形式微商,且令 $U_1 = D_\lambda S^+$。

③起始符 $S = U_1 = D_\lambda S^+$。

④各代换式产生的规则是:求出 S^+ 及 U_1、U_2 等的"余码",若 $D_\alpha U_i = U_j(i,j=1,2,\cdots,p)$关系存在,则建立代换式:

$$U_i \rightarrow \alpha U_j$$

若 $D_\alpha U_i = \lambda(i=1,2,\cdots,p)$关系存在,则建立代换式:

$$U_i \rightarrow \alpha$$

4. k 尾文法(k 余文法)

对形式微商文法进行长度限制,并对等价状态进行合并。k 尾文法定义:$\varphi(U, A, k) = \{X \mid_{X \in D_a A} |X| \leqslant k\}$

形式微商文法中两个状态间的等效性的充要条件为

$$\varphi(X_i S^+ k) = g(X_j S^+ k) - k \text{ 尾相等}$$

利用 k 尾等效把形式微商文法中的等效状态合并,导出 k 尾文法。

4.2.3 非有限状态文法的推断

1.“分割子模式”文法推断法

本法的思路是先分析给出的学习样本(句子、链),将具有相同特征的部分(相同的或相近的子链)归纳在一起成为一个子模式。这样一来就将学习样本集分割成若干子模式集,表示为 $W_1,W_2,\cdots,W_n$,其中,W_1 为第一类子模式的学习样本,余类推。然后,根据 W_1 推断出文法 G_1(称为相应于 W_1 的子文法),由于 W_1 较简单,故 G_1 的推断过程也较简单,往往可以凭借直观启示或试探方法。同样,可以得到子文法 $G_2,\cdots,G_n$。最后将各子文法 $G_1,\cdots,G_n$ 各自的终止符、非终止符、起始符和文法律代换式做适当的合并,就可得到所需推断的文法 G。

前面谈到在将学习样本做子模式分割时,需审查找出学习样本的特征类型。对于简单的情况,只需通过对各样本做比较,凭直观归纳出特征类型,但对于较复杂的情况,则往往要用到“人机对话”(交互作用)的设备,例如,将各样本展示在计算机荧光屏上,通过比较程序和人的分析及操作来找出特征类型。在人的分析和操作过程中,可以得到各子文法模式相互衔接时起连接作用(不包含在 $G_1,\cdots,G_n$ 内)的代换式,称为“核心代换式”。在各子文法合并成所需的文法时,这部分代换式也应补充合并成在内,整个推断过程框图如图 4-10 所示。

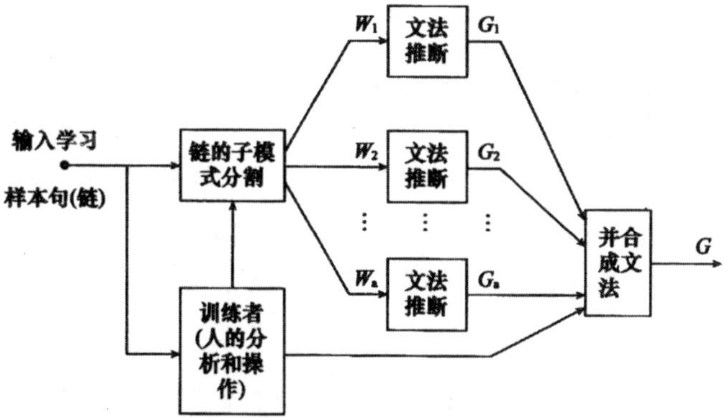

图 4-10　整个推断过程框图

2. 基于上下文无关文法自嵌套性质的推断方法

上下文无关文法具有所谓的自嵌套性质。利用该性质，可以从给定的正样本集合出发，发现待求文法所具有的嵌套或递归结构，从而帮助完成对文法的推断。具体过程如下：

①对给定正样本集合中的每一个符号串，试探性地删除其中的一些子串，然后向用户询问，余下的子串是否是可接受的。

②如果余下的子串是可接受的，则将删除的子串重复若干次后在原位置处插入形成一个新的串，并再次询问用户，新生成的串是否是可接受的。如果仍是可接受的，则判断待求文法的产生式中存在递归结构。

下面举例进行说明。设给定的正样本集合中包含形如"uwx"的串，首先删除其中一些子串，例如，u 和 x，然后询问用户，余下的子串 w 是否是可接受的。这里，u 和 x 不同时为空串。如果答案是肯定的，则将被删除的子串 u 和 x 重复若干次后重新在原位置处插入形成一个新的串，例如，u^iwx^i，这里，i 为大于 1 的整数。再次询问用户，新生成的串 u^iwx^i 是否仍是可接受的。如果是，则判定在待求文法的产生式中包括以下形式的产生式组合

$$A \to uAx$$

$$A \to w$$

3. 基于样本结构的推断方法

在有些应用场合，给定正样本集合中的样本在结构上呈现明显的规律性。此时，可利用这种规律性对文法进行推断。

下面举例进行说明。设给定的正样本集合为

$R^{+}=\{a+a, a+a+a, a+a+a+a, a+a+a+a+a, a+a+a+a+a+a\}$

试采用基于样本结构的方法推断可产生 R^{+} 的文法 $G=\{N,T,P,S\}$。经分析不难发现，该样本集合中的样本呈现以下规律：除集合中的第一个样本之外，其余的任一个样本均可由前一个样本在其后链接符号串"$+a$"得到。利用该规律性，稍加试探后不难给出可产生给定正样本集合的一个文法为 $G=\{N,T,P,S\}$。其中，$N=\{S,A\}$，$T=\{a,+\}$以及 P：①$S \to A+a$；②$A \to A+a$；③$A \to a$。

事实上，产生给定正样本集合的文法可以有以下更为简洁的形式

$$G=\{N,T,P,S\}$$

其中，$N=\{S\}$，$T=\{a,+\}$以及 P：①$S \to S+a$；②$S \to a+a$。

顺便指出，该文法产生的语言为

$$L=\{x \mid x=a(+a)^{n}, n \geqslant 1\}$$

4. 扩展树文法的推断

具体步骤如下：

①给出样本树集$\{T_i, i=1,2,\cdots,m\}$，对树集中的每个树 T_i 求扩展树文法的生成式集 P。P 中的每个生成式的形式为

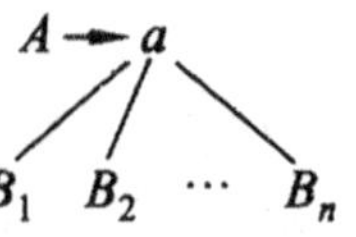

其中，a 为终止符，A 和 $B_1, B_2, \cdots, B_n$ 为非终止符，n 为节点 a

的秩。

②根据生成式的右边检查所有非终止符的等价性。

设 $\{T_i\}$ 和 $\{T_j\}$ 分别是由非终止符 A_i 和 A_j 出发导出的树集，若 $\{T_i\}=\{T_j\}$，则称 A_i 和 A_j 是等价的，记为 $A_i \equiv A_j$。例如，设某扩展树文法的生成式为

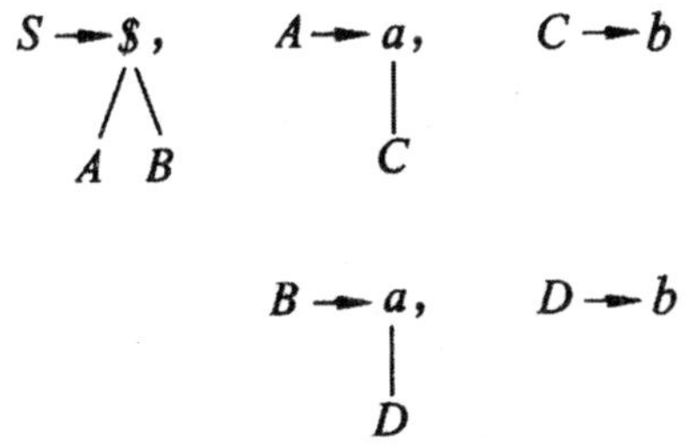

显然，从 A 出发导出的树集和从 B 出发导出的树集是相同的，因此，$A \equiv B$。

③合并等价非终止符，删除被合并的非终止符的所有后代生成式。

④建立起始生成式集，形式为

$$
\begin{array}{c}
S \to a \\
A_1 \quad A_2 \quad \cdots \quad A_n
\end{array}
$$

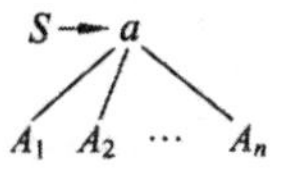

其中，$S, A_1, A_2, \cdots, A_n$ 为非终止符，a 为终止符，n 为节点 a 的秩。

例如，已知数字化模式：

L_1	L_2	L_3	L_4	L_5	L_6
0	0	0	1	1	1
0	0	0	1	1	1
1	1	0	0	0	0
1	1	0	0	0	0

根 S ——————————————→ 树干

1	1	1	1	0	0
1	1	1	0	0	0
1	1	0	0	0	0
1	0	0	0	0	0
R_1	R_2	R_3	R_4	R_5	R_6

推断树文法。

先由树干推出树干文法 G_A。

$$P: S \to A_1$$

$$
\begin{array}{cccc}
 & L_1 & & L_2 \\
 & | & & | \\
A_1 \to & S - A_2 & A_2 \to & S - A_3 \\
 & | & & | \\
 & R_1 & & R_2
\end{array}
$$

$$
\begin{array}{cccc}
L_3 & L_4 & L_5 & L_6 \\
| & | & | & | \\
A_3 \to S - A_4 & A_4 \to S - A_5 & A_5 \to S - A_6 & A_6 \to S \\
| & | & | & | \\
R_3 & R_4 & R_5 & R_6
\end{array}
$$

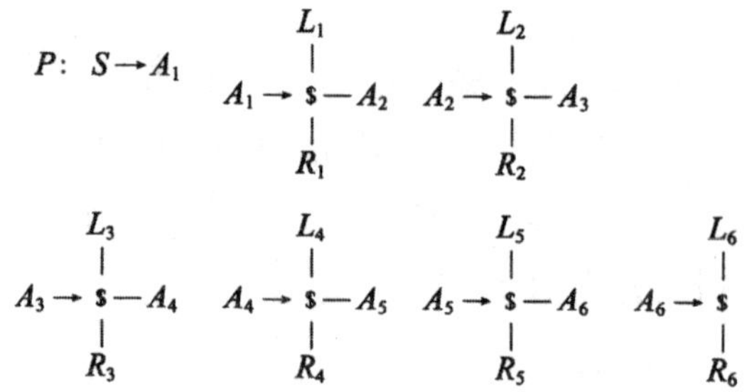

推出树干文法 G_A，再推出树枝文法 $G_{L1}, G_{L2}, \cdots, G_{L6}, G_{R1}$，$G_{R2}, \cdots, G_{R6} \, G_T = G_A \bigcup G_L \bigcup G_R$ 再将树干文法与树枝文法合并 $G_T = G_A \bigcup G_L \bigcup G_R$。

4.3 句法分析

4.3.1 句法分析用于模式识别

设给定训练样本为 M 类即 $\omega_1, \omega_2, \cdots, \omega_M$，每类有 N 个样本，如 ω_1 的训练样本为 $S = [X_1, X_2, \cdots, X_N]^T$，由这些样本可以推断出 ω_1 类的文法 G_1，同理可推断出 ω_2 的文法 $G_2, \cdots, \omega_M$ 类的文法 G_M。对待识别的句子 X 进行句法分析，若 X 属于由文法 G_i 构成的语言 $L(G_i)$，则有 $X \in \omega_i$ 类。图 4-11 所示为句法分析的过程框图。

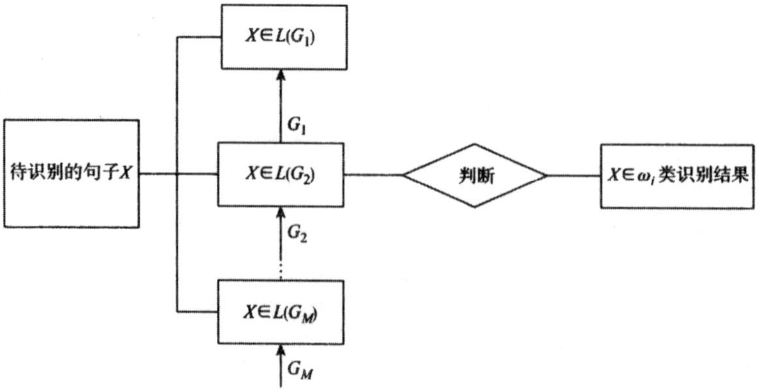

图 4-11 句法分析过程

4.3.2　句法分析的主要方法

1. 参考匹配法

参考匹配法，就是将待识别的句子 X 与给定的样本链码 $X_i(i=1,2,\cdots,N)$ 进行对照匹配，最终得出句子 X 是否属于某一样本链码 X_j 的结论，如图 4-12 所示。

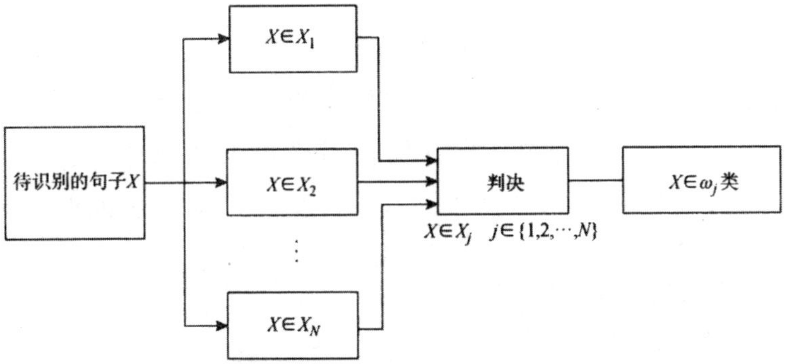

图 4-12　参考匹配法示意图

2. 状态图法

状态图法主要适用于有限状态文法。

例如，$G=\{V_N,V_T,P,S\}$，$V_T=\{0,1\}$，$V_N=\{S,A,B,C\}$，则有 P：$S\to 1A$，$S\to 0B$，$S\to 1C$，$A\to 0A$，$A\to 0$，$B\to 0$，$C\to 0C$，$C\to 0$，$C\to 1B$，其对应状态图如图 4-13 所示。

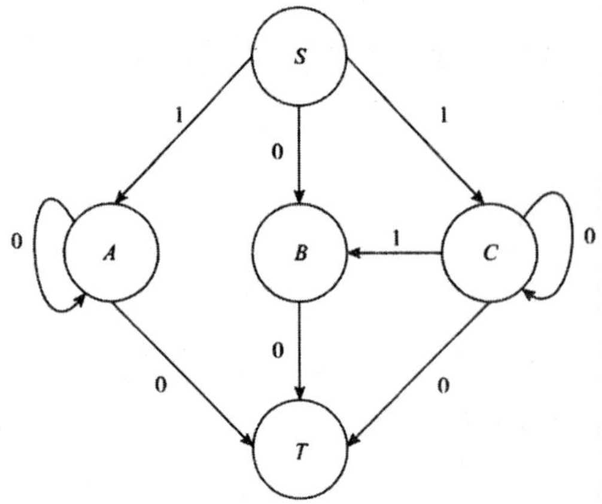

图 4-13 状态图

由状态图可以知道此文法可以识别的句子 $x_1=10^{n+1}$，$x_2=00$，$x^3=10^n10$，$x^4=10^{n+1}$。由状态图可知未知句子：$x_\alpha=10010\in x_3$ 可以识别；$x_\beta=10110\notin x_i(i=1,2,3,4)$是无法识别的。

3. 填充树图法

当给定某待识别链 X 及相应的文法 G 时，我们建立一个以 X 为底，S 为顶的三角形，按文法 G 的产生式来填充此三角形。使之成为一个分析树。若填充成功表明 $X\in L(G)$，否则 $X\notin L(G)$。在使用填充树图法填充三角形时应遵循三条原则，分别是①首位考察：首先考虑选用某个产生式后能导出 X 的第一个字符；②用某产生式后，不能出现 X 中没有的终止符；③用某产生式后，不能导致符号串变长（或变短）。填充树有两种方法，分别是自上而下剖析和由下而上剖析。

由上而下的方法是用逐次代换句子符号 S，将 S 扩展而产生一个句子，与此相反，由下而上的方法是从句子开始，反向使用产生式，尝试与句子符号建立关系。换言之，是要对句子进行探查以寻找其中与某个产生式右边部分相同的子链，然后把找到的这些用其左边部分代换。

例如，$G=\{V_N,V_T,P,S\}$，$V_T=(a,b,c,f,g)$，$V_N=(S,T,I)$，

P：①$S\rightarrow T$；②$I\rightarrow a$；③$S\rightarrow TfS$；④$I\rightarrow b$；⑤$T\rightarrow TgT$；⑥$I\rightarrow c$；⑦$T\rightarrow I$。设：$X=afbgc$。下面的图所给出的是由下而上分析的连续步骤。

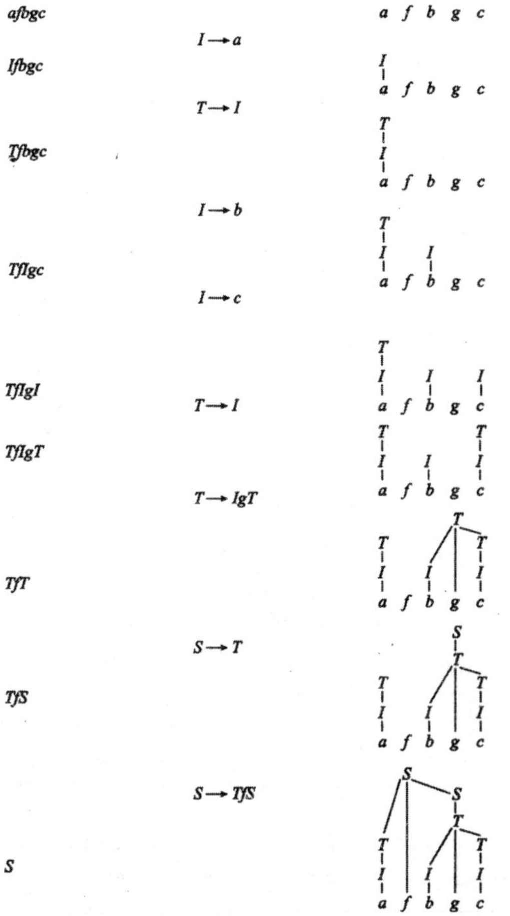

4. CYK 分析法

(1)乔姆斯基范式

乔姆斯基范式要求文法中的生成式仅为以下两种形式

$$A\rightarrow BC \text{ 或 } A\rightarrow a$$

其中，A、B、C 为非终止符；a 为终止符。例如，若某上下文无关文法的生成式为

$$S \to aAB, A \to bB, B \to c$$

则该文法生成式的乔姆斯基范式为

$$S \to DE, D \to a, E \to AB, A \to FB, F \to b, B \to c$$

(2)CYK 分析法

CYK 分析法输入的是一个乔姆斯基范式的上下文无关文法 G 和一个输入链 x,输出是关于链 x 的分析表,算法的关键是构造 x 的分析表。

设待识别的链为 $x = a_1 a_2 \cdots a_n$,用于句法分析的文法为 G,G 中的生成式为乔姆斯基范式。构造一个三角形表格即分析表,表格有 n 行 n 列。三角形的底为第一行,第一行有 n 格,第 j 行有 $(n-j+1)$ 格,第 n 行只有一格。表格的元素为 t_{ij},i 为列数,j 为行数,$1 \leqslant i \leqslant n$,$1 \leqslant j \leqslant (n-j+1)$。表格的原点 $(i=1, j=1)$ 定在左下角,即三角形底边的左端,如图 4-14 所示。

t_{1n}			
…	…		
t_{12}	…	…	
t_{11}	t_{21}	…	t_{n1}

图 4-14　CYK 分析表

建立三角形表格后,开始求元素 t_{ij} 的值。求 t_{ij} 的原则是,若链 x 的某个子链从 a_i 开始延伸至 j 个符号(长度等于 j 的子链),如果能用文法 G 中的非终止符 A 导出它,即如果 $A \overset{*}{\underset{G}{\Rightarrow}} a_i a_{i+1} \cdots a_{i+j-1}$,则 $t_{ij} = A$。

按照从左到右,从最低行到最高行 t_{1n} 的顺序依次填写三角形表。最后当且仅当表完成时 S 在 t_{1n} 中,则 $x \in L(G)$。若 S 在 t_{1n} 中,一定能用文法 G 的生成式导出链 x。具体步骤如下:

①令 $j=1$。按从 $i=1$ 到 $i=n$ 的次序求 t_{i1},即从左端到右端填表的第一行。方法是将链 x 分解成长度为 1 的子链,对于

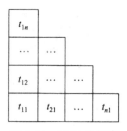

子链 a_i，若生成式集中有 $A \rightarrow a_i$，则把 A 填入 t_{i1} 中。

②令 $j=2$。按从 $i=1$ 到 $i=n-1$ 的次序求 t_{i2}，即求第二行各元素。方法是将链 x 分解成长度为 2 的子链，对于子链 $a_i a_{i+1}$，若生成式中有 $A \rightarrow BC$，且有 $B \rightarrow a_i$ 和 $C \rightarrow a_{i+1}$，则把 A 填入 t_{i2} 中。或者由于子链 $a_i a_{i+1}$ 可以分解成长度为 1 的子链 a_i 和 a_{i+1}，因此也可直接由第一行的填写结果求 t_{i2}，方法是若有生成式 $A \rightarrow BC$，且 B 在 t_{i1} 中和 C 在 $t_{i+1,1}$ 中，则把 A 填入 t_{i2} 中。

③对于 $j>2$，按从 $i=1$ 到 $i=n-j+1$ 的次序求 t_{ij}。假定已经求出了 $t_{i,j-1}$，对于 $1 \leqslant k < j$ 中的任一个 k，当 P 中存在生成式 $A \rightarrow BC$，并且 B 在 t_{ik} 中，C 在 $t_{i+k,j-k}$ 中时，把 A 填入 t_{ij}。

这一步以链 x 的所有长度为 j 的子链的分解为基础，即将子链 $a_i \cdots a_{i+j-1}$ 分解成前缀部分 $a_i \cdots a_{i+k-1}$ 和后缀部分 $a_{i+k} \cdots a_{i+j-1}$，使得

$$B=a_i \cdots a_{i+j-1},C=a_{i+k} \cdots a_{i+j-1}$$

④重复③直至完成此表或者某一行全部为空项。当且仅当 S 在 t_{1n} 中时，$x \in L(G)$，即可由 G 的生成式导出链 x。

5. 厄利法

(1)厄利剖析算法

设上下文无关文法 $G=\{V_N,V_T,P,S\}$，输入链 $X=a_1 a_2 \cdots a_n$，按 a_1，a_2 等顺序，建立一系列相应的剖析表 I_0，I_1，…，I_n。首先建立 I_0，由 I_0 建立 I_1，再由 I_0，I_1 建立 I_2，这样往下直到建立 I_n。若 I_n 中有形如$[S \rightarrow \alpha \cdot ,0]$的表达式，则 X 在 $L(G)$中，反之，若 I_n 中无上述形式的表达式，则 X 不在 $L(G)$中。

(2)建立剖析表的方法

第一步，首先建立剖析表 I_0。

若 P 中有产生式 $S \rightarrow \alpha$，则将$[S \rightarrow \alpha \cdot ,0]$项加到 I_0 中。

循环执行下述的①，②步骤，直到没有新的项目能被加入 I_0 时为止。

① 如果 $[B\to r\cdot,0]$ 在 I_0 中，对所有 $[A\to\alpha\cdot B\beta,0]$，把 $[A\to\alpha\cdot B\beta,0]$ 加到 I_0 中。

②假设 $[A\to\alpha\cdot B\beta,0]$ 是 I_0 中的一项目，对 P 中所有形如 $B\to r$ 的产生式，把项目 $[B\to\cdot r,0]$ 加到 I_0 中。

第二步，根据 $I_0,I_1,\cdots,I_{j-1}$ 构成 I_j。

(1) 对于每个在 I_{j-1} 中的 $[B\to\alpha\cdot\alpha\beta,i]$，$a=a_j$，把项目 $[B\to\alpha a\cdot\beta,i]$ 加到 I_i 中。

(2)重复执行下面①和②步骤，直到没有可增加的新项目时为止。

① 设 $[B\to\alpha\cdot,i]$ 为 I_j 中的项目。在 I_i 中寻找形如 $[B\to\alpha\cdot A\beta,k]$ 的项目，对找到的每一项，把项目 $[B\to\alpha\cdot A\beta,k]$ 加到 I_j 中。

②设 $[A\to\alpha\cdot B\beta,i]$ 为 I_j 中的项目，对 P 中的所有 $B\to r$，把 $[B\to\cdot r,i]$ 加到 I_j 中。

6. 转移图文法

转移图方法和有限自动机情形相似，从文法产生式构造转移图，对每一个非终止符都有一个转移图，并且，对于一个特定的非终止符，其转移图包含全部重写这个非终止符的产生式。显然，对文法 $G=\{V_N,V_T,P,S\}$ 来说，图中的节点是带有各种不同标志的状态，而图中的弧用 $V_NUV_TU\{\lambda\}$ 里的单个元素标志。分析器对可接受串做自顶到底分析时，首先引用起始符 S 的转移图，然后，根据所遇到的各个终止符和非终止符通过图进行跟踪。为了使转移在同一张图中进行，分析器应使当前输入符和离开当前节点的弧标志相匹配，而且无论何时跟踪具有一个非终止符标志的弧，它应引用一张相应图的副本。

定义分析器当前状态是它在到目前为止引用过的每张图中的位置，以及引用这些图的次序(这和下推自动机或下推变换器中当前状态及当前堆栈内容大致相同)。如果语言是确定的，那么分析器的适当动作唯一地由当前状态和一个外加输入终止符或空串所确定。

为了构造非终止符 A 的转移图，引进一个初始（起始）态和一个出口（返回）态。（当起始符是 S 时，出口态也是整个分析器的接受态）然后对每个产生式 $A\rightarrow\theta_1\theta_2\cdots\theta_n$（这个产生式的右侧由 $V_T\cup V_N$ 中的 θ_i 组成，其中 $1\leqslant i\leqslant n$）提供一条从初始态经过标志为 $\theta_1\theta_2\cdots\theta_n$ 的弧到达出口态的通路。

转移图方法经常与没有循环及没有递归的确定的上下文无关文法一起连用。这意味着，离开同一节点的两个不同的弧不可能有相同的标志，还意味着离开 A 图的初始节点的弧的标志不可能是 A。文法产生式中的确定性意味着分析器在分析一个具体输入串时通过转移图和操作转移图的行为是确定的，当碰到非终止符时分析器把这些图的副本递归下传，如果输入串的终止符和对弧的标志相吻合，就让分析器在同一张图的节点间进行转移，这种分析器绝对不需要逆向跟踪或者其他改正动作。

现在用例子说明构造过程和分析过程。

例如，讨论确定格雷巴赫范式文法 $G_G=(\{S,A,B\},\{a,b,c,d\},P,S)$，其产生式为

$$S\rightarrow cA,A\rightarrow aAB,A\rightarrow d,B\rightarrow b$$

非终止符 S 的转移图为

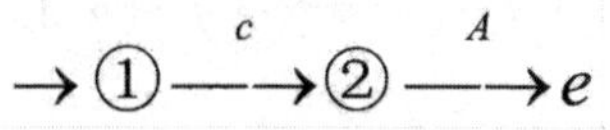

其初始节点为 1，出口节点为 e。

A 的图为

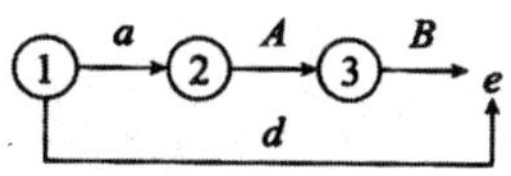

B 的图为

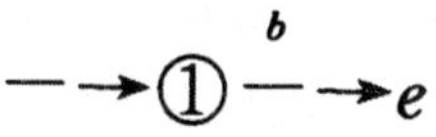

假设输入串为 $X=caadbb$ 的，分析器引用初始符 S 的图开始跟踪。X 中的第一个输入符 c 与 S 转移图的标志为 c 的弧匹配，所以转移到节点 2。这时下一个输入符生效。因为转移出节点 2 的弧标志为非终止符 A，分析器就引入一个 A 转移图。在图 4-15 所示中，分析器的当前状态用虚线表示。

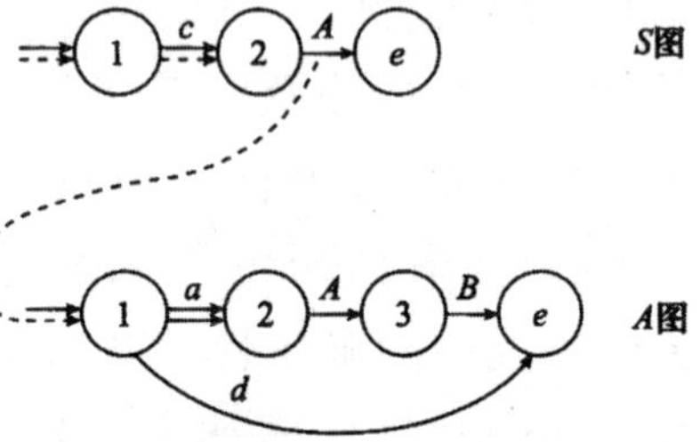

图 4-15 用转移图法实现部分分析

进入 A 图后，分析器发现 X 的第二个输入终止符 a 与弧相匹配，从而在当前有效图中向节点 2 转移。离开节点 2 的弧标志为非终止符 A，所以分析器引用第二个 A 图，如图 4-16 所示。

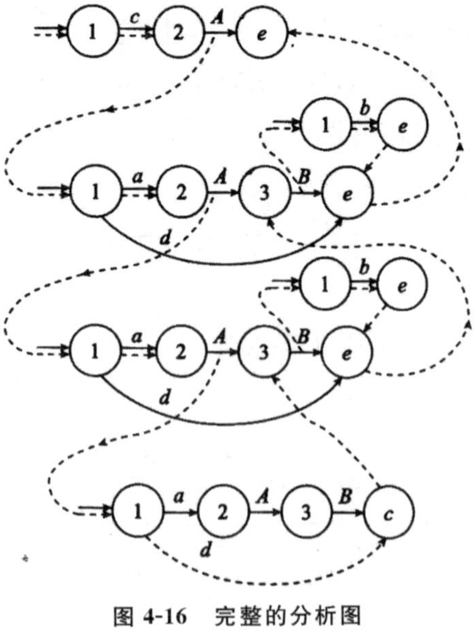

图 4-16 完整的分析图

进入这个新图，分析器发现 X 的第三个输入符 a 与弧相匹配并产生一次转移，离开当前节点的弧标志又是 A，因此，第三次引用 A 图并进入该图。X 的第四个输入终止符 d 使分析器从节点 1 转移到第三个 A 图中的节点 e，进入出口节点 e，这使分析器立即返回前一张图并沿着弧 A 完成了从节点 2 到节点 3 的转移。

离开当前节点 3 的弧标志为非终止符 B，所以分析器引用并进入 B 图。X 的第五个输入符 b 与 B 图中的弧相匹配，并转移到出口节点 e。

分析器剩下的动作是再一次引用 B 图，并随着整个输入串都被扫描而最后完成向 S 图出口节点的转移，这表明是一次成功的分析，其整个分析过程由图 4-16 给出。沿着转移图考察一下通过路径，立即可得最左导出中的产生式序列。在上述情况下，产生式序列为 $S \to cA$，$A \to aAB$，$A \to d$，$B \to b$，$B \to b$。

4.4　句法结构的自动机识别

4.4.1　有限状态自动机

1. 有限状态自动机

有限状态自动机，可以识别由有限状态文法所构成的语言。五元式系统 $A=(\Sigma, Q, \delta, q_0, F)$，其中，$\Sigma$ 表示输入符号的有限集合；Q 表示状态的有限集合；δ 表示 $Q \times \Sigma$ 到 Q 的一种映射状态转换函数；q_0 表示初始状态，$q_0 \in Q$；F 表示终止状态，$F \in Q$。

转换函数 $\delta(q,a)=p$，表示有限控制器处于状态 p 而输入头读入符号 a 时，则有限控制器转换到下一状态 q。自动机可识别所输入的字符串的形式为 $L(A)=\{\delta(q_0,x)\}$，在 F 中，若

$\delta(q,x)=\Phi$ 时，自动机拒绝识别，此时自动机处于停机状态。有限状态自动机的识别过程。可用自动机的状态转换图来表示，图 4-17 为有限状态自动机结构示意图。

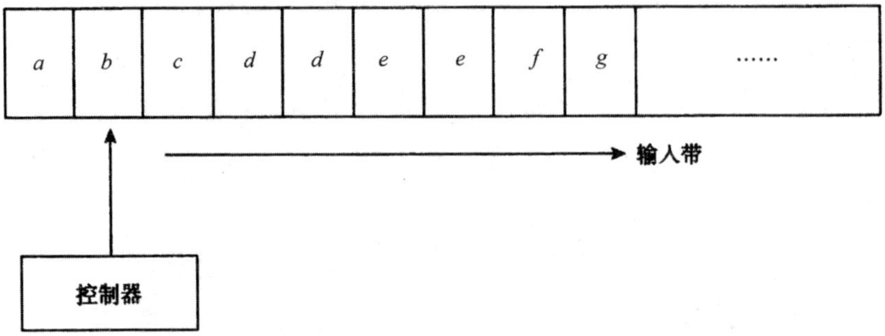

图 4-17　有限状态自动机结构示意图

2. 有限态自动机与正则文法的对应状态

(1)按正则文法构造有限态自动机

设有正则文法 $G=\{V_N,V_T,P,S\}$，则必存在一有限态自动机 A 与之对应。设 $A=(\Sigma,Q,\delta,q_0,F)$，$A$ 接受的语言与 G 产生的语言间的关系为 $L(A)=L(G)$。A 和 G 的对应关系为

①$\Sigma=V_T$。

②Q 中的每个状态对应 V_N 中一个非终止符，另外再加一个附加的终止状态集 F，即 $Q=V_N\cup F$。

③q_0 对应 S，即 $q_0=S$。

④δ 与生成式 P 对应。正则文法只有两种类型的生成式，即 $A_i\to aA_j$ 或 $A_i\to b$，其中，A_i 和 A_j 为单个非终止符，a 和 b 为单个终止符。δ 与 P 的对应关系为

P 中有 $A_i\to aA_j$，则 δ 中有 $\delta(A_i,a)=A_j$；

若 P 中有 $A_i\to b$，则 δ 中有 $\delta(A_i,b)=F$；

若 P 中有 $A_i\to aA_j$ 和 $A_i\to a$，则 δ 中有 $\delta(A_i,a)=\{A_j,F\}$。

若将非终止符 A_i 和 A_j 分别命名为 q_i 和 q_j，则上述对应关系可写为

若 P 中有 $q_i\to aq_j$，则 δ 中有 $\delta(q_i,a)=q_j$；

若 P 中有 $q_i \to b$，则 δ 中有 $\delta(q_i,b)=F$；

若 P 中有 $q_i \to aq_j$ 和 $q_i \to a$，则 δ 中有 $\delta(q_i,a)=\{q_j,F\}$。

根据以上对应关系，可以先由正则文法 G 构成与它对应的有限态自动机 A，然后用自动机 A 识别未知类别的链，若链 $x \in L(A)$，则必有 $x \in L(G)$。

(2)按有限态自动机确定正则文法

如果给出一有限态自动机 $A=(\Sigma,Q,\delta,q_0,F)$，那么必有一正则文法 G 与其对应。设 $G=\{V_N,V_T,P,S\}$，则 $L(G)=L(A)$。G 和 A 的对应关系为

①$V_N=Q$。

②$V_T=\Sigma$。

③$S=q_0$

④P 与 δ 的对应关系为

若 δ 中有 $\delta(q_i,a)=q_j$，则 P 中有 $q_i \to aq_j$；

若 δ 中有 $\delta(q_i,b)=F$，则 P 中有 $q_i \to b$；

若 δ 中有 $\delta(q_i,a)=\{q_j,F\}$，则 P 中有 $q_i \to aq_j$ 和 $q_i \to a$。

若将 q_i 和 q_j 分别命名为 A_i 和 A_j，则上述对应关系可写为

若 δ 中有 $\delta(q_i,a)=q_j$，则 P 中有 $\delta(A_i,a)=A_j$；

若 δ 中有 $\delta(q_i,b)=F$，则 P 中有 $A_i \to b$。

若 δ 中有 $\delta(q_i,a)=\{q_j,F\}$，则 P 中有 $A_i \to aA_j$ 和 $A_i \to a$。

4.4.2　下推自动机

1. 下推自动机的结构

下推自动机，可以识别由上下文无关文法构成的语言。下推自动机是七元式系统 $A_p=(\Sigma,Q,\delta,q_0,Z_0,F,\Gamma)$，其中，$\Sigma$、$Q$、$q_0$、$F$ 的含义同有限状态自动机，δ 是转换函数，Γ 是下推符号的有限集合，Z_0 是下推存储器的起始符。例如，$\delta(q_i,b,z)=$

(q_j,β)，q_i 是当前状态，q_j 是下一状态，b 是输入符号，z 是下推存储器的内容，β 是下推存储器的下一状态。可识别输入字符串 X 的方式有两种，即终止状态方式 $L(A_p)=\{X|X\in\Sigma^*,\delta(q_0,x,Z_0)=(q_f,r),q_f\in F\}$和空堆栈识别方式 $L(A_p)=\{X|X\in\Sigma^*,\delta(q_0,x,Z_0)=(q_f,\lambda)\}$。

下推自动机实质上是由一个有限状态自动器再加上一个下推存储器组成，如图 4-18 所示。

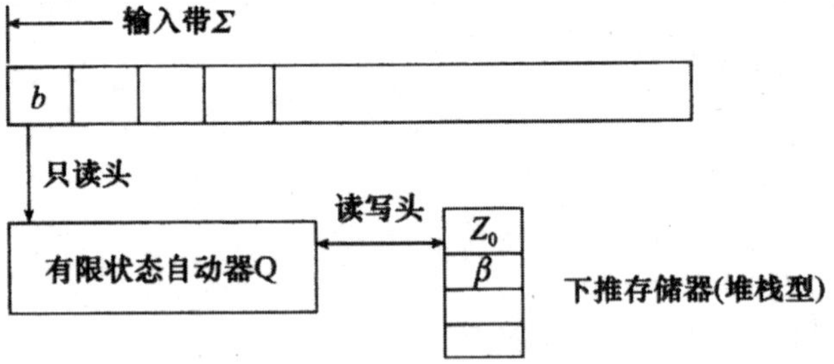

图 4-18　下推自动机

2. 下推自动机接受语言的方式

(1)终止状态方式

因为一个 PDA 能够有一个终止状态或接受状态集 F，所以，被 PDA 以终止状态方式识别的语言可以定义如下：

$$L(A_p)=\left\{X\left|\begin{array}{l}X\text{ 在 }\Sigma^+\text{ 中，从状态 }q_0\text{ 及堆栈顶 }Z_0\text{ 的开始，}\\\text{在读取完全部 }X\text{ 后，}A_p\text{ 便停在 }F\text{ 的一个状态}\end{array}\right.\right\}$$

(2)空堆栈方式

另一种以空堆栈表示识别了一个符号串的 PDA，是自动机停在堆栈 Γ^* 中的空串 λ。以空堆栈方式接受的语言是下面的集合：

$$L_\lambda(A_p)=\left\{X\left|\begin{array}{l}X\text{ 在 }\Sigma^+\text{ 中，}A_p\text{ 从 }q_0\text{ 及 }Z_0\text{ 开始，}\\\text{在读取完 }X\text{ 后，停在空栈上}\end{array}\right.\right\}$$

3. 下推自动机与上下文无关文法的对应关系

仅当一种语言是由上下文无关文法产生时，该语言可用下推自动机识别。

(1)格雷巴赫范式生成式

格雷巴赫范式要求生成式具有如下形式

$$A \to a\alpha$$

式中，A 为单个非终止符；a 为终止符；α 为非终止符串或空串。它可以等价地写为

$$A \to a\beta \text{ 或 } A \to a$$

式中，β 为非终止符串。

(2)由上下文无关文法构成下推自动机

设上下文无关文法的格雷巴赫范式为 $G=\{V_N, V_T, P, S\}$，则有下推自动 $A_p=(\Sigma, Q, \Gamma, \delta, q_0, Z_0, F)$，其中，$\Sigma=V_T$，$Q=\{q_0\}$，$\Gamma=V_N$，$Z_0=S$，$F=\phi$，根据格雷巴赫范式生成式的形式，对应的 δ 为

若 P 中有 $A \to a\beta$，则 δ 中有 $\delta(q_0, a, A)=(q_0, \beta)$；

若 P 中有 $A \to a$，则 δ 中有 $\delta(q_0, a, A)=(q_0, \lambda)$；

若 P 中有 $A \to a\beta$ 和 $A \to a$，则 δ 中有 $\delta(q_0, a, A)=\{(q_0, \beta), (q_0, \lambda)\}$。

式中，λ 表示空串；(q_0, λ)表示输入字母 a 时栈顶非终止符 A 被弹出。$\{(q_0, \beta), (q_0, \lambda)\}$表示输入字母 a 时，既可以转换成(q_0, β)格局，也可以转换成(q_0, λ)格局。若有这种转换关系，则下推自动机称为非确定下推自动机。

设上下文无关文法 G 产生的语言为 $L(G)$，G 对应的下推自动机 A_p 接受的语言为 $L_\lambda(A_p)$，根据 A_p 和 G 的对应关系，有 $L_\lambda(A_p)=L(G)$。若链 $x \in L_\lambda(A_p)$，则必有 $x \in L(G)$。

4.4.3　线性约束自动机

线性约束自动机(简写为 LBA)是受限形式的非确定图灵

机。它拥有由包含来自有限字母表的符号的单元构成的磁带，可以一次读取和写入磁带上一个单元的并可以移动的磁头和有限数目个状态。它与图灵机的不同在于尽管磁带最初被认为是无限的，只有其长度是初始输入的线性函数的有限临近部分可以被读写磁头访问。这个限制使 LBA 成为在某些方面比图灵机更接近实际存在的计算机的精确模型。

线性约束自动机是上下文有关语言的接收器。对这种语言在文法上的唯一限制是没有把字符串映射成更短字符串的产生式。所以在上下文有关语言中没有字符串的推导可以包含比字符串自身更长的句子形式。因为在线性有界自动机和这种文法之间的一一对应，对于要被自动机识别的字符串不需要比原始字符串所占用的更多的磁带。

4.4.4 图灵机识别

图灵机是最复杂的自动机，它可以识别 0 型文法所产生的语言。一个图灵机 T 是一个六元式 $T=(\Sigma,Q,\Gamma,\delta,q_0,F)$，其中，$Q$ 是状态集合；$\Gamma=\Sigma+B$，B 为空；F 是终止状态；$\Sigma=\Gamma-B$ 为输入符号的有限集合；$q_0\in Q$ 为起始状态。它的构型可用三元式 (q,a,i) 表示，其中，$q\in Q$，$a\in(\Gamma-B)^*$。$\delta(q,A_i)=(P,X,R)$ 表示在 A_i 处插入 X 后右移，$\delta(q,A_i)=(P,X,L)$ 表示在 A_i 处插入 X 后左移。图灵机接受的语言是

$$L(T)=\{X\mid X\in\Sigma^*(q_0,X,1)\mid\frac{*}{T}(q,a,i)q\in F,\alpha\in\Gamma^*\}。$$

给定一个 T 识别的语言 L，假定每当输入字符被接受时，T 就停机。另一方面，如果输入字符不被接受，T 就可能不停机。

如果 L 是由 0 型文法产生的语言，则 L 会被一个图灵机所接受。反之，如果 L 由一个图灵机所接受，则 L 是由一个 0 型文法产生的。

4.4.5　句法引导的简单翻译自动机

将有限状态自动机和下推自动机推广，则得到句法引导的简单翻译自动机，这种新的自动机不仅能识别一个正确的输入链而且能把它映射成一个输出链。

1. 有限翻译器

使不确定的有限状态自动机包含一个输出字母表，就构成最简单的翻译器。具体说，一个（不确定的）有限翻译器是一个六元组的系统。即

$$J_f=(\Sigma,Q,\Delta,\delta,q_0,F)$$

式中，Δ 是有穷输出字母表；δ 是从 $Q\times(\Sigma U\{\lambda\})$ 到 $Q\times(\Delta U\{\lambda\})$ 的子集的映射。

图 4-19 所示为有限翻译器的一般表示。

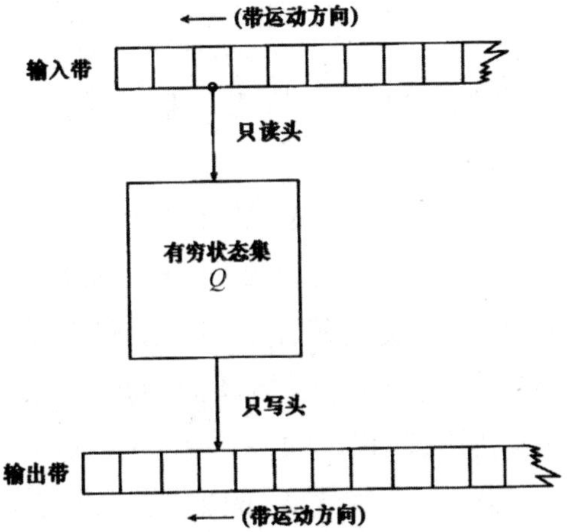

图 4-19　有限翻译器的一般表示

其动作如下：起始状态是 q_0，输出带开始是空白，来自 Σ^+ 的输入链放在输入带上，从输入带的最左边开始逐个地扫描每个符号，随着扫描的进行，状态翻译/输出映射 δ 决定了 J_f 的运行，即根据当前状态、输入符号或空链这两者的组合给出一个集

合，下一个状态和输出链就从这个集合中选出。输出链写在输出带上，根据需要占据不同长度的相邻单元，为准备下一个输出，只写头移到下一个空白单元上。如果翻译器从 q_0 开始，扫描整个 X 链，并遵循一个状态序列，最后停在 F 的一个可接受状态上，则输入链 X 被 J_f 接受了。如果 X 被接受，那么输出带上的链 Y 是 X 的一个正则翻译，所以，(X,Y)形成了一个翻译对。如果 X 没有被接受，则没有翻译可完成。

有限翻译器的运行和有限自动机相类似，但它的 δ 映射比一般的自动机复杂，并有一个用于翻译的输出带，有限翻译器允许做自发的状态变化或自发地产生输出，这就是说，如果对某个状态 q；$\delta(q,\lambda)$非空，自动机可以在没有实际地读输入符号的情况下改变它的状态或者产生输出子链，而且，有时会产生空链作为输出子链。如果 $\delta(q,a)$包含(q',λ)，且(q',λ)被选为 J_f 的动作，则状态 q 变成 q'，输出带头移过 a 前进一步，但不发出输出符号。有限翻译自发动作的能力，或者读输入符号而不发输出符号的能力使得这种机器能实现输入链长度和输出链长度不相等的翻译。

由有限翻译器 J_f 决定的从 Σ^* 到 Δ^* 的翻译是这样一个集合：

$$\tau(J_f)=\left\{(X,Y)\left|\begin{array}{l}X\text{ 在 }\Sigma^*\text{ 中},Y\text{ 在 }\Delta^*\text{ 中},\\ \text{当 }J_f\text{ 识别 }X\text{ 时},Y\text{ 是输出}\end{array}\right.\right\}$$

在识别过程中当涉及不确定性时，在有限状态自动机中用到的规定，现在照样可用到有限翻译器中，即只要存在任何一种途径，机器总是能利用停在 F 的一个状态上的方式识别输入链 X。在最一般的情况下，一个给定的输入可以有多个识别序列，其中一些序列产生不同的输出链。

可以用状态转移/输出图方便地表示一个有限翻译器。这个图是个有限图，状态是它的节点，连接节点的弧用输入/输出符号标记。F 中的全部终止符状态都画双圆，用一个不加符号的进入箭头表示起始状态。

例如，人的心肌激励电信号的强度能用传感器来检测。传感器输出产生一个心电图（ECG），一般正常人的心电图如图 4-20 所示。

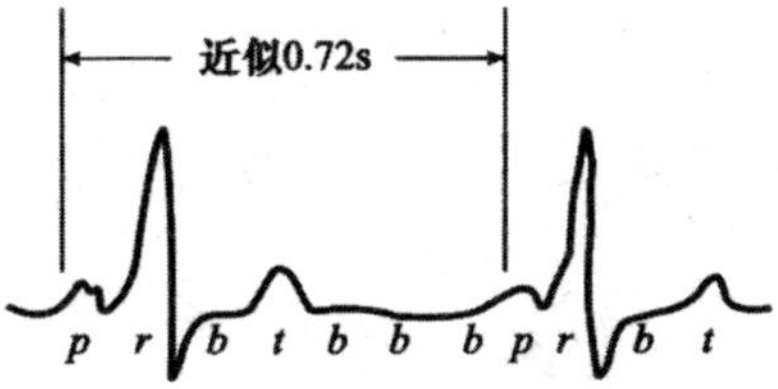

图 4-20　正常人的心电图

较小的心肌使心房首先激励产生 p 脉冲（p 波），接着较大的心肌使心室激励产生一个较大的 r 脉冲（r 波），紧跟着是 t 波，抽吸运动之后，心室复吸时产生 t 波。

正常 ECG，波形的规律可用有限状态文法描述。波形基元是 $p,\cdots,t$ 波，这是冲动时的波形，b 波是平静时的波形。正常 ECG 序列由连接子链 $prbtb$，$prbtbb$ 和 $ptbtbbb$ 组成，基本健康人的心率允许 b 的个数不同。将这三种子链作为一种语言，能生成这种语言的有限状态文法是：$G=\{V_N,V_T,P,S\}$，其中，$V_N=\{S,A,B,C,D,E,H\}$，$V_T=\{P,r,t,b\}P$：① $S\rightarrow pA$；② $A\rightarrow rB$；③ $B\rightarrow bC$；④ $C\rightarrow tD$；⑤ $D\rightarrow b$；⑥ $D\rightarrow bE$；⑦ $E\rightarrow b$；⑧ $E\rightarrow bH$；⑨ $E\rightarrow pA$；⑩ $H\rightarrow b$；⑪ $H\rightarrow bS$；⑫ $H\rightarrow pA$。

下面给出一个用此文法导出的一个正常的 ECG 波形的例子。

$S\rightarrow pA\rightarrow prB\rightarrow prbC\rightarrow prbtD\rightarrow prbtbE\rightarrow prbtbbH\rightarrow prbtbbbS\rightarrow prbtbbbpA\rightarrow prbtbbbprB\rightarrow prbtbbbprbC\rightarrow prbtbbbprbtbD\rightarrow prbtbbbprbtbbE$

能识别语言 $L(G)$ 的确定有限状态自动机 A，如图 4-21 所示。

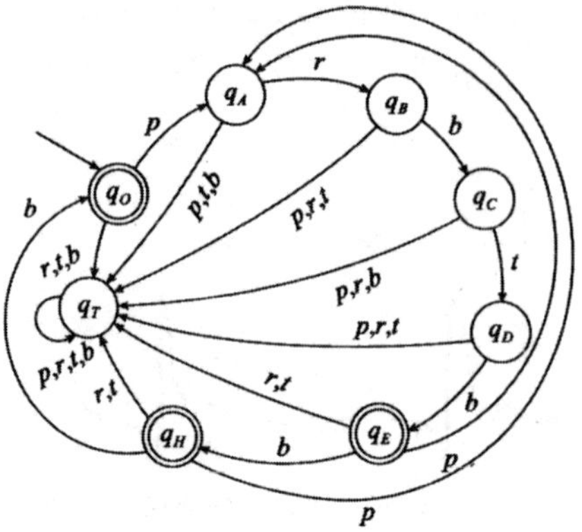

图 4-21　识别正常 ECG 链的有限状态自动机

因为本例指定的起始状态 q_0 是一个终止状态，所以实际上也接受空链，因而，$L(A_t)$的正确定义为 $L(A_t)=L(G)U\{\lambda\}$。

假设将机器用来作 ECG 监视器，并要求当 ECG 不正常时实时报警器能立即发声，就可在人体上安装 ECG 传感器，不断地向自动机提供 p,r,t,b 信号，用状态转移/输出图来表示监视情况，如图 4-22 所示。如出现不正常 ECG 时，则使机器进入陷阱状态口 T 的序列。在这种情况下，不仅需要识别不正常的 ECG 波形集，而且监视器还必须把输入翻译成适当的输出信息。

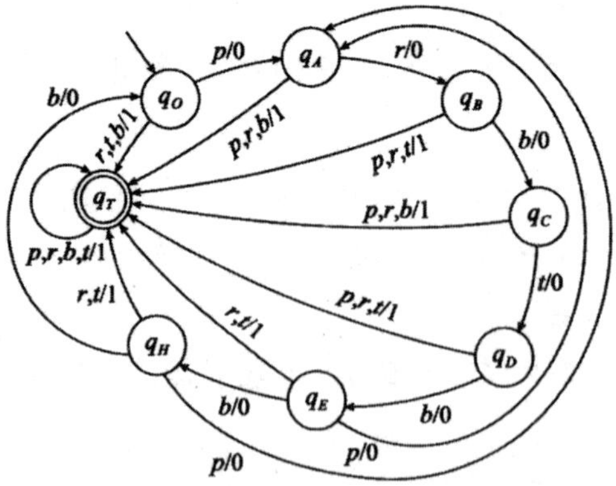

图 4-22　识别不正常 ECG 链的有限翻译器

假设用输出 0 表示正常或可能正常的 ECG 子序列，而输出 1 表示明确鉴别为不正常的 ECG 子序列。使输出驱动一个报警器，它对 0 不发声而对 1 发声。那么图 4-21 的有限状态自动机可由图 4-22 中的有限翻译器代替。对这个机器来说，陷阱状态 q_T 反而成了唯一的接受状态，与机器转移相联系的输出是 0 的序列，一旦输入变成不正常，就开始是 1 的序列。

2. 下推变换器

为了发展一种能完成非正则的上下文无关句法引导的变换器，正如在构造识别上下文无关语言的自动机时的做法一样，必须给变换器提供一个有界的但容量无限的下推表。一个（不确定的）下推变换器是一个八元组，即

$$J_p=(\Sigma,Q,\Gamma,\Delta,\delta,q_0,Z_0,F)$$

式中，δ 是从 $Q\times(\Sigma U\{\lambda\})$ 到 $Q\times\Gamma^*\times\Delta^*$ 的有穷子集的映射。

图 4-23 所示是下推变换器的一般表示。

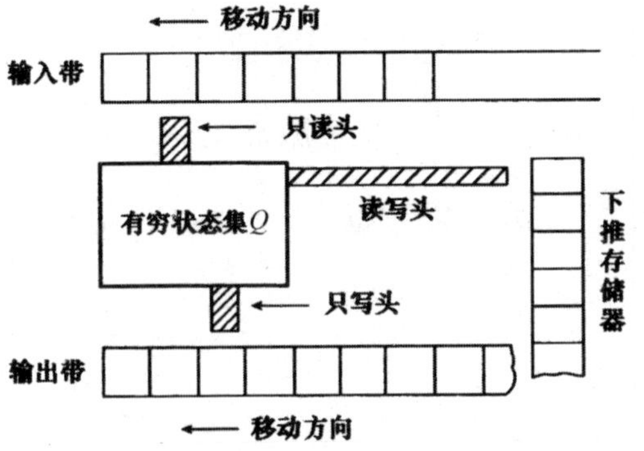

图 4-23　下推变换器

它的运行方法如下：自动机从状态 q_0 出发，输出带为空，堆栈顶上是单字符 Z_0，由 Σ^+ 来的输入链在输入带上，从左向右逐个地扫描 X 的每个字符。δ 映射根据当前状态、当前输入符号（或空链）、当前堆栈最顶上的字符的情况，就可以得到变换中的下一状态，输出带上下一格的输出链，及堆栈最顶上的字符代换，然后再扫描下一字符。所以，下推变换器的运行和下推自动机相似，只不过另外生成一个输出链作为处理的一部分。

因为下推变换器有一个用做接受的终止状态集，所以，J_p

用终止状态方式生成的翻译集定义如下：

$$\tau(J_p)=\left\{(X,Y)\left|\begin{array}{l}X\text{在}\Sigma^*\text{中},Y\text{在输出带上},J_p\text{从}q_0\text{及}Z_0\\\text{开始,读完整个输入链时},J_p\text{便停在}F\text{的一个状态上}\end{array}\right.\right\}$$

若 F 是空集，则用空堆栈方式产生的翻译集定义如下：

$$\tau_\lambda(J_p)=\left\{(X,Y)\left|\begin{array}{l}X\text{在}\Sigma^*\text{中},Y\text{在}\Delta^*\text{中},\\Y\text{在输出带上,用空堆栈识别}X\end{array}\right.\right\}$$

去掉下推变换器的输出带就是一个下推自动机，这种自动机是上下文无关语言(变换器的输入语言)的识别器。一般地说，无论是识别还是翻译，这两者对下推机器来讲都是不确定的。

4.4.6 自动机理论在语音识别中的应用

根据处理得到的语音信号三维谱图，可作为矩阵形式存入计算机内存。设一个孤立单字占用时间为 T，一帧为 15ms，对 T 作 N 个划分，即 $N=\dfrac{T}{15}$，带通滤波器取 15 个通道，$L=15$，将测得的 $N\times L$ 个通道能量数据 A_{ij} 列成矩阵 $\boldsymbol{B}$，作为基本状态空间的特征量：

$$\boldsymbol{B}=\begin{vmatrix}A_{11} & A_{12} & \cdots & A_{1L}\\A_{21} & A_{22} & \cdots & A_{2L}\\\vdots & \vdots & & \vdots\\A_{N1} & A_{N2} & \cdots & A_{NL}\end{vmatrix}$$

一般的识别算法为模板匹配，即将所测得的特征向量 $\boldsymbol{B}$ 与已存入计算机内部的各个标准特征量进行距离最小分类，取其中距离最小者为最终判决。此方法有两点明显不足之处：一是对于字库稍大一些的系统计算量相当大，每输入一个语音，需对所有标准模板进行计算才能最后判决，计算机开销大，影响了识别的实时性。二是此方法较少地反映语音中谱的结构信息。语言学家研究表明，任何语音信息均可由基音和三个共振峰的变化及分布来表征。因此，可以建立自动机数学模型，以软件编程的方法来识别语音谱结构信息。

用自动机方法来识别谱信息，首先需确定有关谱结构的基元。所谓基元是结构模式的最基本的简单成分，其包含的结构信息非常少，也容易确定。图 4-24 是以有向线段表示的基元定义，共有 12 个基元。

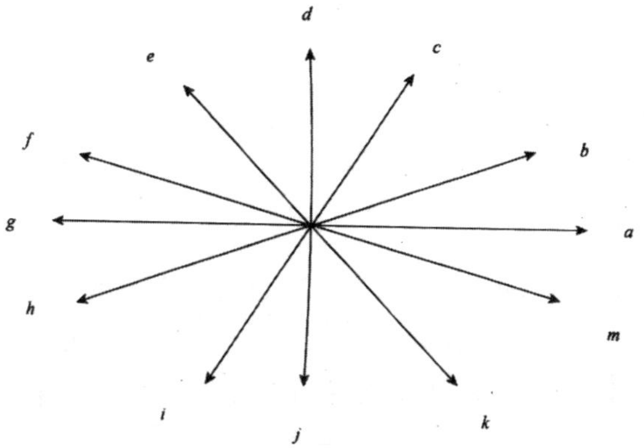

图 4-24　以有向线段表示的基元定义

例如，男音“北”发音的语谱图如图 4-25 所示。

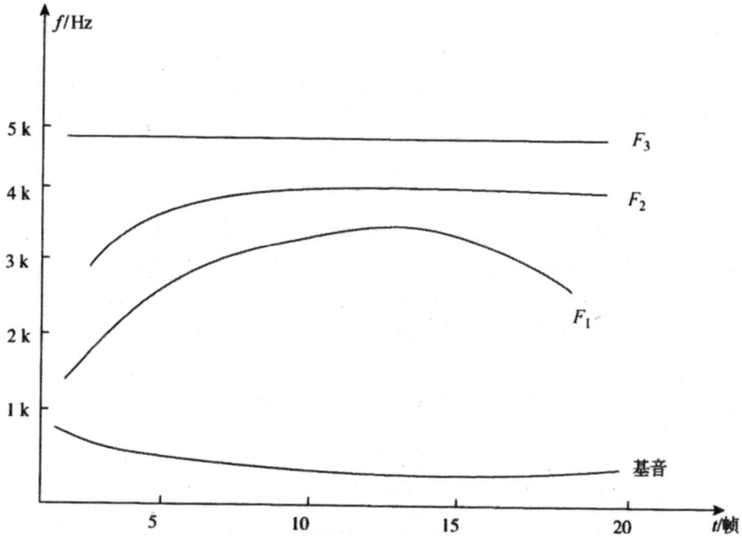

图 4-25　男音“北”发音的语谱图

从中可以看到“北”的语谱具有三个共振峰，可以用基元来描述，如图 4-26 所示。

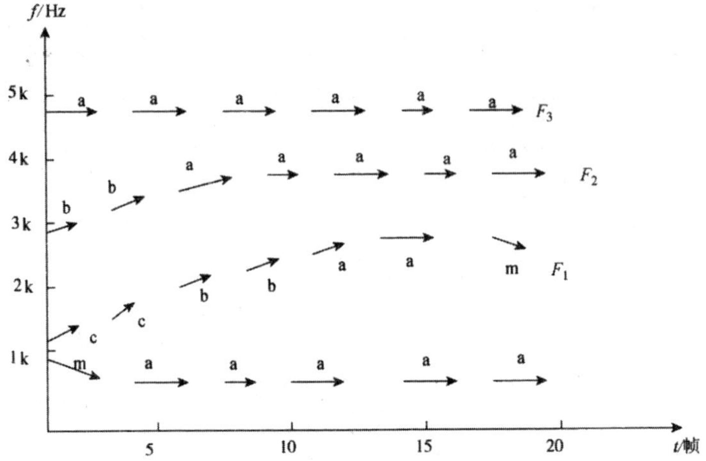

图 4-26 “北”语谱三个共振峰的基元表示

图中 cbbaam、bbaaaa、aaaaaa 这三串字符分别代表了 F_1、F_2、F_3 的结构信息。现以自动机理论进行谱结构识别。输入符号集 $Z=\{a,b,\cdots,m\}$，设有向线段与水平线夹角 0°、30°、60°分别为状态 q_1、q_2、q_3 以及起始符为 s，终止符为 T。则状态转换式为

$$\delta(s,\mathrm{a})=q_1(1),\delta(s,\mathrm{b})=q_2(2)$$
$$\delta(s,\mathrm{c})=q_3(1),\delta(q_1,\mathrm{a})=q_1(4)$$
$$\delta(q_2,\mathrm{b})=q_2(5),\delta(q_2,\mathrm{a})=q_1(6)$$
$$\delta(q_3,\mathrm{c})=q_3(7),\delta(q_3,\mathrm{b})=q_2(8)$$
$$\lambda(q_1,\mathrm{b})=T(9),\lambda(q_1,\mathrm{m})=T(10)$$

设 cbbaam 字符串是否为“北”字发音 F_1 结构信息，可以反复使用上述状态转换式得到，如图 4-27 所示。

$$S\xrightarrow{(3)}\mathrm{c}q_3\xrightarrow{(7)}\mathrm{cc}q_3\xrightarrow{(8)}\mathrm{ccb}q_2\xrightarrow{(5)}\mathrm{ccbb}q_2$$
$$\xrightarrow{(6)}\mathrm{ccbba}q_1\xrightarrow{(4)}\mathrm{ccbbaa}q_1\xrightarrow{(10)}\mathrm{ccbbaam}\longrightarrow T$$

图 4-27 “北”字发音 F_1 结构信息状态转换式

通过软件记录状态转换次数，便可确认为“北”字发音 F_1

结构信息。它的状态转换图如图 4-28 所示。

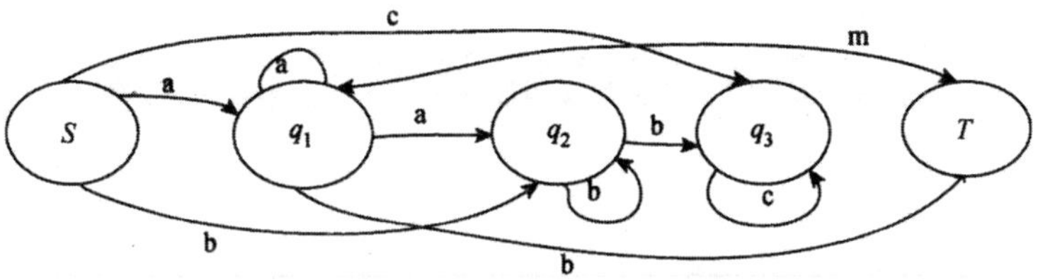

图 4-28　“北”字发音结构 F_1 信息状态转换图

第 5 章　特征提取与特征选择

在模式识别理论中，模式类是通过特征来表示的，特征选择的好坏，直接影响分类器的性能。在模式识别系统设计中，特征的确定往往是一个反复的过程，是其中的难点和关键。特征选择往往有赖于对识别问题的了解，对领域知识有较强的依赖性。

5.1　特征提取与特征选择的基本概念

特征提取指对特征矢量 $\boldsymbol{x}=(x_1,x_2,\cdots,x_N)^{\mathrm{T}}$ 施行某种变换：$y_i=h_i(\boldsymbol{x}),i=1,2,\cdots,M,M<N$，将处于高维空间的样本通过映射或变换的方式转换到低维空间，生成降维后的特征矢量 $\boldsymbol{y}=(y_1,y_2,\cdots,y_M)^{\mathrm{T}}$，最终达到降维的目的。

特征选择是指从原始为 N 维特征 $\boldsymbol{x}=(x_1,x_2,\cdots,x_N)^{\mathrm{T}}$ 中选择出 M 个对类别可分性有较大作用的特征构成新的特征矢量 $\boldsymbol{y}=(x_{i1},x_{i2},\cdots,x_{iM})^{\mathrm{T}}$。而去掉其他作用较小的：它可以被看成一个优化问题，其关键是建立一种评价标准来区分哪些特征组合有助于分类，哪些特征组合存在冗余性、部分或者完全无关。

通常，在一个实际系统的设计过程中，特征的提取和选择过程一般都需要进行。如先通过变换将高维特征空间映射到低维特征空间，然后再去除冗余的和不相关的特征来进一步降低维数。

特征提取和特征选择的基本任务就是通过一定的手段获取一组对分类最有效的特征。那么，怎样知道哪种手段选取的特征最有效呢？这就涉及类别可分性判据的问题。

5.2　类别可分性判据

5.2.1　基于类概率密度函数的可分性判据

基于几何距离的可分性判据计算起来比较简单，然而它没有考虑各类别的概率分布，只是直接计算各类样本间的距离，不能确切表明各类交叠的情况，因此与识别错误率之间的联系不是很紧密。下面讨论一些基于概率分布的可分性判据。

先以最简单的一维特征、两类问题为例。设两类 ω_1 和 ω_2 的概率密度函数分别为 $p(\boldsymbol{x}|\omega_1)$ 和 $p(\boldsymbol{x}|\omega_2)$，其中，$\boldsymbol{x}=(x_1,x_2,\cdots,x_n)^{\mathrm{T}}$。如图 5-1 中给出了两类一维情形下的概率密度函数。

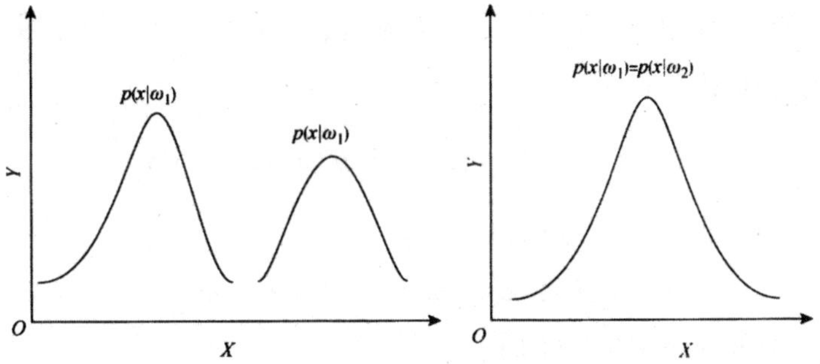

图 5-1　完全可分和完全不可分两种情况

显然，第一种情况是两类完全可分：对所有 $p(\boldsymbol{x}|\omega_1)\neq 0$ 的点，有 $p(\boldsymbol{x}|\omega_2)=0$；第二种情况是两类完全不可分：对所有的 $\boldsymbol{x}$ 有 $p(\boldsymbol{x}|\omega_1)=p(\boldsymbol{x}|\omega_2)$。它们是两种极端情况。

下面可以定义两个类别条件概率密度函数之间的距离 J_p 作为交叠程度的度量，J_p 应该满足如下条件：

①非负性，$J_p\geqslant 0$。

②当两类完全重叠时山取最大值，即若对所有 $\boldsymbol{x}$ 有

$p(\boldsymbol{x}|\omega_2)\neq 0$ 时，$p(\boldsymbol{x}|\omega_1)=0$，则 $J_p=\max$。

③当两类密度函数完全相同时，J_p 应为零，即若 $p(x|\omega_2)=p(\boldsymbol{x}|\omega_1)$，则 $J_p=0$。

按照这样的要求，可以定义出多种可分性判据，下面介绍三种常用的基于概率密度函数的可分性判据。

1. 巴特查里亚判据(J_B)

受相关运算概念与应用的启发所构造的 J_B 判据定义式为

$$J_B=-\ln\int_{\Omega}[p(\boldsymbol{x}|\omega_1)p(\boldsymbol{x}|\omega_2)]^{\frac{1}{2}}\mathrm{d}\boldsymbol{x}$$

式中，Ω 表示特征空间。在最小误判概率准则下，最小误判概率与 J_B 判据的上界有直接关系，如下式所示：

$$p_0(e)\leqslant[p(\boldsymbol{x}|\omega_1)p(\boldsymbol{x}|\omega_2)]^{\frac{1}{2}}\exp[-J_B]$$

2. 切诺夫判据(J_C)

除巴特查里亚判据外，可以构造比 J_B 更一般的判据，称为 J_C 判据，其定义式为

$$\begin{aligned}J_C&=-\ln\int_{\Omega}p(\boldsymbol{x}|\omega_1)^s p(\boldsymbol{x}|\omega_2)^{1-s}\mathrm{d}\boldsymbol{x}\\&=J_C(s;\boldsymbol{x})\\&=J_C(s;\omega_1,\omega_2)(0<s<1)\end{aligned}$$

J_C 判据具有如下性质：

①对一切 $0<s<1$，$J_C\geqslant 0$。

②对一切 $0<s<1$，$J_C=0\Leftrightarrow p(\boldsymbol{x}|\omega_1)=p(\boldsymbol{x}|\omega_2)$。

③当参数 s 和 $(1-s)$ 互调时，有对称性

$$J_C(s;\omega_1,\omega_2)=J_C(1-s;\omega_1,\omega_2)$$

④当 $\boldsymbol{x}$ 的各分量 $x_1,x_2,\cdots,x_n$ 相互独立时，有

$$J_C(s;x_1,x_2,\cdots,x_n)=\sum_{i=1}^{n}J_C(s;x_l)$$

及

$J_C(s;x_1,x_2,\cdots,x_{k-1}) \leqslant J_C(s;x_1,x_2,\cdots,x_{k-1},x_k), k\leqslant n$

最小误判概率

$p_0(e)\leqslant p(\omega_1)^s p(\omega_2)^{1-s}\exp[-J_C(\omega_1,\omega_2;s)], 0<s<1$

显然，当 $s=0.5$ 时，$J_B=J_C$。

3. 散度判据(J_D)

两类密度函数的似然比或负对数似然比对分类来说是一个重要的度量。

现在考虑 ω_i 和 ω_j；两类之间的可分性，取其对数似然比

$$l_{ij}(\boldsymbol{x})=\ln\frac{p(\boldsymbol{x}|\omega_i)}{p(\boldsymbol{x}|\omega_j)}$$

则 ω_i 类对 ω_j 类的平均可分性信息可以定义为

$$I_{ij}(\boldsymbol{x})=E_i\left[\ln\frac{p(\boldsymbol{x}|\omega_i)}{p(\boldsymbol{x}|\omega_j)}\right]=\int_\Omega p(\boldsymbol{x}|\omega_i)\ln\frac{p(\boldsymbol{x}|\omega_i)}{p(\boldsymbol{x}|\omega_j)}\mathrm{d}\boldsymbol{x}$$

同样 ω_j 类对 ω_i 类的平均可分性信息为

$$I_{ji}(\boldsymbol{x})=E_j\left[\ln\frac{p(\boldsymbol{x}|\omega_j)}{p(\boldsymbol{x}|\omega_i)}\right]=\int_\Omega p(\boldsymbol{x}|\omega_j)\ln\frac{p(\boldsymbol{x}|\omega_j)}{p(\boldsymbol{x}|\omega_i)}\mathrm{d}\boldsymbol{x}$$

对于 ω_i 类和 ω_j 类总的平均可分性信息称为散度 J_D，定义如下式所示：

$$\begin{aligned}J_D &= I_{ij}(\boldsymbol{x})+I_{ji}(\boldsymbol{x})\\ &=\int_\Omega[p(\boldsymbol{x}|\omega_i)-p(\boldsymbol{x}|\omega_j)]\ln\frac{p(\boldsymbol{x}|\omega_i)}{p(\boldsymbol{x}|\omega_j)}\mathrm{d}\boldsymbol{x}\\ &\triangleq J_D(\omega_i,\omega_j)\triangleq J_D(x_1,x_2,\cdots,x_n)\end{aligned}$$

从 J_D 的定义可以看出，当两类完全不可分，$p(\boldsymbol{x}|\omega_i)=p(\boldsymbol{x}|\omega_j)$ 时，$J_D=0$；当两类完全可分时，$J_D=+\infty$。

散度具有如下性质：

①非负性 $J_D\geqslant 0$。

②对称性：$J_D=0\Leftrightarrow p(\boldsymbol{x}|\omega_1)=p(\boldsymbol{x}|\omega_2)$。

③可加性：当 $\boldsymbol{x}$ 的各分量 $x_1,x_2,\cdots,x_n$ 相互独立时，具有可加性

$$J_D(x_1,x_2,\cdots,x_k)=\sum_{j=1}^{k}J_D(x_j),k\leqslant n$$

④单调性：当 $\boldsymbol{x}$ 的各分量 $x_1,x_2,\cdots,x_n$ 相互独立时，对特征数目单调不减

$$J_D(x_1,x_2,\cdots,x_{k-1})\leqslant J_D(x_1,x_2,\cdots,x_{k-1},x_k),k\leqslant n$$

⑤当两类先验概率相等且为具有相同协方差阵正态分布时，则最小误分概率为

$$p_0(e)=\int_{\frac{1}{2}\sqrt{J_D}}^{\infty}\frac{1}{\sqrt{2\pi}}\exp\left(-\frac{y^2}{2}\right)\mathrm{d}y$$

上式表明 $p_0(e)$ 与 J_D 存在直接的函数关系. 显然，当 J_D 增加时，误判概率当 $p_0(e)$ 减小，即 $p_0(e)$ 是 J_D 的单调下降函数。

5.2.2 基于熵函数的可分性判据

除了采用前面的类概率密度函数来刻画类别的可分性外，还可以用特征的后验概率分布来衡量它对分类的有效性。对于 c 类问题，如果各类的后验概率是相等的，即 $p(\omega_i|\boldsymbol{x})=\frac{1}{c}$，则将无法确定样本所属类别，或者不管样本 $\boldsymbol{x}$ 为何值均将其指定为某一确定类，则此时的错误概率为 $p_e=1-\frac{1}{c}$；如果存在一组特征使得 $p(\omega_i|\boldsymbol{x})=1$，且 $p(\omega_i|\boldsymbol{x})=0$，$\forall j\neq i$，则此时样本 $\boldsymbol{x}$ 可以划归为 ω_i 类，而错误概率为零。

由此可见，后验概率分布越集中，错误概率越小；后验概率分布越平缓，错误概率越大。为了衡量后验概率分布的集中程度，需要规定一个定量指标。在信息论中，用熵来作为不确定性的度量，熵越小则不确定性就越小。从熵的构造可知，各个概率的差别越大，熵越小，因此可以借助熵的概念来描述各类的可分性。

对于 c 类问题，设给定样本 $\boldsymbol{x}$ 的各类后验概率为 $p(\omega_i|x)=$

$p_i(i=1,2,\cdots,c)$，$\sum_{i=1}^{c} p_i = 1$。

熵的定义是

$$H(\boldsymbol{x}) \triangleq H(\boldsymbol{p}) - \sum_{i=1}^{c} p_i \log p_i = -\sum_{i=1}^{c} p(\omega_i \mid \boldsymbol{x}) \log p(\omega_i \mid \boldsymbol{x})$$

式中，$\boldsymbol{p} = (p_1, p_2, \cdots, p_c)^{\mathrm{T}}$。当 $p_i = 0$ 时，定义 $p_i \log p_i = \lim\limits_{p_i \to 0} p_i \log p_i$，由洛必达法则可知此时 $p_i \log p_i = 0$。

熵的主要性质如下：

①非负性，即 $H_c(\boldsymbol{p}) \geqslant 0$。当且仅当某个 i 有 $p_i = 1$ 而其余 $p_j = 0(\forall j \neq i)$ 时，等号成立，即确定概率场熵最小。

② $H_c(\boldsymbol{p})$ 有上界，即 $H_c(\boldsymbol{p}) \leqslant \log c$。当且仅当 $p_i = \dfrac{1}{c}$ $(i=1,2,\cdots,c)$ 时，等号成立，即等概率场熵最大。

③ $H_c(\boldsymbol{p})$ 是 $\boldsymbol{p}$ 的对称连续上凸函数。

$$\begin{aligned} & H(p_1, p_2, \cdots, p_c) \\ = & H(p_1 + p_2, p_3, \cdots, p_c) \\ & + (p_1 + p_2) H\left(\frac{p_1}{p_1 + p_2}, \frac{p_2}{p_1 + p_2}\right) p_1 + p_2 > 0 \end{aligned}$$

从特征提取与选择的角度看，显然地选取具有最小不确定性的那些特征进行分类是有利的，因此应该选择使熵最小的那些特征用于分类识别。对整个特征空间中每一点的熵都应予以考虑，为此取熵的期望

$$J_H = E_x\left[-\sum_{i=1}^{c} p(\omega_i \mid \boldsymbol{x}) \log p(\omega_i \mid \boldsymbol{x})\right]$$

作为类别可分性判据。此外还可以构造等价的满足上述性质而计算更为简单的广义熵，其定义为

$$H^{(\alpha)}(p_1, p_2, \cdots, p_c) = (2^{1-\alpha} - 1)^{-1}\left(\sum_{i=1}^{c} p_i^{\alpha} - 1\right)$$

式中，α 是一实的正参数，$\alpha \neq 1$。不同的 α 值可得到不同的可分性度量。

当 $\alpha \to 1$ 时，据洛必达法则可得 Shanon 熵

$$H^{(1)}(\boldsymbol{p})=-\sum_{i=1}^{c}p_i\log p$$

当 $\alpha=2$ 时，可得平方熵

$$H^{(2)}(\boldsymbol{p})=2\left(1-\sum_{i=1}^{c}p_i^2\right)$$

同理，这里也可应用点熵在整个特征空间的概率平均作为可分性判据，定义为

$$J_H^{(\alpha)}=E_{\vec{x}}[J^{\alpha}p(\omega_1|\boldsymbol{x}),p(\omega_2|\boldsymbol{x}),\cdots,p(\omega_c|\boldsymbol{x})]$$

使用 J_H=或 $J_H^{(\alpha)}$ 判据进行特征提取或选择时，目标是使 $J_H,J_H^{(\alpha)}\rightarrow\min$。

5.2.3 利用统计检验作为可分性判据

在统计学中，检验某一变量在两类样本间是否存在显著差异是一个经典的假设检验问题，有很多成熟的方法，比如在数据正态分布假设下的 z-检验方法、不对数据分布做特殊假设的秩和检验方法等。这些方法可以给出一个统计量来反映两类样本间的差别，并给出一个 z-值来反映这种差异的统计显著性，即在两类样本没有差异的前提下，有多大的概率能够在一组随机的样本中出现实际得到的差别。

从分类角度看，显然希望用于分类的特征是在两类间有显著差别的，因此可以使用这些统计量来作为特征选择时衡量特征分类能力的度量。下面简要介绍 t-检验和秩和检验的基本思想。

统计检验的基本思想是从样本计算某一能反映待检验假设的统计量，在比较两组样本（两类样本）时就是用这个统计量来衡量两组样本之间的差别。把所研究的问题定义为待检验的假设，比如两类样本在所研究特征上有显著差异。首先假定不存在这样的差异，这称作空假设（Null Hypothesis），根据对数据分布的一定的理论模型，计算在这种空假设下统计量取值的分布，

称作统计量的空分布。待检验的假设称作备择假设(Alternative Hypothesis)，在这里就是两类样本存在显著的差异。考查在实际观察到的样本数据上该统计量的取值，根据空分布计算在空假设下有多大的概率会得到这样的取值，如果这个概率很小，则可以推断空假设不成立，拒绝空假设，接受备择假设；反之则接受空假设，认为在这些样本上没有表现出两类间有显著差别。这一概率值称作 p-值(p-value)。对样本分布采用不同的模型，就得到不同的统计检验方法。

最常用的比较两组样本差别的方法是 t-检验(t-test)，其基本假设是两类样本都服从正态分布，且方差相同。设有两类分别有 m 个和 n 个样本，$x_i(i=1,2,\cdots,m)$，$x_i \sim N(\mu_x,\sigma^2)$和 $y_i(i=1,2,\cdots,n)$，$y_i \sim N(\mu_y,\sigma^2)$。注意，它们都是在同一特征上的观测，我们用 x、y 来表示是为了讨论方便。它们的总体样本方差是

$$s_p^2=\frac{(n-1)S_x^2+(m-1)S_y^2}{m+n-2}$$

其中，S_x^2 和 S_y^2 分别是两类样本各自的估计方差，两类样本的均值分别记为 $\bar{x}$ 和 $\bar{y}$。产检验的统计量是

$$t=\frac{\bar{x}-\bar{y}}{s_p\sqrt{\dfrac{1}{n}+\dfrac{1}{m}}}$$

它服从自由度为 $n+m-2$ 的 t 分布。双边 t-检验的空假设是两类均值相同，即 $\mu_x=\mu_y$，备择假设是 $\mu_x \neq \mu_y$。计算出在实际样本上的 t 值后，根据 t 分布可以查出在空假设下取得该 t 值的 p-值，根据适当的显著性水平(比如 0.05 或 0.01)来决定是否拒绝空假设，推断在该特征上两类样本的均值是否有显著差异。在模式识别中，就可以依据这种差异来进行特征选择。如果期待该特征在一类中的均值大于在另一类中的均值，则可以使用单边 t-检验，此时空假设是 $\mu_x \leqslant \mu_y$，而备择假设是 $\mu_x > \mu_y$。

t-检验属于参数化检验方法，此类方法对数据分布有一定

的假设，必要时需要首先检验样本分布是否符合该假设。另一类统计检验方法是非参数检验，它们不对数据分布作特殊假设，因而能适用于更复杂的数据分布情况。其中最有代表性的是 Wilcoxon 秩和检验(Rank-sum Test)，有时也叫做 Mann-Whitney U 检验。当数据实际上满足正态分布时，用产检验更有效。

秩和检验的做法是，首先把两类样本混合在一起，对所有样本按照所考查的特征从小到大排序，第一名排序为 1，第二名排序为 2，依次类推，如果出现特征取值相等的样本时则并列采用中间的排序。在两类样本中分别计算所得排序序号之和 T_1 和 T_2，称作秩和。两类的样本数分别为 n_1 和 n_2。秩和检验的基本思想就是，如果一类样本的秩和显著地比另一类样本小(或大)，则两类样本在所考查的特征上有显著差异。秩和检验的统计量就是某一类(比如第一类，秩和为 T_1)的秩和。

为了考查某一类的秩和是否显著小于(或大于)另一类的秩和，需要研究当两类没有显著差异时由于随机因素造成的秩和的分布。不同样本数目情况下 T 的空分布是不同的。对于小的样本数，人们预先计算出了 T 的分布。当 n_1 和 n_2 较大时(比如都大于 10)，人们可以用正态分布 $N(\mu_1, \sigma_1)$ 来近似秩和 T_1 的空分布，其中

$$\mu_1 = \frac{n_1(n_1+n_2+1)}{2}, \sigma_1 = \sqrt{\frac{n_1 n_2(n_1+n_2+1)}{12}}$$

与 t-检验相比，秩和检验没有对样本分布做任何假设，适用于更广泛的情况。但是，如果样本服从正态分布，则秩和检验在敏感性上逊色于 t-检验。另外一个区别是，t-检验的目的是检验两类样本在特征的均值上是否有系统差别，而秩和检验不但受两类分布的均值的影响，也受到分布形状的影响。

5.3 基于类别可分性判据的特征提取

本节主要介绍基于概率分布可分性判据的特征提取。

5.3.1　基于 Chernoff 概率距离判据的特征提取

当两类都是正态分布时，$J_C(w)$的表达式可写为

$$J_C(\boldsymbol{w})=\frac{1}{2}s(1-s)\mathrm{tr}\{\boldsymbol{w}^{\mathrm{T}}\boldsymbol{m}\boldsymbol{w}[(1-s)\boldsymbol{w}^{\mathrm{T}}\boldsymbol{\Sigma}_1\boldsymbol{w}+s\boldsymbol{w}^{\mathrm{T}}\boldsymbol{\Sigma}_2\boldsymbol{w}]^{-1}\}$$

$$+\frac{1}{2}\ln|(1-s)\boldsymbol{w}^{\mathrm{T}}\Sigma_1\boldsymbol{w}+s\boldsymbol{w}^{\mathrm{T}}\Sigma_2\boldsymbol{w}|$$

$$-\frac{1}{2}(1-s)\ln|\boldsymbol{w}^{\mathrm{T}}\Sigma_1\boldsymbol{w}|-\frac{1}{2}s\ln|\boldsymbol{w}^{\mathrm{T}}\Sigma_2\boldsymbol{w}|$$

式中，$\boldsymbol{m}=(\boldsymbol{\mu}_2-\boldsymbol{\mu}_1)(\boldsymbol{\mu}_2-\boldsymbol{\mu}_1)^{\mathrm{T}}$。

由于 $J_C(w)$是一个标量，它可以对 w 的各分量求偏导数，从而得到梯度矩阵 $J'_C(w)$如下：

$$J'_C(\boldsymbol{w})=s(1-s)\{\boldsymbol{m}\boldsymbol{w}[(1-s)\boldsymbol{w}^{\mathrm{T}}\boldsymbol{\Sigma}_1\boldsymbol{w}+s\boldsymbol{w}^{\mathrm{T}}\boldsymbol{\Sigma}_2\boldsymbol{w}]^{-1}$$

$$-\ [(1-s)\boldsymbol{\Sigma}_1\boldsymbol{w}+s\boldsymbol{\Sigma}_2\boldsymbol{w}][(1-s)\boldsymbol{w}^{\mathrm{T}}\boldsymbol{\Sigma}_1\boldsymbol{w}+s\boldsymbol{w}^{\mathrm{T}}\boldsymbol{\Sigma}_2\boldsymbol{w}]^{-1}$$

$$\boldsymbol{w}^{\mathrm{T}}\boldsymbol{m}\boldsymbol{w}[(1-s)\boldsymbol{w}^{\mathrm{T}}\boldsymbol{\Sigma}_1\boldsymbol{w}+s\boldsymbol{w}^{\mathrm{T}}\boldsymbol{\Sigma}_2\boldsymbol{w}]^{-1}\}$$

$$+[(1-s)\boldsymbol{\Sigma}_1\boldsymbol{w}+s\boldsymbol{\Sigma}_2\boldsymbol{w}][(1-s)\boldsymbol{w}^{\mathrm{T}}\boldsymbol{\Sigma}_1\boldsymbol{w}+s\boldsymbol{w}^{\mathrm{T}}\boldsymbol{\Sigma}_2\boldsymbol{w}]^{-1}$$

$$-(1-s)\boldsymbol{\Sigma}_1\boldsymbol{w}(\boldsymbol{w}^{\mathrm{T}}\boldsymbol{\Sigma}_1\boldsymbol{w})^{-1}-s\boldsymbol{\Sigma}_2\boldsymbol{w}(\boldsymbol{w}^{\mathrm{T}}._2\boldsymbol{w})^{-1}$$

令 $J'_C(w)=0$，并假设$[(1-s)\boldsymbol{w}^{\mathrm{T}}\boldsymbol{\Sigma}_1\boldsymbol{w}+s\boldsymbol{w}^{\mathrm{T}}\boldsymbol{\Sigma}_2\boldsymbol{w}]\neq 0$，则最优变换矩阵 w 一定满足下式：

$$\boldsymbol{m}\boldsymbol{w}-[(1-s)\boldsymbol{\Sigma}_1\boldsymbol{w}+s\boldsymbol{\Sigma}_2\boldsymbol{w}][(1-s)\boldsymbol{w}^{\mathrm{T}}\boldsymbol{\Sigma}_1\boldsymbol{w}+s\boldsymbol{w}^{\mathrm{T}}\boldsymbol{\Sigma}_2\boldsymbol{w}]^{-1}\boldsymbol{w}^{\mathrm{T}}\boldsymbol{m}\boldsymbol{w}$$

$$+\boldsymbol{\Sigma}_1\boldsymbol{w}[I-(\boldsymbol{w}^{\mathrm{T}}\boldsymbol{\Sigma}_1\boldsymbol{w})^{-1}\boldsymbol{w}^{\mathrm{T}}\boldsymbol{\Sigma}_2\boldsymbol{w}]+\boldsymbol{\Sigma}_2\boldsymbol{w}[I-(\boldsymbol{w}^{\mathrm{T}}\boldsymbol{\Sigma}_2\boldsymbol{w})^{-1}\boldsymbol{w}^{\mathrm{T}}\boldsymbol{\Sigma}_1\boldsymbol{w}]=0$$

上式对 w 是非线性的，因此不能直接求解而只能采用数值优化方法，但假使两类的协方差矩阵相等，或者两类的均值向量相等，我们可以得到相应的解析解。

5.3.2　基于散度判据 J_D 的特征提取

若以散度作为判据，则只有类概率密度是某种特殊形式时才有便于计算的最优变换矩阵解析式。对于多元正态分布的两

类问题，设

$$p(\boldsymbol{x}|\omega_1)\sim N(\mu_1,\boldsymbol{\Sigma}_1),p(\boldsymbol{x}|\omega_2)\sim N(\mu_2,\Sigma_2)$$

经过变换的散度判据可以写为

$$J_D^*(\boldsymbol{w})=\frac{1}{2}\mathrm{tr}\{\boldsymbol{w}^{\mathrm{T}}\boldsymbol{\Sigma}_1\boldsymbol{w}[(\boldsymbol{w}^{\mathrm{T}}\boldsymbol{\Sigma}_1\boldsymbol{w})^{-1}+(\boldsymbol{w}^{\mathrm{T}}\boldsymbol{\Sigma}_2\boldsymbol{w})^{-1}]\}$$

$$+\frac{1}{2}\mathrm{tr}[(\boldsymbol{w}^{\mathrm{T}}\boldsymbol{\Sigma}_1\boldsymbol{w})^{-1}\boldsymbol{w}^{\mathrm{T}}\boldsymbol{\Sigma}_2\boldsymbol{w}+(\boldsymbol{w}^{\mathrm{T}}\boldsymbol{\Sigma}_2\boldsymbol{w})^{-1}\boldsymbol{w}^{\mathrm{T}}\boldsymbol{\Sigma}_1\boldsymbol{w}-2I]$$

式中，$\boldsymbol{m}=(\boldsymbol{\mu}_1-\boldsymbol{\mu}_2)(\boldsymbol{\mu}_1-\boldsymbol{\mu}_2)^{\mathrm{T}}$。

一般情况下，根据非奇异线性变换下的不变性，可令

$$\boldsymbol{w}^{\mathrm{T}}\boldsymbol{\Sigma}_2\boldsymbol{w}=\boldsymbol{I},\boldsymbol{w}^{\mathrm{T}}\boldsymbol{\Sigma}_1\boldsymbol{w}=\Lambda^{-1}$$

于是，有

$$J_D(\boldsymbol{w})=\frac{1}{2}\mathrm{tr}[\boldsymbol{w}^{\mathrm{T}}\boldsymbol{\Sigma}_1\boldsymbol{w}(\boldsymbol{\Lambda}+\boldsymbol{I})+\boldsymbol{\Lambda}+\boldsymbol{\Lambda}^{-1}-2\boldsymbol{I}]$$

$$=\frac{1}{2}\sum_{i=1}^{m}\left\{[\boldsymbol{u}_i^{\mathrm{T}}(\boldsymbol{\mu}_2-\boldsymbol{\mu}_1)]^2(\lambda_i+1)+\lambda_i+\frac{1}{\lambda_i}-2\right\}$$

这里 λ 为 $\boldsymbol{\Sigma}_2^{-1}\boldsymbol{\Sigma}_1$ 的本征值，$\boldsymbol{u}_i$ 为对应的本征向量。因此选取按下列顺序排列与 $\boldsymbol{\Sigma}_2^{-1}\boldsymbol{\Sigma}_1$ 的前 m 个本征向量 $\boldsymbol{w}=[\boldsymbol{\mu}_1,\boldsymbol{\mu}_2,\cdots,\boldsymbol{\mu}_m]$作为特征提取器。

$$[\boldsymbol{u}_1^{\mathrm{T}}(\boldsymbol{\mu}_2-\boldsymbol{\mu}_1)]^2(\lambda_1+1)+\lambda_1+\frac{1}{\lambda_1}$$

$$\geqslant[\boldsymbol{u}_2^{\mathrm{T}}(\boldsymbol{\mu}_2-\boldsymbol{\mu}_1)]^2(\lambda_2+1)+\lambda_2+\frac{1}{\lambda_2}$$

$$\geqslant\cdots\geqslant[\boldsymbol{u}_m^{\mathrm{T}}(\boldsymbol{\mu}_2-\boldsymbol{\mu}_1)]^2(\lambda_m+1)+\lambda_m+\frac{1}{\lambda_m}$$

$$\geqslant\cdots\geqslant[\boldsymbol{u}_n^{\mathrm{T}}(\boldsymbol{\mu}_2-\boldsymbol{\mu}_1)]^2(\lambda_n+1)+\lambda_n+\frac{1}{\lambda_n}$$

5.4　基于 K-L 变换的特征提取

5.4.1　从表达模式看 K-L 变换

主轴变换是针对某一个集群的情况而言的(图 5-2)，这种变化是通过坐标轴的平移和旋转，找到一个集群分布中的主轴的方向。具体做法是：

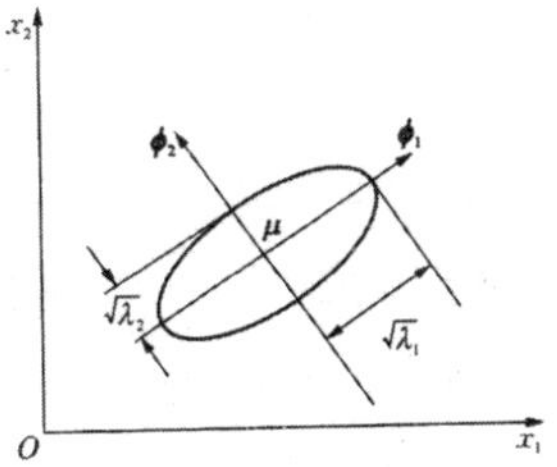

图 5-2　主轴变换

先平移坐标轴，使期望值 $\boldsymbol{\mu}_x$ 移到原点，即

$$\boldsymbol{z}=\boldsymbol{x}-\boldsymbol{\mu}_x$$

然后再作线性变换

$$\boldsymbol{y}=\boldsymbol{\Phi}^{\mathrm{T}}\boldsymbol{z}$$

式中，$\boldsymbol{\Phi}$ 是集群协方差矩阵 $\boldsymbol{\Sigma}_x$ 的特征向量矩阵；并且 $\boldsymbol{\Phi}^{\mathrm{T}}\boldsymbol{\Sigma}_x\boldsymbol{\Phi}=\boldsymbol{\Lambda}$，而

$$\boldsymbol{\Lambda}=\begin{bmatrix}\lambda_1 & \cdots & 0\\ \vdots & \ddots & \vdots\\ 0 & \cdots & \lambda_n\end{bmatrix}$$

这是从 n 维到 n 维的变换，坐标系有了变化，信息没有丢失，并且只涉及一个类别。

在进行 K-L 变换时，不是一类一类地进行处理，而是把所有类别的集群放在一起考虑，希望变换之后它们仍然是足够分散的。

步骤 1——假设现在共有 M 个类别，各类出现的先验概率为 $P(\omega_i)(i=1,2,\cdots,M)$。以 x_i 表示来自第 i 类的向量。则第 i 类集群的自相关矩阵 $\boldsymbol{R}_i$ 为

$$\boldsymbol{R}_i=E\{\boldsymbol{x}_i\boldsymbol{x}_i^{\mathrm{T}}\}$$

混合分布的自相关矩阵 $\boldsymbol{R}$ 为

$$\boldsymbol{R}=\sum_{i=1}^{M}P(\omega_i)\boldsymbol{R}_i=\sum_{i=1}^{M}P(\omega_i)E\{\boldsymbol{x}_i\boldsymbol{x}_i^{\mathrm{T}}\}$$

即 $\boldsymbol{R}$ 是各类自相关矩阵的统计平均。

$\boldsymbol{R}$ 在这里的地位相当于主轴变换中的 $\boldsymbol{\Sigma}_x$，即要求出 $\boldsymbol{R}$ 的特征向量矩阵 $\boldsymbol{\Phi}$，得

$$\boldsymbol{\Phi}^{\mathrm{T}}\boldsymbol{R}\boldsymbol{\Phi}=\boldsymbol{\Lambda}$$

举一个两维 2 类 $P(\omega_1)=P(\omega_2)=0.5$ 的例子，如图 5-3 所示。从集群变换的要求来看，在降维后各个集群最紧的方向是 $\boldsymbol{\phi}_1$ 方向。但是从 K-L 变换的要求来看，则要找出总的分布分散得最开的方向，即 $\boldsymbol{\Phi}_{\text{K-L}}$，也就是要找到跟 $\boldsymbol{R}$ 的大的特征值所对应的方向。

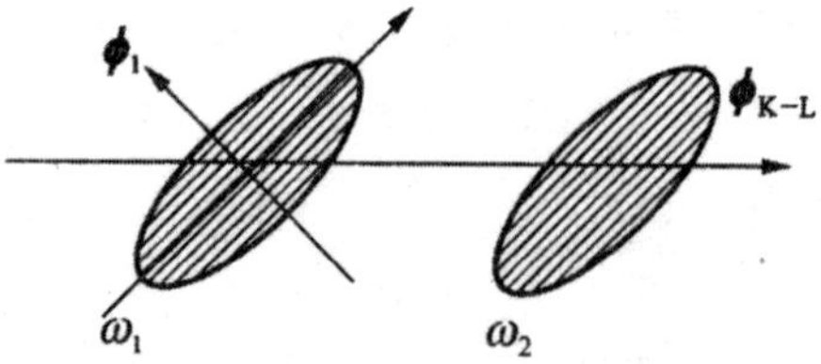

图 5-3　集群变换与 K-L 变换举例

从这里可以看出，用自相关矩阵的统计平均 $\boldsymbol{R}$，而不是用协方差矩阵的统计平均来寻找 $\boldsymbol{\Phi}_{\text{K-L}}$ 是正确的。因为 $\boldsymbol{R}$ 反映出总的分布的数据构成情况。

步骤 2——是求出 $\boldsymbol{R}$ 的特征向量矩阵 $\boldsymbol{\Phi}$ 和特征值矩阵 $\boldsymbol{\Lambda}$：

$$\boldsymbol{\Lambda}=\begin{bmatrix}\lambda_1 & \cdots & 0\\ \vdots & \ddots & \vdots\\ 0 & \cdots & \lambda_n\end{bmatrix},\boldsymbol{\Phi}=(\boldsymbol{\phi}_1,\boldsymbol{\phi}_2,\cdots,\boldsymbol{\phi}_n)$$

并要求特征值由大到小地排列：

$$\lambda_1 \geqslant \lambda_2 \geqslant \cdots \geqslant \lambda_n \tag{5-1}$$

分别对应特征向量 $\boldsymbol{\phi}_1, \boldsymbol{\phi}_2, \cdots, \boldsymbol{\phi}_n$。

步骤 3——取前 m 个特征向量 $\boldsymbol{\phi}_i (i=1,2,\cdots,m)$ 构成变换矩阵 $\boldsymbol{A}$：

$$\boldsymbol{A} = \begin{bmatrix} \boldsymbol{\phi}_1^{\mathrm{T}} \\ \vdots \\ \boldsymbol{\phi}_m^{\mathrm{T}} \end{bmatrix}_{m \times n} \tag{5-2}$$

再取变换

$$\boldsymbol{y} = \boldsymbol{A}\boldsymbol{x} \tag{5-3}$$

式中，$\boldsymbol{y}$ 是 m 维向量，模式识别就在已降维了的 m 维空间中进行。

上述三步即所谓的 K-L 变换。

由式(5-3)所求得的 $\boldsymbol{y}$，是在均方误差最小的意义上，在 m 维空间中表示 m 维向量的最好办法。

不降维时，有

$$\boldsymbol{y}^{(n)} = \boldsymbol{\Phi}^{\mathrm{T}} \boldsymbol{x} \tag{5-4}$$

有

$$\boldsymbol{x} = \boldsymbol{\Phi} \boldsymbol{y}^{(n)} = \sum_{j=1}^{n} y_j^{(n)} \boldsymbol{\phi}_j \tag{5-5}$$

式中，$y_j^{(n)}$ 表示 n 维向量 $\boldsymbol{y}$ 的第 j 个分量，$\boldsymbol{\phi}_j$ 表示按式(5-1)的要求所对应的第 j 个特征分量，降为 m 维后，是

$$\boldsymbol{y}^{(m)} = \boldsymbol{A}\boldsymbol{x} = \begin{bmatrix} \boldsymbol{\phi}_1^{\mathrm{T}} \\ \vdots \\ \boldsymbol{\phi}_m^{\mathrm{T}} \end{bmatrix} \boldsymbol{x} \tag{5-6}$$

$\boldsymbol{y}^{(m)}$ 相当于由式(5-4)中 $\boldsymbol{y}^{(n)}$ 中的前 m 个分量构成的 m 维向量，这时与式(5-5)对应的表达式变为

$$\hat{\boldsymbol{x}} = \sum_{j=1}^{m} y_j^{(m)} \boldsymbol{\phi}_j \tag{5-7}$$

引入的误差为

$$\Delta \boldsymbol{x} = \boldsymbol{x} - \hat{\boldsymbol{x}} = \sum_{j=m+1}^{n} y_j^{(n)} \boldsymbol{\phi}_j \tag{5-8}$$

均方误差为

$$e^2(m)=E\{\|\Delta x\|^2\}=E\{[\Delta \boldsymbol{x}]^{\mathrm{T}}[\Delta \boldsymbol{x}]\}$$
$$=E\Big\{\Big[\sum_{j=m+1}^{n} y_j^{(m)}\boldsymbol{\phi}_j^{\mathrm{T}}\Big]\Big[\sum_{k=m+1}^{n} y_k^{(n)}\boldsymbol{\phi}_k\Big]\Big\} \tag{5-9}$$

由 $\boldsymbol{\phi}_j$、$\boldsymbol{\phi}_k$ 的正交归一性,式(5-9)变为

$$\begin{aligned}e^2(m)&=E\Big\{\sum_{j=m+1}^{n}[y_j^{(n)}]^2\Big\}\\&=\sum_{j=m+1}^{n}E\{[y_j^{(n)}]^2\}\\&=\sum_{j=m+1}^{n}E\{[\boldsymbol{\phi}_j^{\mathrm{T}}\boldsymbol{x}]^2\}\\&=\sum_{j=m+1}^{n}E\{\boldsymbol{\phi}_j^{\mathrm{T}}\boldsymbol{x}\boldsymbol{x}^{\mathrm{T}}\boldsymbol{\phi}_j\}\\&=\sum_{j=m+1}^{n}\boldsymbol{\phi}_j^{\mathrm{T}}E\{\boldsymbol{x}\boldsymbol{x}^{\mathrm{T}}\}\boldsymbol{\phi}_j\\&=\sum_{j=m+1}^{n}\boldsymbol{\phi}_j^{\mathrm{T}}\boldsymbol{R}\boldsymbol{\phi}_j\\&=\sum_{j=m+1}^{n}\lambda_j\end{aligned} \tag{5-10}$$

由于 $\lambda_j(j=m+1,\cdots,n)$是最小的几个特征值,故 $e^2(m)$获得其最小值。

5.4.2 K-L 变换举例

设有一个 2 类三维问题,各有四个训练样本(图 5-4),并设

$$P(\omega_1)=P(\omega_2)=0.5$$

$$\omega_1:\left\{\begin{bmatrix}0\\0\\0\end{bmatrix},\begin{bmatrix}1\\0\\0\end{bmatrix},\begin{bmatrix}1\\0\\1\end{bmatrix},\begin{bmatrix}1\\1\\0\end{bmatrix}\right\},\omega_2:\left\{\begin{bmatrix}0\\0\\1\end{bmatrix},\begin{bmatrix}0\\1\\0\end{bmatrix},\begin{bmatrix}0\\1\\1\end{bmatrix},\begin{bmatrix}1\\1\\1\end{bmatrix}\right\}$$

现在由 K-L 变换降维，先降为二维，再降为一维。

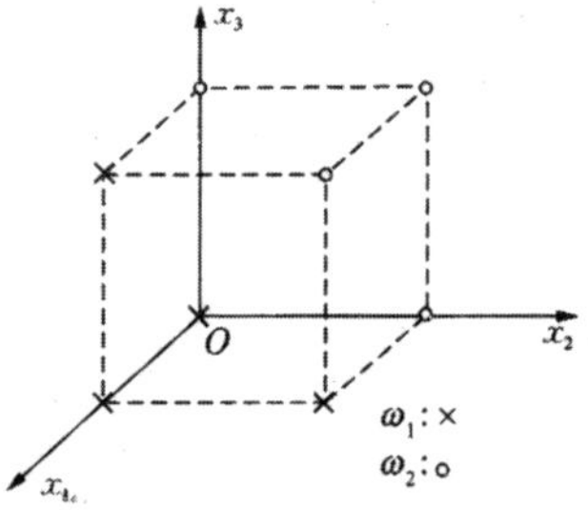

图 5-4　训练样本原始分布图

先求混合分布的自相关矩阵 $\boldsymbol{R}$。

第一类样本自相关矩阵 $\boldsymbol{R}_1$ 为

$$\boldsymbol{R}_1 = \frac{1}{4}\sum_{j=1}^{4}\boldsymbol{x}_{1j}\boldsymbol{x}_{1j}^{\mathrm{T}} = \frac{1}{4}\begin{bmatrix}3 & 1 & 1\\1 & 1 & 0\\1 & 0 & 1\end{bmatrix}$$

第二类样本自相关矩阵 $\boldsymbol{R}_2$ 为

$$\boldsymbol{R}_2 = \frac{1}{4}\sum_{j=1}^{4}\boldsymbol{x}_{2j}\boldsymbol{x}_{2j}^{\mathrm{T}} = \frac{1}{4}\begin{bmatrix}1 & 1 & 1\\1 & 3 & 2\\1 & 2 & 3\end{bmatrix}$$

可得

$$\boldsymbol{R}=P(\omega_1)\boldsymbol{R}_1+P(\omega_2)\boldsymbol{R}_2=\frac{1}{4}\begin{bmatrix}2 & 1 & 1\\1 & 2 & 1\\1 & 1 & 2\end{bmatrix}$$

求得 $\boldsymbol{R}$ 的特征值及对应的特征向量为

$$\lambda_1=1:\boldsymbol{\phi}_1=\frac{1}{\sqrt{3}}[1,1,1]^{\mathrm{T}}$$

$$\lambda_2=\frac{1}{4}:\boldsymbol{\phi}_2=\frac{1}{\sqrt{6}}[-2,1,1]^{\mathrm{T}}$$

$$\lambda_3=\frac{1}{4}:\boldsymbol{\phi}_3=\frac{1}{\sqrt{2}}[0,1,-1]^{\mathrm{T}}$$

上述的 $\boldsymbol{\phi}_1$、$\boldsymbol{\phi}_2$、$\boldsymbol{\phi}_3$ 都已正交归一。

降为二维时，取

$$\boldsymbol{A}=\begin{bmatrix}\boldsymbol{\phi}_1^{\mathrm{T}}\\ \boldsymbol{\phi}_2^{\mathrm{T}}\end{bmatrix}=\begin{bmatrix}\frac{1}{\sqrt{3}} & \frac{1}{\sqrt{3}} & \frac{1}{\sqrt{3}}\\ -\frac{2}{\sqrt{6}} & \frac{1}{\sqrt{6}} & \frac{1}{\sqrt{6}}\end{bmatrix}$$

降维后

$$\omega_1:\left\{\begin{bmatrix}0\\0\end{bmatrix},\frac{1}{\sqrt{6}}\begin{bmatrix}\sqrt{2}\\-2\end{bmatrix},\frac{1}{\sqrt{6}}\begin{bmatrix}2\sqrt{2}\\-1\end{bmatrix},\frac{1}{\sqrt{6}}\begin{bmatrix}2\sqrt{2}\\-1\end{bmatrix}\right\}$$

$$\omega_2:\left\{\frac{1}{\sqrt{6}}\begin{bmatrix}\sqrt{2}\\1\end{bmatrix},\frac{1}{\sqrt{6}}\begin{bmatrix}\sqrt{2}\\1\end{bmatrix},\frac{1}{\sqrt{6}}\begin{bmatrix}2\sqrt{2}\\2\end{bmatrix},\frac{1}{\sqrt{6}}\begin{bmatrix}3\sqrt{2}\\0\end{bmatrix}\right\}$$

降维之后，训练样本的分布如图 5-5(a)所示。

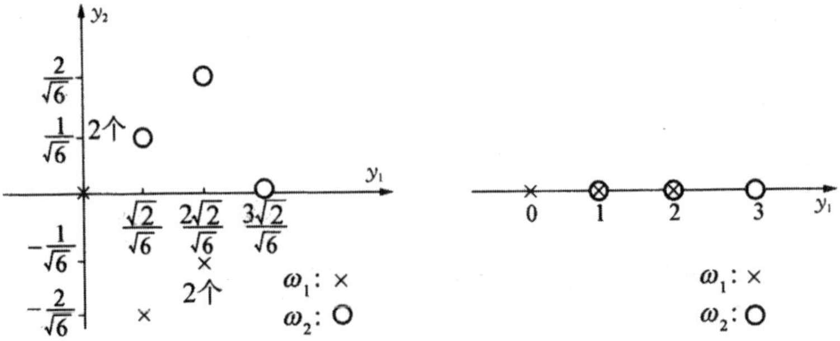

图 5-5 用 K-L 变换降维后样本的分布

(a)降为二维；(b)降为一维

降为一维时，取

$$\boldsymbol{A}=\frac{1}{\sqrt{3}}[1,1,1]$$

也可不顾及尺度因子取

$$\boldsymbol{A}=[1,1,1]$$

降维后

$$\omega_1:[0,1,2,2]$$

$$\omega_2:[1,1,2,3]$$

降成一维后，训练样本的分布如图 5-5(b)所示。

5.4.3　混合白化后抽取特征

K-L 变换法所进行的工作从最小均方误差的意义上是最佳的，也就是说从“表达”一个模式的含义上它是最佳的，但是这个“最佳”跟进行分类的意义上的“最佳”则并不一致。

换句话说，从最小均方误差的意义上所进行的工作将丢失最弱的那些特征，但从分类的意义上则要看这个特征对于分类有多大的作用，对分类作用大的特征，不管其本身强弱如何都不应丢失。

下面介绍的方法就是力图解决上述矛盾而设想的。它是先把混合分布白化，经过特征值的排序来决定特征的选取。

步骤 1——求出二类混合分布的自相关矩阵 $\boldsymbol{R}$：

$$\boldsymbol{R}=\boldsymbol{R}_1+\boldsymbol{R}_2,\boldsymbol{R}_1=P(\omega_1)E(\boldsymbol{x}_1\boldsymbol{x}_1^{\mathrm{T}}),\boldsymbol{R}_2=P(\omega_2)E(\boldsymbol{x}_2\boldsymbol{x}_2^{\mathrm{T}})$$

取 $\boldsymbol{R}$ 的特征向量矩阵 $\boldsymbol{\Phi}$ 和特征值矩阵 $\boldsymbol{\Lambda}$，使得

$$\boldsymbol{R}=\boldsymbol{\Phi}\boldsymbol{\Lambda}\boldsymbol{\Phi}^{\mathrm{T}}$$

令变换矩阵

$$\boldsymbol{A}_1=\boldsymbol{\Lambda}^{-\frac{1}{2}}\boldsymbol{\Phi}^{\mathrm{T}}$$

则有

$$\boldsymbol{A}_1\boldsymbol{R}\boldsymbol{A}_1^{\mathrm{T}}=\boldsymbol{\Lambda}^{-\frac{1}{2}}\boldsymbol{\Phi}^{\mathrm{T}}\boldsymbol{R}\boldsymbol{\Phi}\boldsymbol{\Lambda}^{-\frac{1}{2}}=\boldsymbol{I}$$

上式表明 $\boldsymbol{A}_1$ 已把混合自相关矩阵 $\boldsymbol{R}$ 白化了，即坐标系旋转并进行了尺度变换。这时：

$$\boldsymbol{R}_1 \text{ 变为 } \boldsymbol{S}_1=\boldsymbol{A}_1\boldsymbol{R}_1\boldsymbol{A}_1^{\mathrm{T}}$$

$$\boldsymbol{R}_2 \text{ 变为 } \boldsymbol{S}_2=\boldsymbol{A}_1\boldsymbol{R}_2\boldsymbol{A}_1^{\mathrm{T}}$$

则

$$\boldsymbol{R}=\boldsymbol{R}_1+\boldsymbol{R}_2=\boldsymbol{A}_1\boldsymbol{R}_1\boldsymbol{A}_1^{\mathrm{T}}+\boldsymbol{A}_1\boldsymbol{R}_2\boldsymbol{A}_1^{\mathrm{T}}=\boldsymbol{A}_1\boldsymbol{R}\boldsymbol{A}_1^{\mathrm{T}}=\boldsymbol{I}$$

步骤 2——求出白化后的自相关矩阵 $\boldsymbol{S}_1$ 和 $\boldsymbol{S}_2$ 的特征值矩阵 $\boldsymbol{\Lambda}_1$、$\boldsymbol{\Lambda}_2$ 和特征向量矩阵 $\boldsymbol{\Phi}_1$ 和 $\boldsymbol{\Phi}_2$，有

$$\boldsymbol{S}_1=\boldsymbol{\Phi}_1\boldsymbol{\Lambda}_1\boldsymbol{\Phi}_1^{\mathrm{T}}$$

$$\boldsymbol{S}_2=\boldsymbol{I}-\boldsymbol{S}_1=\boldsymbol{\Phi}_1(\boldsymbol{I}-\boldsymbol{\Lambda}_1)\boldsymbol{\Phi}_1^{\mathrm{T}}$$

由于 $\boldsymbol{I}-\boldsymbol{\Lambda}_1$ 是一对角阵，则可知

$$\boldsymbol{\Phi}_2=\boldsymbol{\Phi}_1$$

$$\boldsymbol{\Lambda}_1+\boldsymbol{\Lambda}_2=\boldsymbol{I}$$

也就是说 $\boldsymbol{S}_1$ 和 $\boldsymbol{S}_2$ 是有相同特征的向量矩阵，并且 $\boldsymbol{S}_1$ 和 $\boldsymbol{S}_2$ 相应的特征值之和为 1。

由于 $\boldsymbol{S}_1$ 和 $\boldsymbol{S}_2$ 都正定，故 $\boldsymbol{\Lambda}_1$ 和 $\boldsymbol{I}-\boldsymbol{\Lambda}_1$ 都正定，这表明 $\boldsymbol{S}_1$ 和 $\boldsymbol{S}_2$ 的特征值在 0 和 1 之间。

因此如果 $\boldsymbol{\Lambda}_1$ 取降序排列时，$\boldsymbol{\Lambda}_2$ 则以升序排列。

当 $\lambda_{1i}=0.5$ 时，$\lambda_{2i}=0.5$。表明在这个特征方向上，两个类不易区分。

当 $\lambda_{1i}\geqslant 0.5$ 时，$\lambda_{2i}\leqslant 0.5$。表明在这个特征方向上，两个类容易区分，两个类的分布有较大差别。

如果舍弃 $\boldsymbol{R}$ 白化后，$\boldsymbol{S}_1$ 的特征值接近 0.5 的那些特征，而保留使 $|\lambda_{1i}-\lambda_{2i}|$ 的那些特征，那么这样选取的特征对分量便有意义了。按这个原则选出了 m 个特征向量 $\boldsymbol{\phi}_{11},\boldsymbol{\phi}_{12},\cdots,\boldsymbol{\phi}_{1m}$，并排列成为 $m\times n$ 阵，记作 $\boldsymbol{A}_2^{\mathrm{T}}$。归纳起来作变换：

$$\boldsymbol{A}=\boldsymbol{A}_2^{\mathrm{T}}\boldsymbol{A}_1=\boldsymbol{A}_2^{\mathrm{T}}\boldsymbol{\Lambda}^{-\frac{1}{2}}\boldsymbol{\Phi}^{\mathrm{T}}$$

式中，$\boldsymbol{A}_2^{\mathrm{T}}$ 是 $\boldsymbol{R}$ 白化后，自相关矩阵 $\boldsymbol{S}_1$ 中与 0.5 相差较大的 m 个特征值所对应的 m 个特征向量所构成的 $m\times n$ 矩阵。$\boldsymbol{\Lambda}^{-\frac{1}{2}}$ 是 $\boldsymbol{R}$ 的特征值开平方求倒数后构成的 $n\times n$ 对角阵，$\boldsymbol{\Phi}$ 是 $\boldsymbol{R}$ 白化时 $n\times n$ 特征向量矩阵。

5.5 特征提取方法

5.5.1 多维尺度法

1. MDS 的基本概念

多维尺度法（Multidimensional Scaling，MDS）是一种很经典的数据映射方法。

MDS 的基本出发点并不是把样本从一个空间映射到另外一个空间，而是为了根据样本之间的距离关系或不相似度关系在低维空间里生成对样本的一种表示，或者说是把样本之间的距离关系或不相似关系在二维或三维空间里表示出来。如果样本之间的关系是定义在一定的特征空间上的，那么这种表示也就实现了从原特征空间到低维表示空间的一种变换。

MDS 分为度量型(Metric)和非度量型(Non-metric)两种类型。度量型 MDS 把样本间的距离或不相似度看作一种定量的度量，希望在低维空间里的表示能够尽可能保持这种度量关系。非度量型 MDS 也称作顺序 MDS(Ordinal Scaling)，它把样本间的距离或不相似度关系仅仅看作是一种定性的关系，在低维空间里的表示只需要保持这种关系的顺序。

下面用一个简单的例子来说明 MDS 的基本思想。假设我们要画一张地图，沿着地球的表面测量了美国若干城市间的距离，如表 5-1 所示。当我们要把每个城市作为一个点画在一个平面上时，就会发现在平面上无法准确地反映出这些点之间的距离关系。原因很简单，地球是圆的，沿着地球表面测量的距离是在三维空间里特定曲线的长度，不可能在二维空间里准确表示出一组不同方向的曲线的长度。MDS 的目的就是，求解代表这些城市的点在二维空间里的一种最优安排，使得在这种安排下各点之间的相对距离关系最接近原来的距离关系。图 5-6 就是根据表 5-1 的距离关系用 MDS 方法得到的城市位置图。从图中可以看到，MDS 后各点的相对距离关系较好地保持了原距离矩阵定义的关系。(由于并未对样本点在 MDS 图上的分布做其他约定，所以图 5-6 中并没有遵循通常地图的方向约定，不过只要把图上下翻转一下就与人们习惯的地图一致了。)

表 5-1　若干城市间的距离矩阵

（矩阵为对称阵，表中只填了矩阵的上三角）　　mile

	Boston	NY	DC	Miami	Chicago	Seattle	SF	LA	Denver
Boston	0	206	429	1504	963	2976	3095	2979	1949
NY		0	233	1308	802	2815	2934	2786	1771
DC			0	1075	671	2684	2799	2631	1616
Miami				0	1329	3273	3053	2687	2037
Chicago					0	2013	2142	2054	966
“Iebeattle						0	808	1131	1307
SF							0	379	1235
LA								0	1059
Denver									0

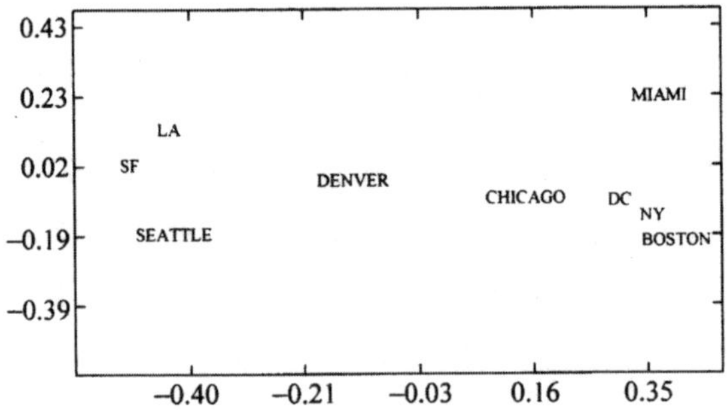

图 5-6　用 MDS 得到的城市位置图

MDS 可以用在对很多非数值对象的研究中，比如，在对一组学生的心理分析中，心理学家可以通过一组心理测试评价每个学生的心理特点，并对每两个学生间的差异性给出一定的定量或定性评价，这时就可以用 MDS 将这组学生表示在一个平面上，在这个平面上可以直观地分析这组学生整体的相互关系，还可以用聚类分析等非监督模式识别方法进行进一步的研究。在经济学中，人们可以用类似的思路研究一些产品、品牌、地域、消费者等抽象对象之间的关系。因此，MDS 在生物学、医学、心理学、社会学、经济、金融等方面都有很多应用。

2. 古典尺度法

如果给定了 d 维空间 n 个点的坐标，可以很容易地计算出两两点之间的欧氏距离。古典尺度法(Classical Scaling)关心的是这个问题的反问题：给定一个两两点之间距离的矩阵，如何确定这些点在空间里的坐标？为此，需要假定给定的距离矩阵是欧氏距离。

古典尺度法也被称作主坐标分析(Principal Coordinates Analysis)方法。

设有 n 个 d 维样本 $\boldsymbol{x}_i \in R^d$ $(i=1,2,\cdots,n)$，$\boldsymbol{x}_i = [x_i^1,\cdots,x_i^d]^{\mathrm{T}}$，所有样本组成的 $n\times d$ 维矩阵是 $\boldsymbol{x} = [\boldsymbol{x}_1,\cdots,\boldsymbol{x}_n]^{\mathrm{T}}$，样本间两两内积组成的矩阵为 $\boldsymbol{B}=\boldsymbol{x}\boldsymbol{x}^{\mathrm{T}}$。样本 $\boldsymbol{x}_i$ 与 $\boldsymbol{x}_j$ 之间的欧氏距离为

$$d_{ij}^2 = |\boldsymbol{x}_i - \boldsymbol{x}_j|^2 = \sum_{l=1}^{d}(x_i^l - x_j^l)^2 = |\boldsymbol{x}_i|^2 + |\boldsymbol{x}_j|^2 - 2\boldsymbol{x}_i\boldsymbol{x}_j^{\mathrm{T}}$$

所有两两点之间的欧氏距离组成的矩阵为

$$\boldsymbol{D}^{(2)} = \{d_{ij}^2\}_{n\times n} = \boldsymbol{c}\boldsymbol{1}^{\mathrm{T}} + \boldsymbol{1}\boldsymbol{c}^{\mathrm{T}} - 2\boldsymbol{B}$$

其中，$\boldsymbol{c}$ 是矩阵 $\boldsymbol{B}$ 的对角线元素组成的向量，即 $\boldsymbol{c} = [|\boldsymbol{x}_1|^2,\cdots,|\boldsymbol{x}_n|^2]^{\mathrm{T}}$，$\boldsymbol{1}$ 为单位列向量 $\boldsymbol{1}^{\mathrm{T}}=[1,1,\cdots,1]^{\mathrm{T}}$，

$$\boldsymbol{c}\boldsymbol{1}^{\mathrm{T}} = \begin{bmatrix} |\boldsymbol{x}_1|^2 & \cdots & |\boldsymbol{x}_1|^2 \\ \vdots & \ddots & \vdots \\ |\boldsymbol{x}_n|^2 & \cdots & |\boldsymbol{x}_n|^2 \end{bmatrix}$$

现在已知矩阵 $\boldsymbol{D}^{(2)}$，求 $\boldsymbol{x}$。

对坐标的平移不会影响样本间的距离，因此，可以假设所有样本的质心为坐标原点，即

$$\sum_{l=1}^{n}\boldsymbol{x}_i = \boldsymbol{0} \tag{5-11}$$

其中，$\boldsymbol{0}$ 表示元素全部是 0 的向量。

定义中心化矩阵

$$\boldsymbol{J}=\boldsymbol{I}-\frac{1}{n}\boldsymbol{1}\boldsymbol{1}^{\mathrm{T}}$$

其中，$\boldsymbol{J}$ 是单位对角阵。显然

$$\boldsymbol{c}\boldsymbol{1}^{\mathrm{T}}\boldsymbol{J}=0$$

$$\boldsymbol{J}(\boldsymbol{1}\boldsymbol{c}^{\mathrm{T}})=0$$

这里的 $\mathbf{0}$ 表示元素全部是 0 的矩阵。而且，在式(5-11)的假设下，有

$$\boldsymbol{J}\boldsymbol{x}=\boldsymbol{x}$$

$$\boldsymbol{J}\boldsymbol{B}\boldsymbol{J}=\boldsymbol{B}$$

对 $\boldsymbol{D}^{(2)}$ 两边乘以中心化矩阵，得

$$\begin{aligned}\boldsymbol{J}\boldsymbol{D}^{(2)}\boldsymbol{J}&=\boldsymbol{J}(\boldsymbol{c}\boldsymbol{1}^{\mathrm{T}}+\boldsymbol{1}\boldsymbol{c}^{\mathrm{T}}-2\boldsymbol{B})\boldsymbol{J}\\&=\boldsymbol{J}(\boldsymbol{c}\boldsymbol{l}^{\mathrm{T}})\boldsymbol{J}+\boldsymbol{J}(\boldsymbol{l}\boldsymbol{c}^{\mathrm{T}})\boldsymbol{J}-2\boldsymbol{J}\boldsymbol{B}\boldsymbol{J}\\&=-2\boldsymbol{J}\boldsymbol{B}\boldsymbol{J}=-2\boldsymbol{B}\end{aligned}$$

这样，就可以从距离矩阵 $\boldsymbol{D}^{(2)}$ 计算出样本的内积矩阵

$$\boldsymbol{B}=\boldsymbol{x}\boldsymbol{x}^{\mathrm{T}}=-\frac{1}{2}\boldsymbol{J}\boldsymbol{D}\boldsymbol{J}$$

这种做法也称作双中心化(Double Centering)。

如果 $\boldsymbol{D}^{(2)}$ 是由欧氏距离组成的矩阵，则 $\boldsymbol{B}$ 是对称矩阵，可以用奇异值分解的方法来求解 $\boldsymbol{x}$。

$$\boldsymbol{B}=\boldsymbol{U}\boldsymbol{\Lambda}\boldsymbol{U}^{\mathrm{T}}$$

其中，$\boldsymbol{U}$ 是由矩阵 $\boldsymbol{B}$ 的本征向量组成的矩阵，$\boldsymbol{\Lambda}$ 是以 $\boldsymbol{B}$ 的本征值为对角元素的对角阵。

$$\boldsymbol{x}=\boldsymbol{U}\boldsymbol{\Lambda}^{\frac{1}{2}}$$

如果样本不是中心化的，即式(5-11)不成立，则只要知道样本的均值向量 $\bar{\boldsymbol{x}}$ 就可以求得各个样本原来的坐标

$$\tilde{\boldsymbol{x}}_i=\boldsymbol{x}_i+\bar{\boldsymbol{x}},i=1,2,\cdots,n$$

如果要用 $k<d$ 维空间来表示这些样本，则可以按照本征值从大到小排序

$$\lambda_1\geqslant\lambda_2\geqslant\cdots\geqslant\lambda_k\geqslant\cdots\geqslant\lambda_d$$

用 $\lambda_1\sim\lambda_k$ 组成 $\boldsymbol{\Lambda}$，只用这些本征值对应的本征向量组成 $\boldsymbol{U}$。容

易证明，如果已知样本集，从中计算出 $\boldsymbol{D}^{(2)}$，再用古典尺度法得到 $\boldsymbol{x}$ 的低维表示，结果与主成分分析相同。

3. 度量型 MDS

古典尺度法是度量型 MDS 的一种特殊形式。更一般的情况是，已知一组样本两两之间的相异度（不相似度）度量 δ_{ij} $(i,j=1,2,\cdots,n)$，它们可以是某种距离度量，也可以是其他的度量。要用某个低维空间中一组点来表示这组样本，它们在这个空间中两两之间的距离是 d_{ij}，希望所得到的低维空间表示能使 d_{ij} 尽可能忠实地代表 δ_{ij}。

δ_{ij} 称作给定距离，d_{ij} 称作表示距离。人们可以定义多种目标函数来表示给定距离与表示距离之间的误差，称作压力函数（Stress Function），然后采用一定的优化方法来最小化目标函数。不同的目标函数定义就产生了不同形式的 MDS 方法。

如果采用给定距离的平方与表示距离的平方之间的平均误差 $\sum_{ij}^{\infty}(\delta_{ij}^2-d_{ij}^2)$ 作为目标函数，则当 δ_{ij} 是欧氏距离时，得到的低维空间表示就是样本在主成分上的投影。

很多 MDS 压力函数可以统一为如下形式

$$S=\sum_{ij}\alpha_{ij}\left[\phi(\delta_{ij})-d_{ij}\right]^2 \tag{5-12}$$

其中，α_{ij} 是对样本对的加权，比如有人用

$$\alpha_{ij}=\left(\sum_{ij}^{\infty}d_{ij}^2\right)^{-1}$$

作为加权；$\phi()$ 是预先定义的函数，比如，如果希望 d_{ij} 与 δ_{ij} 之间是线性关系，则可以选 $\phi(\delta_{ij})=a+b\delta_{ij}$。

另外一种常用的压力函数形式是

$$S=\sqrt{\frac{\sum_{ij}\left[f(\delta_{ij})-d_{ij}\right]^2}{\text{scale}}} \tag{5-13}$$

分母上的 scale 是一个尺度因子，比如可取为 $\text{scale}=\sum_{ij}\delta_{ij}^2$，此时的压力函数称作 Kruskal 压力(Kruskal Stress)。

一般来说，上述目标函数的优化很难有解析解。如果函数 $\varphi()$或 $f()$已经确定，则可以采用迭代的优化算法来对各个坐标位置进行优化。如果 $\varphi()$或 $f()$中有待定参数，则可以采用交替最小二乘的方法进行优化，即先固定一定的初始坐标位置，对函数的参数进行优化；再固定函数参数，对坐标位置进行优化，如此反复直到收敛。

4. 非度量型 MDS

在一些研究中，得到的样本间的相异度或相似度关系只有定性的意义而没有定量的意义。比如在心理学研究中，可以根据受试者对一组问题的回答分析受试者之间的相似程度或差别大小，但是所给出的分值有时并没有绝对的意义；对于其他一些样本，样本可能是通过对不同物理意义的数量和非数量特征进行的度量，样本之间的距离度量也不一定有定量的意义。对于这些距离关系，它们所反映的最主要的是诸如“A 与 B 比 A 与 C 更相似”之类的信息，而没有“A 与 B 的相似性比 A 与 C 的相似性大多少数量或多少倍”的信息。非度量型 MDS(也称作顺序 MDS)就是追求样本的坐标能反映出这些定性的顺序信息。

在非度量型 MDS 中，也需要最小化式(5-12)或式(5-13)形式的目标函数，但是，其中的函数 $\varphi()$或 $f()$只需要是某种单调函数或弱单调函数即可。这种单调函数可以通过所谓“单调回归”(Monotonic Regression)来实现。最后的目标是，用低维空间坐标表示的样本点之间的距离关系，尽可能接近地反映原相异度矩阵所表示的顺序关系。

5. MDS 在模式识别中的应用

通常，人们用 MDS 在二维或三维上可视化地显示一组复杂样本之间的关系。如果样本间的距离/相异度矩阵是定义在某一特征空间中的,那么 MDS 也可以看作是样本的一种特征变换。根据原距离矩阵的定义不同和采取的 MDS 算法不同,这种变换可以是线性变换也可以是非线性变换。与其他特征提取方法相同,在得到样本的低维空间表示后,可以把样本在低维空间的坐标作为新的特征,根据具体的问题进行后续的监督模式识别或非监督模式识别分析。

既然 MDS 的应用可以不仅仅是可视化,那么就不一定局限于二维或三维的 MDS。在 MDS 中,可以通过计算在不同的目标维数下最优的压力函数取值,画出如图 5-7 所示的陡坡图(Scree Plot),据此确定比较恰当的 MDS 维数。图中显示了在不同维数下的压力函数值,即不同维数下用表示距离代表给定距离的总体误差。可以看到,与主成分分析的本征值谱图类似,陡坡图曲线上,随着维数的增加,误差逐渐减小,但是到一定维数后误差的减小速度就开始变慢,在这个维数上陡坡图曲线往往出现一个明显拐点,通常这个维数就是一个比较好的选择。当然,与主成分分析的情况类似,并不是在所有的数据上都会出现很明显的拐点。

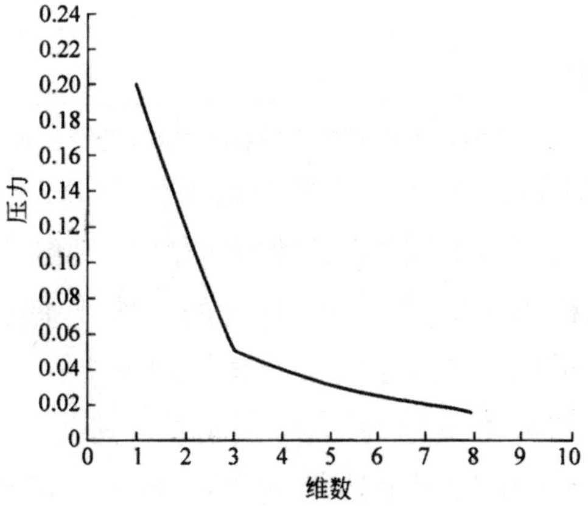

图 5-7　陡坡图(Scree Plot)

MDS 方法可以和模式识别方法结合起来,细致地考查样本的相互关系。图 5-8 给出了一个用基因表达数据分析乳腺癌样本的两种类型的例子，取自我们的一项从乳腺癌基因表达数据预测乳腺癌特性的工作。在这个例子中，所研究的样本是一组乳腺癌的病人，临床上根据其刺激素受体(ER)的情况把她们分为ER阳性(+)、阴性(－)和弱阳性(lp)三种类型。对样本的观测是利用基因芯片获得的上万个基因在病人乳腺癌组织里的表达量。在这个例子中，我们以ER阳性病人与阴性病人的分类作为研究目标，用R-SVM方法选择了50个基因特征，构建了分类器，能够很好地区分这两类样本(交叉验证的错误率仅2%)。为了直观地考查所研究样本在所选出的50个基因表达特征上的分布，我们用MDS把样本点在二维平面上显示出来，如图5-8所示。可以看到，ER+和ER－两类样本在这个空间中能够很好地被分开。

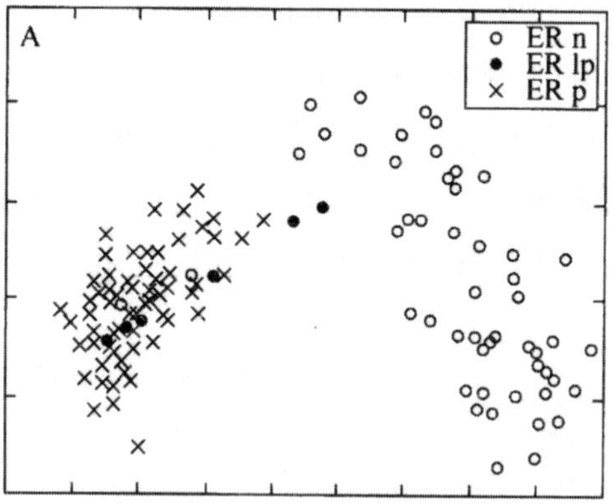

图5-8 用MDS和SVM研究乳腺癌ER类型之间的关系

在R-SVM特征选择和分类中均未涉及弱阳性样本在这个空间中的分布，这样的样本在这个例子的数据集中只有6例，把它们也与其余样本一起映射到MDS的二维平面上，在图5-8中用黑点表示。可以看到，在区分ER+和ER－的这些基因上，样本集中地被临床上鉴定为弱阳性的样本其实与ER阳性样本属于同一类，提示在临床上应该主要按照ER阳性样本的情况来处置。在这一研究中，有的学者还用同样的策略研究了几种其他乳腺癌的其他特性，都取得了很好的效果。

5.5.2　非线性变换方法

在某些情况下，数据可能会按照某种非线性的规律分布，比如图 5-9(b)的例子。如果采用主成分分析等线性方法，可以得到图中的直线方向，但可以看到数据实际是按照图中曲线的方向分布的，如果将数据投影到这条曲线上，同样是只用了一维特征，却可以更好地表示原数据。

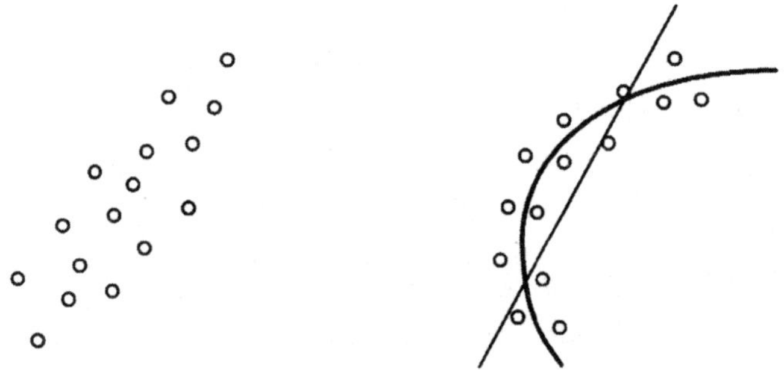

(a)　　　　　　　　(b)

图 5-9　数据沿主轴分布的例子

(a)线性主轴;(b)非线性主轴

要提取数据分布中的非线性规律，就需要采用非线性变换。

1. 核主成分分析(KPCA)

算法的基本步骤如下：

①通过核函数计算矩阵 $\boldsymbol{K}=\{K_{ij}\}_{n\times n}$，其元素为

$$K_{ij}=[\phi(\boldsymbol{x}_i)\cdot\phi(\boldsymbol{x}_j)]=k(\boldsymbol{x}_i,\boldsymbol{x}_j)$$

其中，n 为样本数，$\boldsymbol{x}_i$、$\boldsymbol{x}_j$ 是原空间中的样本，$k(\cdot,\cdot)$是与支持向量机中类似的核函数，$\boldsymbol{\phi}(\cdot)$是非线性变换(并不需要实际知道或进行运算)。

②解矩阵 $\boldsymbol{K}$ 的特征方程

$$\frac{1}{n}\boldsymbol{K\alpha}=\lambda\boldsymbol{\alpha}$$

并将得到的归一化本征向量 $\boldsymbol{\alpha}^l$ ($l=1,2,\cdots$)按照对应的本征值从大到小排列。本征向量的维数是 n,向量的元素记作 $\boldsymbol{\alpha}^l=[\boldsymbol{\alpha}_1^l,\boldsymbol{\alpha}_2^l,\cdots,\boldsymbol{\alpha}_n^l]$。由于引入了非线性变换,这里得到的非零本征值数目可能超过样本原来的维数。根据需要选择前若干个本征值对应的本征向量作为非线性主成分。第 l 个非线性主成分是

$$\boldsymbol{v}^l=\sum_{i=1}^{n}\alpha_i^l\boldsymbol{\phi}(\boldsymbol{x}_i)$$

由于并没有使用显式的变换 $\boldsymbol{\phi}(\cdot)$,所以不能求出 $\boldsymbol{v}^l$ 的显式表达,但是可以计算任意样本在 $\boldsymbol{v}^l$ 方向上的投影坐标。

③计算样本在非线性主成分上的投影。对样本 $\boldsymbol{x}$,它在第 l 个非线性主成分上的投影是

$$z^l(\boldsymbol{x})=[\boldsymbol{v}^l\cdot\boldsymbol{\phi}(\boldsymbol{x})]=\sum_{i=1}^{n}\alpha_i^l k(\boldsymbol{x}_i,\boldsymbol{x})$$

如果选择 m 个非线性主成分,则样本 $\boldsymbol{x}$ 在前 m 个非线性主成分上的坐标就构成样本在新空间的表示$[z^1(\boldsymbol{x}),\cdots,z^m(\boldsymbol{x})]^{\mathrm{T}}$。

2. IsoMap 方法和 LLE 方法

IsoMap 方法的全称是 Isometric Feature Mapping,可译为等容特征映射。图 5-10 示意了 IsoMap 的基本思想。当样本在高维空间中按照某种复杂结构分布时,如果直接计算两个样本点之间的欧氏距离,就损失了样本分布的结构信息。如果样本分布较密集,可以假定样本集的复杂结构在每个小的局部都可以用欧式空间来近似。计算每个样本与相邻样本之间的欧氏距离;对两个不相邻的样本,寻找一系列两两相邻的样本构成连接这两个样本的路径,用两个样本间最短路径上的局部距离之和作为两个样本间的距离。这种距离称作测地距离(Geodesic Distance)。有了样本间的距离矩阵,就可以用度量型 MDS 等方法映射到低维空间。

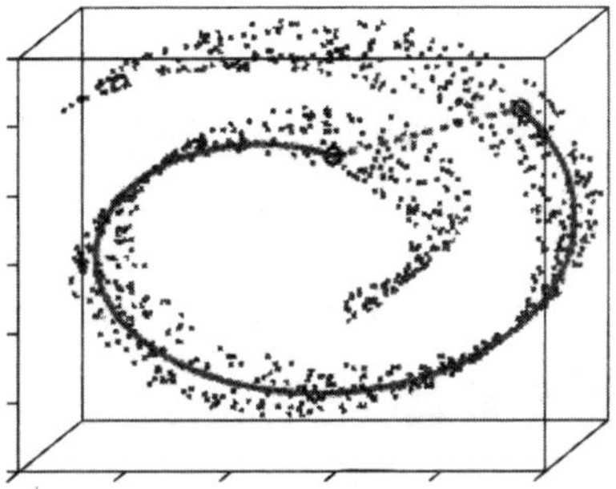

图 5-10　IsoMap 通过测地距离定义非线性距离度量

LLE 方法的全称是 Locally Linear Embedding,即局部线性嵌入。图 5-11 示出了该方法的基本步骤:

①在原空间中,对样本 $\boldsymbol{x}_i$ 选择一组邻域样本。

② 用这一组邻域样本的线性加权组合重构 x,得到一组使重构误差 $\left|\boldsymbol{x}_i - \sum_j w_{ij}\boldsymbol{x}_j\right|$ 最小的权值 w_{ij}。

③ 在低维空间里求向量 $\boldsymbol{y}_i$ 及其邻域的映射,使得对所有样本用同样的权值进行重构得到的误差 $\left|\boldsymbol{y}_i - \sum_j w_{ij}\boldsymbol{y}_i\right|$ 最小。

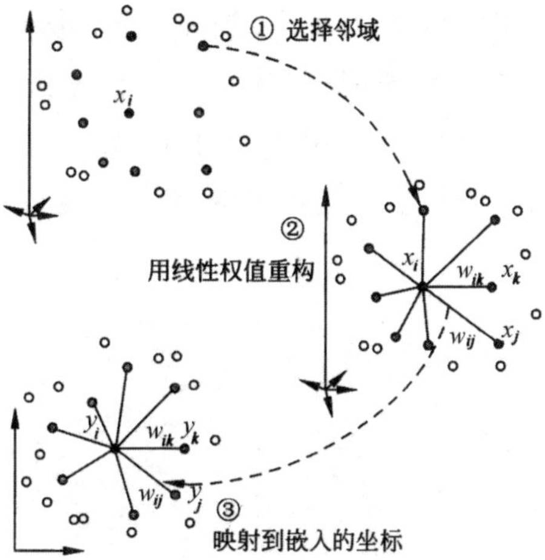

图 5-11　LLE 方法的基本步骤示意图

5.6 特征选择方法

5.6.1 最优搜索算法

分支界定法是一种不包括穷举搜索的最优搜索方法，它的搜索过程可以用一个树结构来描述，它是一种自上而下的方法。这种方法主要利用了特征选择可分性判据的单调性，即对于两个特征子集 X 和 Y，有 $X \subset Y \Rightarrow J(X) \leqslant J(Y)$。

下面用一个例子来描述这种方法。假设希望从 5 个特征中选择最好的 3 个特征，整个搜索过程采用树结构表示出来，节点所标的数字是剩余特征的标号。每一级在上一级的基础上去掉 1 个特征。5 个特征中选 3 个，两级即可。为了使子集不重复，仅允许按增序删除特征，这样就避免了计算中不必要的重复。

假定已获得树结构如图 5-12 所示，我们从分支数量不密集的部分到分支数最密集的部分(图 5-12 中的从右到左)搜索树结构。搜索过程在总体上是由上至下，从右至左地进行。在这个过程中包含几个子过程：向下搜索、更新界值、向上回溯、停止回溯再向下搜索。

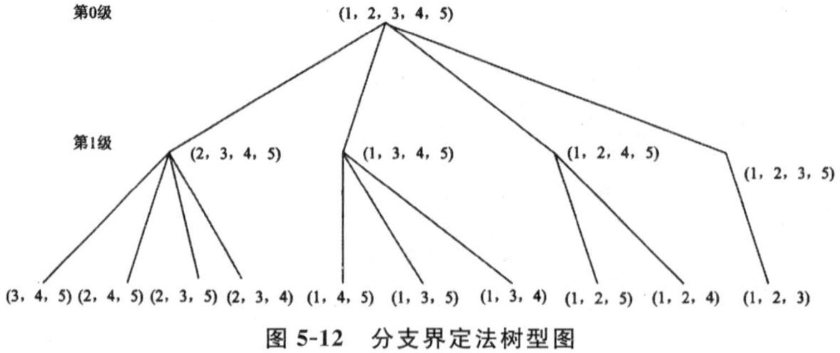

图 5-12 分支界定法树型图

图 5-13 中将计算出的每个节点的可分性判据值标于相应节点。开始时置界值 $B=0$，首先从树的根节点沿最右边的一支

自上而下搜索，直接到达叶节点，得到特征集(1,2,3)，可分性判据值为 $J=77.2$，此时更新界值 $B=77.2$，搜索回溯到最近的分支节点，并向下行进到该节点下一个最右的分支，计算 $J=(\{1,2,4,5\})$，然后计算 $J=(\{1,2,4\})$，发现该值比当前界值小，因此抛弃该特征组合，并回溯到上一级节点，再向下搜索到节点(1,2,5) 并计算 $J=(\{1,2,5\})$，该值大于界值，则更新界值 $B=80.1$。类似地计算 $J=(\{1,3,4,5\})$，由于其值小于界值，因此终止对该节点以下部分的树结构搜索，因为根据单调性，该特征集合的所有子集的可分性判据都低于其自身的可分性判据。这时该算法回溯到最近的分支节点并向下进行到下一个最右分支(2,3,4,5)。计算 $J=(\{2,3,4,5\})$，同样，由于其值低于界值，该节点以下的其余部分也无需计算。这样，尽管并没有计算所有三个变量的可能组合的可分性判据，但该算法仍然是最优的。

该算法高效的原因在于：①利用了判据 J 值的单调性；②树的右边比左边结构简单，而搜索过程正好是从右至左进行的。

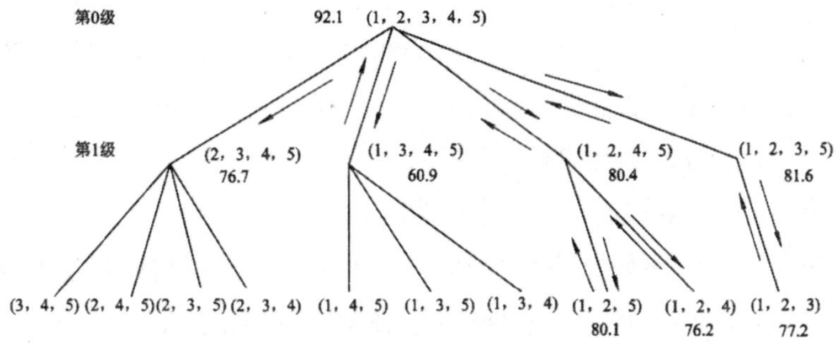

图 5-13 分支界定法搜索回溯示意图

5.6.2 次优搜索算法

分支定界算法比盲目穷举法效率高，但在某些情况下计算量仍然太大而难以实现。下面介绍一些次优搜索算法，这些方法虽然不能得到最优解，但可减少计算量。

1. 单独最优特征组合

一种简单的方法是计算各特征单独使用时的可分性测度值，然后对测度值排队，并选择前 d 个特征构成模式向量。例如，若选择的准则是使某一测度值最大，则各测度值从大到小排队，然后选择前面 d 个大测度值对应的特征构成模式向量。这种方法要求所用测度对维数是单调的，即如果原始特征数为 n，$\boldsymbol{X}=[x_1,x_2,\cdots,x_n]^{\mathrm{T}}$，测度 $J(\boldsymbol{X})$ 可以写成如下形式

$$J(\boldsymbol{X})=\sum_{i=1}^{n}J(x_i)$$

或

$$J(\boldsymbol{X})=\prod_{i=1}^{n}J(x_i)$$

否则，用这种方法就不能选出一组最优特征。

2. 顺序前进法

顺序前进法(Sequential Forward Selection，SFS)是一种自下而上的搜索算法。这种方法每次从未入选的特征中选择一个特征使得它与已入选的特征组合在一起时所得的 J 值最大，直到特征数增加到要求的数目 d 为止。

设已选入了 k 个特征构成了一个大小为 k 的特征组 X_k，把未入选的$(n-k)$个特征按照与已入选特征组合后 J 值的大小排队，即

$$J(X_k+x_1)\geqslant J(X_k+x_2)\geqslant\cdots\geqslant J(X_k+x_{n-k})$$

则下一步的入选特征组为 $X_{k+1}=X_k+x_1$。

开始时，任选 n 个特征中的 1 个特征作为入选特征组，直到这个数字由 1 增加到 d 为止。

SFS 法也可推广到每次增加 r 个特征，称为广义顺序前进法(Generalized SFS，GSFS)。顺序前进法的缺点是一旦某特征

入选，即使由于后入选的特征使它变为多余，也无法再删除它。

3. 顺序后退法

顺序后退法（Sequential Backward Selection，SBS）是一种自上而下的方法。这种方法从全部 n 个特征开始每次删除一个特征，删除的特征应使仍然保留的特征组的 J 值最大。例如，若已删除了 k 个特征；剩下的特征组为 $\overline{X}_k$，将 $\overline{X}_k$ 中的 $(n-k)$ 个特征按下述 J 值的大小排队

$$J(\overline{X}_k-x_1)\geqslant J(\overline{X}_k-x_2)\geqslant\cdots\geqslant J(\overline{X}_k-x_{n-k})$$

则下一步的特征组为 $\overline{X}_{k+1}=\overline{X}_k-x_1$。

顺序后退法的优点是在计算的过程中可以估计每去掉一个特征所造成的可分性的降低情况。其缺点是算法在高维空间进行，因而计算量大。此法也可推广为广义顺序后退法（Generalized SBS，GSBS）。

4. 增 l 减 r 法（l-r 法）

这种方法是 SFS 和 SBS 的组合，克服了特征一旦入选就无法删除的缺点，可在选择过程中加入局部回溯过程。具体方法如下：

假设已经选择了 k 个特征，组成了特征组 X_k。

第一步，用 SFS 法在未入选的 $(n-k)$ 个特征中逐个选入 l 个特征，形成新的入选特征组 X_{k+l}，置 $k=k+l$，$X_k=X_{k+l}$。

第二步，用 SBS 法从 X_k 中逐个删除 r 个最差的特征，形成新特征组 X_{k-r}，置 $k=k-r$。若 k 等于要求的维数，则算法终止；否则置 $X_k=X_{k-r}$，转向第一步。

需要说明的是，当 $l>r$ 时，先执行第一步，再执行第二步，起始时置 $k=0$，$X_0=\varnothing$。当 $l<r$ 时，先执行第二步，再执行第一步，起始时置 $k=n$，$X_0=[x_1,x_2,\cdots,x_n]$。

类似地，也可用 GSFS 和 GSBS 分别代替 SFS 和 SBS，形成

一个广义的 l-r 法。

5.6.3 以分类性能为准则的特征选择方法

以上介绍的特征选择方法的基本做法，都是定义一定的类别可分性判据，用适当的算法选择一组在这一判据意义下最优的特征。然而，选择特征的目的是为了后续分类，因此，如果分类方法能够处理全部候选特征，那么就可以直接用分类器的错误率来作为特征选择的依据，即从候选特征中选择使分类器性能最好的一组特征。

当特征数目很多时，用穷举的办法尝试所有的特征组合显然是不可行的。一种解决方法是，开始利用所有的特征设计分类器，然后考查各个特征在分类器中的贡献，逐步剔除贡献小的特征。这样得到的结果也属于次优结果。

这种把分类器与特征选择集成在一起、利用分类器进行特征选择的方法通常被称作包裹（Wrapper）法，与此相对应，利用单独的可分性准则来选择特征再进行分类的方法被称作过滤（Filtering）法。

并不是所有的分类器都能够采用这种策略。要采用这种方法，对分类器有两个基本要求：一是分类器应该能够处理高维的特征向量；二是分类器能够在特征维数很高但样本数有限时仍能得到较好的效果。在前面介绍的各种方法中，支持向量机方法能较好地满足这两个要求。因此，人们对支持向量机的包裹法进行了很多研究。

下面介绍两种非常相似的方法：递归支持向量机（R-SVM，Recursive SVM）和支持向量机递归特征剔除（SVM-RFE，SVM Recursive Feature Elimination）。

R-SVM 和 SVM-RFE 的核心都是线性的支持向量机，特征选择与分类采用的是同样的算法步骤。在算法开始前，需要首先确定特征选择的递归策略。常用的做法有每次选择（或剔除)特征总数的一个比例(比如一半),或者人为规定一个逐级减小的特征数目序列(比如 10000,5000,1000,500,200,100,50,20,10)。

两种算法的基本步骤都是:

①用当前所有候选特征训练线性支持向量机。

②评估当前所有特征在支持向量机中的相对贡献,按照相对贡献大小排序。

③根据事先确定的递归选择特征的数目选择出的排序在前面的特征(SVM-RFE 中描述为剔除排序在后面的特征),用这组特征构成新的候选特征,转②,直到达到所规定的特征选择数目。

两种算法的不同在于它们评估特征在分类器中贡献的方法不同。

支持向量机的输出函数是

$$f(\boldsymbol{x})=\boldsymbol{w}\cdot\boldsymbol{x}+b=\sum_{i=1}^{n}\alpha_i y_i(\boldsymbol{x}_i\cdot\boldsymbol{x})+b \tag{5-11}$$

对于在算法第一步中已经训练好的 SVM 模型,R-SVM 方法把特征选择的目标看作是,寻找那些使两类样本在这个 SVM 的输出上分离最开的特征,用两类样本的平均 SVM 输出值作为代表,R-SVM 定义两类在当前特征上的分离程度为

$$s=\frac{1}{n_1}\sum_{x^+\in\omega_1}f(\boldsymbol{x}^+)-\frac{1}{n_2}\sum_{x^-\in\omega_2}f(\boldsymbol{x}^-) \tag{5-12}$$

式中,n_1 是训练集中 ω_1 类样本的数目;n_2 是训练集中 ω_2 类样本的数目。考虑到式(5-11),很容易把这个分离程度写成各个特征之和的形式

$$s=\sum_{j=1}^{d}\omega_j m_j^+-\sum_{j=1}^{d}\omega_j m_j^-=\sum_{j=1}^{d}\omega_j(m_j^+-m_j^-) \tag{5-13}$$

其中,d 是当前候选特征的维数,ω_j 是权向量 $\boldsymbol{w}$ 的第 j 个分量,m_j^+、m_j^- 分别是两类样本在第 j 维特征上的均值。这样,每个特征在式(5-12)中的贡献就是

$$s_j = \omega_j (m_j^{+} - m_j^{-}), j=1,2,\cdots,d \tag{5-14}$$

R-SVM 就是用式(5-14)来衡量各个特征在当前 SVM 模型中的贡献,它不但取决于每个特征在线性分类器中对应的权重,而且考虑到两类样本在各个特征上均值的差别。

SVM-RFE 采用了灵敏度的方法来推导各个特征在 SVM 分类器中的贡献。它把 SVM 输出与正确类别标号 y 之间平均平方误差作为 SVM 分类的损失函数

$$J = \sum_{i=1}^{n_1+n_2} \| \boldsymbol{w} \cdot \boldsymbol{x}_i - y_i \|^2 \tag{5-15}$$

考查各个权值对这个损失函数的影响,得到各个特征的贡献应该用

$$s_j^{\mathrm{RFE}} = \omega_j^2$$

来衡量。

在很多实际应用中,R-SVM 与 SVM-RFE 从分类上看性能基本相同,但 R-SVM 在选择特征的稳定性和在对未来样本的推广能力方面有一定优势,尤其是当训练样本中存在较大的噪声和 k 值时优势更明显。

包裹法递归进行特征选择与分类的做法可以推广到 SVM 采用非线性核的情况。SVM 对偶问题的目标函数是

$$Q = \sum_{i=1}^{n} \alpha_i - \frac{1}{2} \sum_{i,j=1}^{n} \alpha_i \alpha_j y_i y_j K(\boldsymbol{x}_i, \boldsymbol{x}_j)$$

用 $\boldsymbol{x}^{(-k)}$ 表示去掉第 k 维特征后的样本,去掉第 k 个特征对这一目标函数的影响是

$$DQ(k) = \frac{1}{2} \sum_{i,j=1}^{n} \alpha_i \alpha_j y_i y_j [K(\boldsymbol{x}_i, \boldsymbol{x}_j) - K(\boldsymbol{x}_i^{(-k)}, \boldsymbol{x}_j^{(-k)})]$$

可以用这个量作为对特征 k 在非线性 SVM 分类器中的贡献,并利用前面介绍的递归方法来进行包裹法特征选择。

第 6 章　模糊模式识别方法

模糊数学在近代科学发展中有着积极的作用，它作为软科学提供了数学语言和工具，其发展可以使计算机模仿人脑对复杂系统进行识别决判，提高自动化水平。

6.1　模糊集

6.1.1　模糊集合及表示方法

1. 模糊集合

经典集合包含满足精确隶属关系的元素。例如，一个身高在 1.6～1.8m 的集合是精确的；假如论域为 X，x 为论域 X 中的元素，为了表示论域 X 中元素 x 是否属于一个集合 A，可以用数学方法表示，即用特征函数 $C_A(x)$ 表示

$$C_A(x)=\begin{cases}1, x\in A\\0, x\notin A\end{cases}$$

$C_A(x)$ 对集合 A 中的元素 x 给出了一个明确的归属表示，并且符号 $\in$ 和符号 $\notin$ 分别代表了属于和不属于。假设 A 是一个表示身高为 1.6～1.8m 的经典集合，如图 6-1 所示。其中 x_1 是 1.7m，它对于集合 A 的隶属度是 1，即 $C_A(x_1)=1$，表示 z，属于 A；另一个元素 x_2 是 1.59m，它对于集合 A 的隶属度是 0，即 $C_A(x_2)=0$，表示 x_2 不属于集合 A。在这种情况下，一个集合的隶属度是二值的，或者说一个元素要么属于，要么不属于一个

集合。然而对于身高接近1.7m这样的集合则是不精确的，或者说是模糊的。为了能够有效地表示这类集合，查德将二值的隶属概念延伸到闭区间[0,1]上的“隶属程度”，其中0和1这两个端点分别表示完全属于和不属于，但是两个端点间的数字可以表示z对于集合的不同的隶属程度。这种在X论域中包含隶属程度的集合被查德称为“模糊集合”。模糊集合包含满足非精确隶属关系的对象，也就是模糊集合中的隶属关系可以是近似的。

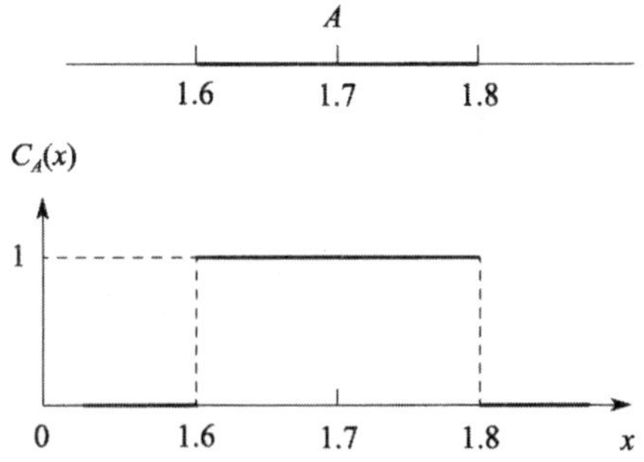

图6-1　身高为1.6～1.8m的经典集合

定义6.1.1　论域X上的“模糊集合”A定义为

$$A=\{(x,\mu_A(x)|x\in X)\}$$

其中，$\mu_A(x)$称为“隶属函数”，它满足$A:X\rightarrow M$，M称为“隶属空间”。

2.模糊集合的表示方法

(1)序偶表示法或称向量表示法

用二元组集合来表示模糊集合的方法称为序偶表示法或向量表示法。例如，用集合$\{x_1,x_2,x_3,x_4\}$表示某学生宿舍中的4位学生，“聪明”是一个模糊的概念。经某种方法对这4位学生的聪明程度做的评价依次为：0.85，0.88，0.91，0.86，则以此评价构成的模糊集合A可记为

$$A=\{(x_1,0.85),(x_2,0.88),(x_3,0.91),(x_4,0.86)\}$$

(2)查德方法

①$\sum$符号法。这种表示法适合于论域为有限集合或可列集合时对模糊集合的描述。设论域为 $X=\{x_1,x_2,\cdots,x_n\}$，A 为 X 上的一个模糊集合，则 A 可记为

$$A=\sum_{i=1}^{n}\frac{\mu_A(x_i)}{x_i}$$

注意，这里仅仅是借用了算术符号$\sum$和/，并不表示分式求和运算，而只是描述 A 中有哪些元素，以及各个元素的隶属度值。

对于上例，用查德方法可记为

$$A=0.85/x_1+0.88/x_2+0.91/x_3+0.86/x_4$$

当以上假设中的 n 为无穷大时，便可描述一个可列集合（论域）中的模糊集合。

②$\int$符号法。这种表示法适合于任何种类的论域，特别是对无限论域中的模糊集合的描述。对于任意论域 X 中的模糊集合 A 可记为

$$A=\int_{x\in X}\mu_A(x)/x$$

与$\sum$符号法相同，这里的积分符号$\int$仅仅是一种表示，并不意味着积分运算。

3. 隶属函数方法

与经典集合中的特征函数表示法类似，由于任一隶属函数都能唯一地确定一个模糊集合，所以也常常采用隶属函数来描述模糊集合。

定义 6.1.2　由论域 X 上所有模糊集合构成的集合$F(X)$称为模糊幂集。

定义 6.1.3　若 $A\in F(R)$，则称 $A(x)$为模糊分布。模糊分布一般分偏小型、偏大型、中间型三类。

偏小型模糊分布适合描述像“小”“冷”“青年”以及颜色的“淡”等偏向小的一方的模糊现象，其隶属函数的一般形式为

$$A(x)=\begin{cases}1, x\leqslant a\\ f(x), x>a\end{cases}$$

其中，a 为常数；$f(x)$是非递增函数。

偏大型模糊分布适合描述像“大”“热”“老年”以及颜色的“浓”等偏向大的一方的模糊现象，其隶属函数的一般形式为

$$A(x)=\begin{cases}0, x<a\\ f(x), x\geqslant a\end{cases}$$

其中，a 为常数；$f(x)$是非递减函数。

中间型模糊分布适合描述像“中”“暖和”“中年”等处于中间状态的模糊现象，其隶属函数可以通过中间型模糊分布表示。

6.1.2 模糊子集的定义及其表示

1. 模糊子集的定义

定义 6.1.4 设给定论域 X，X 到[0,1]闭区间的任一映射 μ_A，

$$\mu_A: X\to[0,1]$$
$$x\mid\to\mu_{\overline{A}}(x)\in[0,1]$$

都确定 X 的一个模糊子集 A，μ_A 称为模糊子集的隶属函数，$\mu_A(x)$称为 x 对于 A 的隶属度。隶属度也可记为 $A(x)$。在不混淆的情况下，模糊子集也称模糊集合。

定义 6.1.5 论域 X 上的全体模糊子集所组成的集合记为 $F(X)$，称为模糊幂集。

$$F(X)=\{A\mid\mu_A: X\to[0,1]\}$$

论域 X 上的模糊幂集与普通幂集有关系为

$$F(X)\Leftrightarrow P(X)$$

2. 模糊子集的表示

表示论域 X 上的一个模糊子集，原则上只需将每个元素 $x \in X$ 赋予该元素对模糊子集 A 的隶属度 $\mu_A(x)$，然后将它们用一定形式构造在一起即可。下面是常用的几种表示方法。

论域 X 是有限集 $X=\{x_1,x_2,\cdots,x_n\}$，X 上的任一模糊集 A，其隶属函数为 $\{A(x_i)\}$，$i=1,2,\cdots,n$。

(1) Zadeh 表示法

$$A=\frac{A(x_1)}{x_1}+\frac{A(x_2)}{x_2}+\cdots+\frac{A(x_n)}{x_n}$$

其中，$\frac{A(x_i)}{x_i}$ 不是分数，而是元素 x_i 隶属于 A 的程度为 $A(x_i)$，"$+$"也不表示求和，而是一种联系符号。

(2) 序偶表示法

$$A=\{(x_1,A(x_1)),(x_2,A(x_2)),\cdots,(x_n,A(x_n))\}$$

这种表示法是由经典集合的枚举法演变过来的，它由元素和它的隶属度组成有序对一一列出。

(3) 向量表示法

$$A=(A(x_1),A(x_2),\cdots,A(x_n))$$

若论域 X 为可列集 $X=\{x_1,x_2,\cdots,x_n,\cdots\}$，则 X 上的模糊子集为

$$A=\sum_{i=1}^{\infty}\frac{A(x_i)}{x_i}$$

对于任何论域 X（尤其是无限集），Zadeh 用积分符号将 X 上的模糊子集 A 统一在如下形式中：

$$A=\int_{x\in X}\frac{\mu_A(x)}{x}$$

其中，$\frac{\mu_A(x)}{x}$ 表示元素 x 对模糊子集 A 隶属度为 $\mu_A(x)$，$\frac{\mu_A(x)}{x}$ 不是分数，"$\int$"也不是普通的积分符号，而表示论域 X 上的元素

x与隶属度$\mu_A(x)$对应关系的一个总括。

6.1.3 模糊集合的运算及其性质

1.模糊集合的运算

定义 6.1.6 设$A,B\in F(X)$，$\forall x\in X$，有$B(x)\leqslant A(x)$，则称A包含B，记为$B\subseteq A$或$A\supseteq B$。

定义 6.1.7 设$A,B\in F(X)$，$\forall x\in X$，都有$A(x)=B(x)$，则称A与B相等，记为$A=B$。

定义 6.1.8 设$A,B\in F(X)$，分别称运算$A\cup B$、$A\cap B$为A与B的并集、交集。称A^c为A的补集，也称为余集。它们的隶属函数分别为

$$(A\cup B)(x)=A(x)\vee B(x)=\max(A(x),B(x))$$

$$(A\cap B)(x)=A(x)\wedge B(x)=\min(A(x),B(x))$$

$$A^c(x)=1-A(x)$$

集合的并、交、补运算常用集合图形给予说明，如图 6-2 所示。

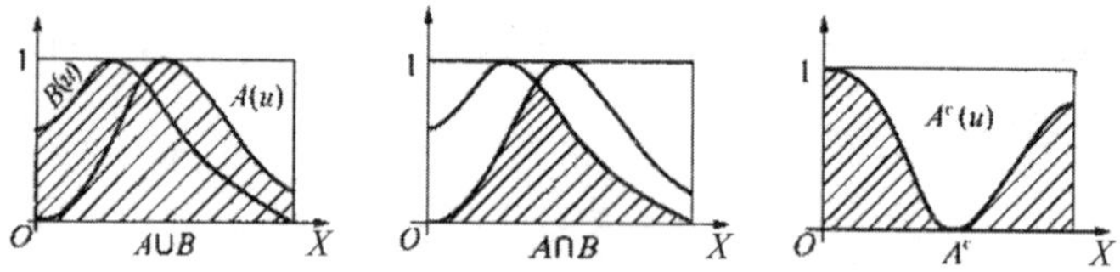

图 6-2 集合的并、交、补运算常用集合图形

2.模糊集合运算的性质

(1)幂等律

$$A\cup A=A,A\cap A=A$$

(2)交换律

$$A\cup B=B\cup A,A\cap B=B\cap A$$

(3)结合律

$(A\cup B)\cup\overline{C}=A\cup(B\cup\overline{C}),(A\cap B)\cap\overline{C}=A\cap(B\cap\overline{C})$

(3)分配律

$$(A\cup B)\cap\overline{C}=(A\cap\overline{C})\cup(B\cap\overline{C}),(A\cap B)\cap\overline{C}$$
$$=(A\cup\overline{C})\cap(B\cup\overline{C})$$

(5)吸收率

$$A\cap(A\cup B)=A,A\cup(A\cap B)=A$$

(6)两级律

$$A\cup\phi=A,A\cap\phi=\overline{\phi},X\cup A=X,X\cap A=A$$

(7)还原律

$$(A^c)^c=A$$

(8)对偶律

$$(A\cup B)^c=A^c\cap B^c,(A\cap B)^c=A^c\cup B^c$$

6.1.4　模糊集合的其他运算

两模糊集合 A、B 的并、交运算，实际上是[0,1]中的二元运算，即逐点对隶属度 $A(x)$、$B(x)$进行相应的运算，其定义的一般形式如下。

定义 6.1.9　设 $A,B\in F(X)$，对 $\forall x\in X$，定义并、交运算的一般形式为

$$(A\cup B)(x)=A(x)\vee^* B(x)$$
$$(A\cap B)(x)=A(x)\wedge^* B(x)$$

其中，$\vee^*$，$\wedge^*$ 均为[0,1]中的二元运算，通常简称为模糊算子。

除了“$\vee$”“$\wedge$”这对算子外，还有一些别的算子，常用的有以下几种。

(1)环和、乘积算子($\hat{+}$，•)

$$a\ \hat{+}b=a+b-ab,a\cdot b=ab$$

(2)有界算子($\oplus$,$\odot$)

$$a \oplus b=1 \wedge (a+b)=\min(1,a+b),$$

$$a \odot b=0 \vee (a+b-1)=\max(0,a+b-1)$$

(3)取大、乘积算子($\vee$,$\cdot$)

$$a \vee b=\max(a,b),a \cdot b=ab$$

(4)有界和、取小算子($\oplus$,$\wedge$)

$$a \oplus b=1 \wedge (a+b)=\min(1,a+b),a \wedge b=\min(a,b)$$

(5)有界和、乘积算子

$$a \oplus b=1 \wedge (a+b)=\min(1,a+b),a \cdot b=ab$$

(6)Einstein 算子($\overset{+}{\varepsilon}$,$\dot{\varepsilon}$)

$$a \overset{+}{\varepsilon} b=\frac{a+b}{1+ab},a \dot{\varepsilon} b=\frac{ab}{1+(1-a)(1-b)}$$

(7)Hamacher 算子($\overset{+}{r}$,$\dot{r}$)

$$a \overset{+}{r} b=\frac{a \overset{\wedge}{+} b-(1-r)ab}{r+(1-r)(1-ab)},a \dot{r} b=\frac{ab}{r+(1-r)(a \overset{\wedge}{+} b)}$$

其中,$r\in[1,+\infty)$,且当 $r=1$ 时,($\overset{+}{r}$,$\dot{r}$)化为($\overset{\wedge}{+}$,$\cdot$);当 $r=2$ 时,($\overset{+}{r}$,$\dot{r}$)化为($\overset{+}{\varepsilon}$,$\dot{\varepsilon}$)。

(8)Yager 算子($\underset{v}{\curlywedge}$,$\underset{v}{\curlyvee}$)

$$a \underset{v}{\curlywedge} b = \min(1,(a^v + b^v)^{\frac{1}{v}})$$

$$a \underset{v}{\curlyvee} b = 1 - \min(1,[(1 - a)^v + (1 - b)^v]^{\frac{1}{v}})$$

其中,$v\in[1,+\infty)$,且当 $v=1$ 时,($\underset{v}{\curlywedge}$,$\underset{v}{\curlyvee}$)化为($\oplus$,$\odot$);当 $v\to+\infty$时,化为($\vee$,$\wedge$)。

6.1.5　隶属函数的确定

1. 矩形分布

(1)偏小型[图 6-3(a)]

$$\mu_{\underline{A}}(x)=\begin{cases}1, x\leqslant a\\0, x>a\end{cases}$$

(2)偏大型[图 6-3(b)]

$$\mu_{\underline{A}}(x)=\begin{cases}0, x<a\\1, x\geqslant a\end{cases}$$

(3)中间型[图 6-3(c)]

$$\mu_{\underline{A}}(x)=\begin{cases}0, x<a\\1, a\leqslant x\leqslant b\\0, x>b\end{cases}$$

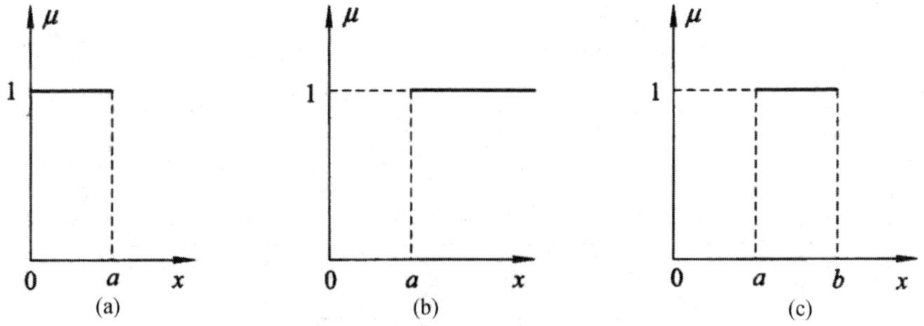

图 6-3　矩形分布隶属度函数

(a)偏小型;(b)偏大型;(c)中间型

2. 梯形分布

(1)偏小型[图 6-4(a)]

$$\mu_{\bar{A}}(x)=\begin{cases}1, x<a\\ \dfrac{b-x}{b-a}, a\leqslant x\leqslant b\\ 0, x>b\end{cases}$$

(2)偏大型[图 6-4(b)]

$$\mu_{\bar{A}}(x)=\begin{cases}0, x<a\\ \dfrac{x-a}{b-a}, a\leqslant x\leqslant b\\ 1, x>b\end{cases}$$

(3)中间型[图 6-4(c)]

$$\mu_{\bar{A}}(x)=\begin{cases}0, x<a\\ \dfrac{x-a}{b-a}, a\leqslant x<b\\ 1, b\leqslant x<c\\ \dfrac{d-x}{d-c}, c\leqslant x<d\\ 0, x\geqslant d\end{cases}$$

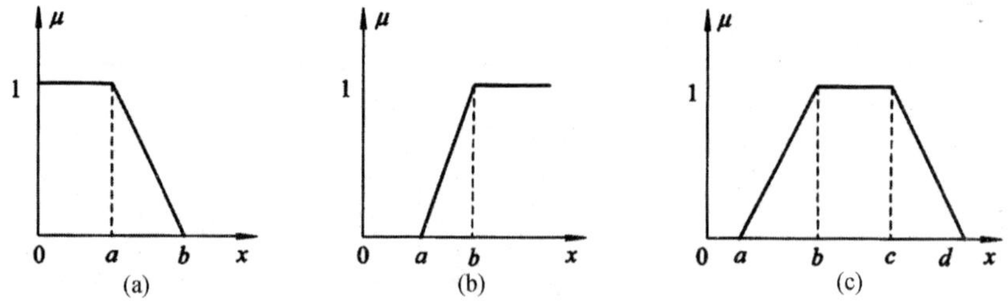

图 6-4　梯形分布隶属度函数

(a)偏小型;(b)偏大型;(c)中间型

3. *K* 次抛物线型分布

(1)偏小型[图 6-5(a)]

$$\mu_{\bar{A}}(x)=\begin{cases}1, x<a\\ \left(\frac{b-x}{b-a}\right)^{k}, a\leqslant x<b\\ 0, x\geqslant b\end{cases}$$

(2)偏大型[图 6-5(b)]

$$\mu_{\bar{A}}(x)=\begin{cases}0, x<a\\ \left(\frac{x-a}{b-a}\right)^{k}, a\leqslant x<b\\ 1, x\geqslant b\end{cases}$$

(3)中间型[图 6-5(c)]

$$\mu_{\bar{A}}(x)=\begin{cases}0, x<a\\ \left(\frac{x-a}{b-a}\right)^{k}, a\leqslant x<b\\ 1, b\leqslant x<c\\ \left(\frac{d-x}{d-c}\right)^{k}, c\leqslant x<d\\ 0, x\geqslant d\end{cases}$$

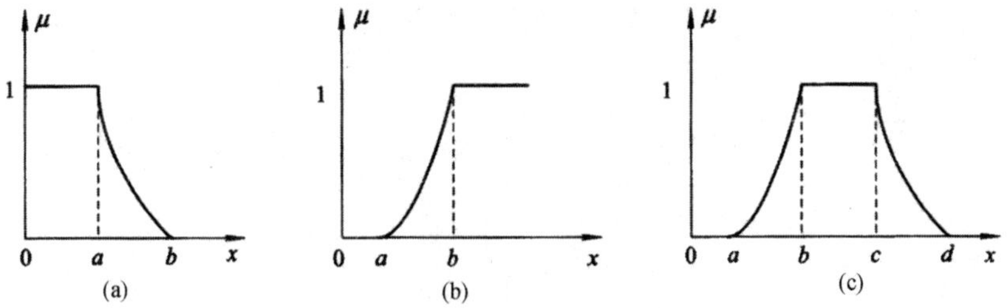

图 6-5 K 次抛物线型分布隶属度函数

(a)偏小型;(b)偏大型;(c)中间型

4. Γ 型分布

(1)偏小型[图 6-6(a)]

$$\mu_{\bar{A}}(x)=\begin{cases}1, x<a\\ e^{-k(x-a)}, x\geqslant a\end{cases}$$

式中,$k>0$,图 6-6(a)中 $a_0=a+1/k$。

(2)偏大型[图 6-6(b)]

$$\mu_{\overline{A}}(x)=\begin{cases}0, x<a \\ 1-e^{-k(x-a)}, x \geqslant a\end{cases}$$

式中,$k>0$,图 6-6(b)中 $a_0=a+1/k$。

(3)中间型[图 6-6(c)]

$$\mu_{\overline{A}}(x)=\begin{cases}e^{k(x-a)}, x<a \\ 1, a \leqslant x<b \\ e^{-k(x-b)}, x \geqslant b\end{cases}$$

式中,$k>0$,图 6-6(c)中 $a_0=a-1/k$,$b_0=b+1/k$。

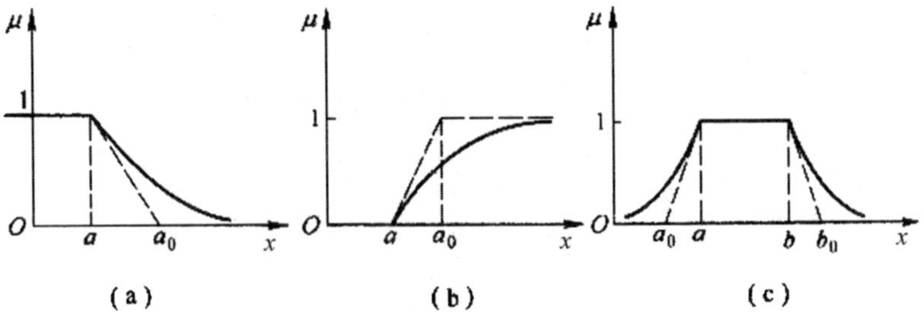

图 6-6 Γ型分布隶属度函数

(a)偏小型;(b)偏大型;(c)中间型

5. 正态分布

(1)偏小型[图 6-7(a)]

$$\mu_{\overline{A}}(x)=\begin{cases}1, x \leqslant a \\ e^{-\left(\frac{x-a}{\sigma}\right)^2}, x>a\end{cases}$$

(2)偏大型[图 6-7(b)]

$$\mu_{\overline{A}}(x)=\begin{cases}0, x \leqslant a \\ 1-e^{-\left(\frac{x-a}{\sigma}\right)^2}, x>a\end{cases}$$

(3)中间型[图 6-7(c)]

$$\mu_{\overline{A}}(x)=e^{-\left(\frac{x-a}{\sigma}\right)^2}\text{。也可设 }\mu_{\overline{A}}(x)=\begin{cases}e^{-\left(\frac{x-a}{\sigma}\right)^2}, x<a \\ 1, a \leqslant x \leqslant b \\ e^{-\left(\frac{x-b}{\sigma}\right)^2}, x>b\end{cases}$$

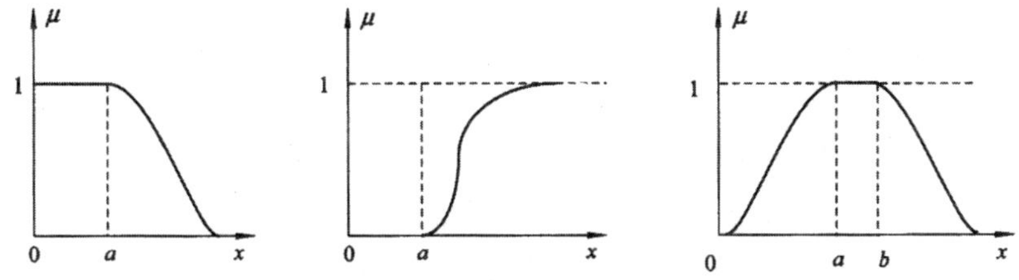

图 6-7　正态分布隶属度函数

(a)偏小型;(b)偏大型;(c)中间型

6. 柯西分布

(1)偏小型[图 6-8(a)]

$$\mu_{\bar{A}}(x)=\begin{cases}1, x\leqslant a\\ \dfrac{1}{1+\alpha(x-a)^{\beta}}, x>a\end{cases}$$

式中,$\alpha>0$;$\beta>0$。

(2)偏大型[图 6-8(b)]

$$\mu_{\bar{A}}(x)=\begin{cases}0, x\leqslant a\\ \dfrac{1}{1+\alpha(x-a)^{-\beta}}, x>a\end{cases}$$

式中,$\alpha>0$;$\beta>0$。

(3)中间型[图 6-8(c)]

$$\mu_{\bar{A}}(x)=\frac{1}{1+\alpha(x-a)^{\beta}}$$

式中,$\alpha>0$;β 为正偶数。

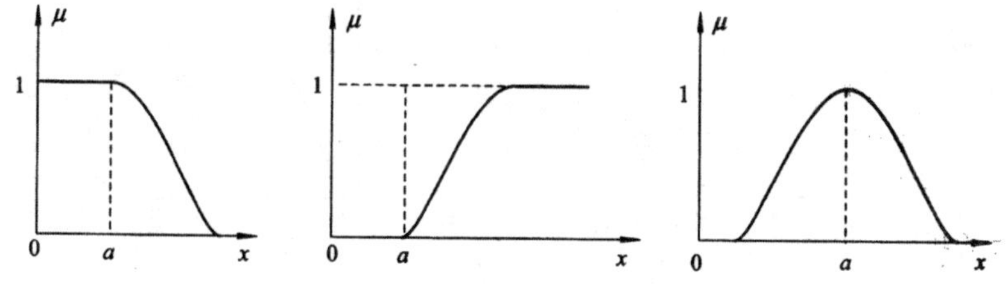

图 6-8　柯西分布隶属度函数

(a)偏小型;(b)偏大型;(c)中间型

7. 岭形分布

(1)偏小型[图 6-9(a)]

$$\mu_{\bar{A}}(x)=\begin{cases}1, x\leqslant a_1\\ \dfrac{1}{2}-\dfrac{1}{2}\sin\dfrac{\pi}{a_2-a_1}\left(x-\dfrac{a_1+a_2}{2}\right), a_1<x\leqslant a_2\\ 0, x>a_2\end{cases}$$

式中，$a_0=(a_1+a_2)/2$。

(2)偏大型[图 6-9(b)]

$$\mu_{\bar{A}}(x)=\begin{cases}0, x\leqslant a_1\\ \dfrac{1}{2}+\dfrac{1}{2}\sin\dfrac{\pi}{a_2-a_1}\left(x-\dfrac{a_1+a_2}{2}\right), a_1<x\leqslant a_2\\ 1, x>a_2\end{cases}$$

式中，$a_0=(a_1+a_2)/2$。

(3)中间型[图 6-9(c)]

$$\mu_{\bar{A}}(x)=\begin{cases}0, x\leqslant a_1\\ \dfrac{1}{2}+\dfrac{1}{2}\sin\dfrac{\pi}{a_2-a_1}\left(x-\dfrac{a_1+a_2}{2}\right), a_1<x\leqslant a_2\\ 1, a_2<x\leqslant a_3\\ \dfrac{1}{2}-\dfrac{1}{2}\sin\dfrac{\pi}{a_4-a_3}\left(x-\dfrac{a_3+a_4}{2}\right), a_3<x\leqslant a_4\\ 0, x>a_4\end{cases}$$

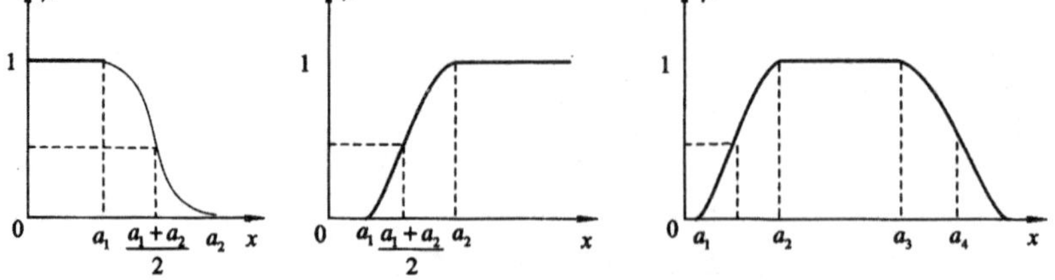

图 6-9　岭形分布隶属度函数

(a)偏小型；(b)偏大型；(c)中间型

6.1.6　分解定理

定义 6.1.10　设 $\lambda\in[0,1]$，$\underset{\sim}{A}\in F(X)$，规定 $\lambda\underset{\sim}{A}\in F(X)$，其隶属函数为

$$(\lambda\underset{\sim}{A})(x)=\lambda\wedge\underset{\sim}{A}(x)$$

并称 $\lambda\underset{\sim}{A}$ 为数 λ 与模糊集 $\underset{\sim}{A}$ 的乘积。

可见，$\lambda\underset{\sim}{A}$ 是一模糊子集。特别地，若 A 是 X 的一个经典集合，则 λA 表示由 λ 和 A 所确定的一个模糊集，其隶属函数为

$$(\lambda A)(x)=\lambda\wedge\chi_A(x)=\begin{cases}\lambda, x\in A\\ 0, x\notin A\end{cases}$$

这个模糊集 λA 称为数 λ 与 A 的“积”。由此可以看出，当 $x\in A$ 时，x 对于 λA 的隶属度等于 λ。

数 λ 与模糊子集 $\underset{\sim}{A}$ 的乘积运算的性质如下。

①$\lambda_1<\lambda_2\Rightarrow\lambda_1\underset{\sim}{A}\subseteq\lambda_2\underset{\sim}{A}$。

②$\underset{\sim}{A}\subseteq\underset{\sim}{B}\Rightarrow\lambda\underset{\sim}{A}\subseteq\lambda\underset{\sim}{B}$。

分解定理　设 $\underset{\sim}{A}\in F(X)$，则

$$\underset{\sim}{A}=\bigcup_{\lambda\in[0,1]}\lambda A_\lambda$$

推论：设 $\underset{\sim}{A}\in F(X)$，则有

$$\underset{\sim}{A}(x)=\bigvee_{\lambda\in[0,1]}(\lambda\wedge\chi_{A_\lambda}(x))$$

设 $\underset{\sim}{A}\in F(X)$，对 $\underset{\sim}{A}\in F(X)$，则

$$\underset{\sim}{A}(x)=\vee\{\lambda\in[0,1]; x\in A_\lambda\}$$

6.1.7　模糊集的截集

定义 6.1.11　设 A 为论域 X 中的模糊集合，$\lambda\in[0,1]$，记

$$A_\lambda=\{x\mid x\in X, A(x)\geqslant\lambda\}$$

称为 A_λ 为 A 的 λ 截集，λ 称为阈值或置信水平。特别地，

$$A_{\underset{\cdot}{\lambda}}=\{x\,|\,x\in X,A(x)>\lambda\}$$

称 $A_{\underset{\cdot}{\lambda}}$ 为 A 的一个 λ 强截集。

λ 截集与 λ 强截集具有如下性质（$\lambda\in[0,1]$）

$$(A\cup B)_\lambda=A_\lambda\cup B_\lambda$$

$$(A\cap B)_\lambda=A_\lambda\cap B_\lambda$$

$$\lambda\leqslant\mu\Rightarrow A_\mu\subseteq A_\lambda,A_{\underset{\cdot}{\mu}}\subseteq A_{\underset{\cdot}{\lambda}}$$

定义 6.1.12 设 $A\in F(X)$，A_1 称为 A 的核，记为 $\mathrm{Ker}A$，即

$$\mathrm{Ker}A=\{x\,|\,A(x)=1\}=A_1$$

$A_{\underset{\cdot}{0}}$ 称为 A 的支集，或支撑集，记为 $\mathrm{Supp}A$，即

$$\mathrm{Supp}A=\{x\,|\,A(x)>0\}=A_{\underset{\cdot}{0}}$$

而称 $\mathrm{Supp}A\text{-}A_1$ 为 A 的边界，记为 $\mathrm{Bd}A$，即

$$\mathrm{Bd}A=\{x\,|\,A(x)>0\text{ 且 }A(x)\neq 1\}$$

如果 $\mathrm{Ker}A\neq\varnothing$，则称 A 为正规模糊集。

A 的核 $\mathrm{Ker}A$ 是完全属于 A 的元素所构成的，随着 λ 由 1 向 0 递减变化，A_λ 从 A_1 出发不断扩大，最终达到最大集合 $\mathrm{Supp}A$。A 的边界 $\mathrm{Bd}A$ 则是介于完全属于 A 与完全不属于 A 之间的元素的全体，称之为 A 的“灰色”地带。

6.2 模糊关系

6.2.1 模糊关系的定义

普通关系定义为直积 $X\times Y$ 的普通子集，很自然地把模糊关系定义为 $X\times Y$ 的模糊子集。

定义 6.2.1 设论域 X、Y，直积 $X\times Y$ 的一个模糊子集

$R \in F(X \times Y)$称为从 X 到 Y 的一个模糊关系，记为 $X \xrightarrow{R} Y$。

隶属度 $R(x,y)$表示 x 与 y 有关系的程度，或者说关于 **R** 的相关程度。

R 的隶属函数 $\mu_R(x,y)$是 $U \times V$ 到实数区间$[0,1]$的一个映射。特别的，当 $X=Y$ 时，称 R 为“论域 U 中的模糊关系”，也称为 X 上的二元模糊关系；若模糊关系 R 的论域为 n 个集合的直积 $X_1 \times X_2 \times \cdots \times X_n$，则称 R 为 n 元模糊关系。

6.2.2　模糊关系的运算与性质

1. 模糊关系的运算定义

定义 6.2.2　设 R_1、R_2、R 为 X 到 Y 的模糊关系，$R_1(x,y)$、$R_2(x,y)$、$R(x,y)$分别为其隶属函数，对 $\forall (x,y) \in X \times Y$，定义

(1)相等

$$R_1 = R_2 \Leftrightarrow \mu_{R_1}(x,y) = \mu_{R_2}(x,y)$$

(2)包含

$$R_1 \subseteq R_2 \Leftrightarrow \mu_{R_1}(x,y) \leqslant \mu_{R_2}(x,y)$$

(3)并

$R_1 \cup R_2$，其隶属函数为

$$\mu_{R_1 \cup R_2}(x,y) = \mu_{R_1}(x,y) \vee \mu_{R_2}(x,y)$$

(4)交

$R_1 \cap R_2$，其隶属函数为

$$\mu_{R_1 \cap R_2}(x,y) = \mu_{R_1}(x,y) \wedge \mu_{R_2}(x,y)$$

(5)余

R^c，其隶属函数为

$$\mu_{R^c}(x,y) = 1 - \mu_R(x,y)$$

(6)代数和

$R_1 \oplus R_2$,其隶属函数为

$$\mu_{R_1 \oplus R_2}(x,y)=\mu_{R_1}(x,y)+\mu_{R_2}(x,y)-\mu_{R_1}(x,y)\cdot\mu_{R_2}(x,y)$$

(7)代数积

$R_1 \cdot R_2$,其隶属函数为

$$\mu_{R_1 \cdot R_2}(x,y)=\mu_{R_1}(x,y)\cdot\mu_{R_2}(x,y)$$

(8)分解定理

$$R=\bigcup_{\lambda\in[0,1]}\lambda R_\lambda$$

式中,$R_\lambda=\{(x,y)|R(x,y)\geqslant\lambda,x\in X,y\in Y\}$称为$\lambda$ 截关系。

R_λ 是普通关系,$\forall(x,y)\in X\times Y$,有

$$R_\lambda(x,y)=1\Leftrightarrow R(x,y)\geqslant\lambda$$

此时称 x,y 在λ 水平上有关系,否则称为无关系。

定义 6.2.3 设 R 为集合 X 到 Y 的模糊关系,R^{T} 为集合 Y 到 X 的模糊关系,如果对于任意$(x,y)\in X\times Y$,R 和 R^{T} 的隶属函数之间满足

$$\mu_R(x,y)=\mu_{R^{\mathrm{T}}}(y,x)$$

则称 R^{T} 是 R 的"逆关系",也可记为 R^{-1}。

定义 6.2.4 I 是集合 X 上的模糊关系,如果对于任意$(x,y)\in X\times X$,I 的隶属函数为

$$\mu_I=\begin{cases}1,x=y\\0,x\neq y\end{cases}$$

则称 I 为"恒等模糊关系"。

定义 6.2.5 O 是集合 X 到 Y 的模糊关系,如果对于任意$(x,y)\in X\times Y$,O 隶属函数为

$$\mu_O(x,y)=0$$

则称 O 为"零模糊关系"。

定义 6.2.6 E 是集合 X 到 Y 的模糊关系,如果对于任意$(x,y)\in X\times Y$,E 隶属函数为

$$\mu_E(x,y)=1$$

则称 E 为"全称模糊关系"。

2. 模糊关系的性质

由于模糊关系本身就是模糊集合，所以模糊集合运算性质对模糊关系也适用。以下列出几条模糊关系常用的性质。

①$(R^c)^c=R$。

②$(R^{\mathrm{T}})^{\mathrm{T}}=R$。

③同一律 $R\cup O=R, R\cap E=R$。

④零律 $R\cup E=E, R\cap O=O$。

⑤$(\bigcup\limits_{k=1}^{n} R_k)^{\mathrm{T}}=\bigcup\limits_{k=1}^{n} R_k{}^{\mathrm{T}}$。

⑥$(\bigcap\limits_{k=1}^{n} R_k)^{\mathrm{T}}=\bigcap\limits_{k=1}^{n} R_k{}^{\mathrm{T}}$。

⑦若 $R\subseteq S$，则 $S^c\subseteq R^c$。

6.2.3　模糊关系合成

1. 定义

定义 6.2.7　设 $R\in F(X,Y)$，$Q\in F(Y,Z)$ 为两个模糊关系，称从 X 到 Z 的模糊关系为模糊关系 R、Q 的合成，记为 $Q\circ R$，其隶属函数为

$$\mu_{Q\circ R}(x,z)=\bigvee_{y\in Y}[\mu_Q(x,y)\wedge\mu_R(y,z)]$$

其中，$x\in X, y\in Y, z\in \mathbf{Z}$.

对于 $R\in F(X,Y)$，模糊关系 R 与其自身的合成 $R\circ R$ 称为模糊关系 R 的幂，记为 R^2，即

$$R^2=R\circ R, R^n=R^{n-1}\circ R$$

对于有限论域，模糊关系的合成可用模糊矩阵的乘积表示。

定理 6.2.1　设 $Q=(q_{ik})_{m\times l}\in F(X\times Y)$，$R=(r_{kj})_{l\times n}\in F(Y\times Z)$，则 Q 对 R 的合成为

$$Q\circ R=S=(s_{ij})_{m\times n}\in F(X\times Z)$$

其中

$$s_{ij}=\bigvee_{k=1}^{l}(q_{ik}\wedge r_{kj}),i=1,2,\cdots,m;j=1,2,\cdots,n$$

模糊矩阵的合成也称为模糊矩阵的乘积或简称模糊乘法。它与普通矩阵乘法的运算过程一样，只不过将实数“+”改为“$\vee$”(取大)，实数“·”改为“$\wedge$”(取小)。

2. 模糊关系合成的性质

模糊关系合成的性质如下。

(1)结合律

$$(Q\circ R)\circ S=Q\circ(R\circ S)$$

其中，$Q\in F(X\times Y)$，$R\in F(Y\times Z)$，$S\in F(Z\times W)$。

推论 6.2.1 $R^m\cdot R^n=R^{m+n}$

(2)$0\circ R=R\circ 0=0$，$I\circ R=R\circ I=R$

其中，0 为零关系，I 为恒等关系，但是 R 左右的 0 是不一样的，左右的 I 也是不一样的。若 R 是 X 到 Y 的模糊关系，则 R 左面的 0 应为 $0(x,y)=0$，右面的 0 应为 Y 到 Z 的零关系，即 $0(y,z)$。R 左面的 I 应是 X 上的恒等关系，即

$$I\in F(X\times X)\text{且 }I(x,y)=\begin{cases}1,x=y\\0,x\neq y\end{cases}$$

(3)$Q\subseteq R\Rightarrow Q\circ S\subseteq R\circ S$(或 $S\circ Q\subseteq S\circ R$)，$Q\subseteq R\Rightarrow Q^n\subseteq R^n$

(4)对并运算分配

$$(Q\cup R)\circ S=(Q\circ S)\cup(R\circ S),S\circ(Q\cup R)=(S\circ Q)\cup(S\circ R)$$

(5)$Q\in\mu_{m\times l}$，$R\in\mu_{l\times n}$，$(\bigcap_{t\in T}R_t)\circ R\subseteq\bigcap_{t\in T}(R_t\circ R)$

(6)假设 $Q\in\mu_{m\times l}$，$R\in\mu_{l\times n}$，则$(Q\circ R)_\lambda=Q_\lambda\circ R_\lambda$

推论 6.2.2 设 $R\in\mu_n$，则有$(R^n)_\lambda=(R_\lambda)^n$，$\lambda\in[0,1]$

(7)$(Q\circ R)^{\mathrm{T}}=R^{\mathrm{T}}\circ Q^{\mathrm{T}}$

推论 6.2.3 设 $R\in F(X\times X)$，则有$(R^n)^{\mathrm{T}}=(R^{\mathrm{T}})^n$

定理 6.2.2 设 $Q\in F(X\times Y)$，$R\in F(Y\times Z)$，则

$$Q\circ R=\bigcup_{\lambda\in[0,1]}\lambda(Q_\lambda\circ R_\lambda)$$

3. 模糊关系的自反性与传递性

定义 6.2.8　设 R 为 X 到 X 上的模糊关系。

①对 $\forall (x,x)\in X\times X$，若 $R(x,x)=1$，则 R 称为模糊自反关系。

②对 $\forall (x,y)$、$R(y,z)$、$R(x,z)\in X\times X$ 及 $\forall \lambda\in[0,1]$，有

$$R(x,y)\geqslant\lambda,R(y,z)\geqslant\lambda\Rightarrow R(x,z)\geqslant\lambda$$

则 R 称为模糊传递关系。

由定义易知 R 是传递的模糊关系，当且仅当它的每一个截关系 R_λ 是传递的普通关系。

定理 6.2.3　设 $R\in F(X\times X)$，R 为传递关系的充要条件为对任意的 $x,y,z\in X$，有

$$R(x,z)\geqslant\bigvee_{y\in X}[R(x,y)\wedge R(y,z)]$$

6.2.4　模糊矩阵

1. 模糊矩阵的定义

如果 X 与 Y 都是有限集，则 X 到 Y 的模糊关系的隶属函数值可以用一个矩阵表示。

定义 6.2.9　设 $X=[x_1,x_2,\cdots,x_m]$，$Y=[y_1,y_2,\cdots,y_m]$，R 是 X 到 Y 的一个模糊关系。令 $r_{ij}=\mu_R(x_i,y_j)(i=1,2,\cdots,m;j=1,2,\cdots,n)$，则称矩阵 $\boldsymbol{R}=[r_{ij}]_{m\times n}$ 为“模糊矩阵”。

$$\boldsymbol{E}=\begin{bmatrix}1 & 1 & \cdots & 1\\ 1 & 1 & \cdots & 1\\ \vdots & \vdots & & \vdots\\ 1 & 1 & \cdots & 1\end{bmatrix}$$

2. 模糊矩阵的运算及其性质

（1）模糊矩阵间的关系

定义 6.2.10 设 $\boldsymbol{R}=[r_{ij}]_{m\times n}$，$\boldsymbol{S}=[s_{ij}]_{m\times n}$，则

①相等：$\boldsymbol{R}=\boldsymbol{S}\Leftrightarrow[r_{ij}]_{m\times n}=[s_{ij}]_{m\times n}$，$i=1,2,\cdots,m$；$j=1,2,\cdots,n$。

②包含：$\boldsymbol{R}\subseteq\boldsymbol{S}\Leftrightarrow[r_{ij}]_{m\times n}\leqslant[s_{ij}]_{m\times n}$，$i=1,2,\cdots,m$；$j=1,2,\cdots,n$。

因此，对任何 $\boldsymbol{R}\in[r_{ij}]_{m\times n}$，总有

$$\boldsymbol{O}\subseteq\boldsymbol{R}\subseteq\boldsymbol{E}$$

（2）模糊矩阵的并、交、余运算

定义 6.2.11 设 $\boldsymbol{R}=[r_{ij}]_{m\times n}$，$\boldsymbol{S}=[s_{ij}]_{m\times n}$，则

①并：$\boldsymbol{R}\cup\boldsymbol{S}=[r_{ij}\vee s_{ij}]_{m\times n}$。

②交：$\boldsymbol{R}\cap\boldsymbol{S}=[r_{ij}\wedge s_{ij}]_{m\times n}$。

③余：$\boldsymbol{R}^c=\boldsymbol{S}=[1-r_{ij}]_{m\times n}$。

（3）模糊矩阵的运算性质

①交换律：$\boldsymbol{R}\cup\boldsymbol{S}=\boldsymbol{S}\cup\boldsymbol{R}$，$\boldsymbol{R}\cap\boldsymbol{S}=\boldsymbol{S}\cap\boldsymbol{R}$。

②结合律：$(\boldsymbol{R}\cup\boldsymbol{S})\cup\boldsymbol{T}=\boldsymbol{R}\cup(\boldsymbol{S}\cup\boldsymbol{T})$，$(\boldsymbol{R}\cap\boldsymbol{S})\cap\boldsymbol{T}=\boldsymbol{R}\cap(\boldsymbol{S}\cap\boldsymbol{T})$。

③吸收律：$\boldsymbol{R}\cap(\boldsymbol{R}\cup\boldsymbol{S})=\boldsymbol{R}$，$\boldsymbol{R}\cup(\boldsymbol{R}\cap\boldsymbol{S})=\boldsymbol{R}$。

④分配律：$(\boldsymbol{R}\cup\boldsymbol{S})\cap\boldsymbol{T}=(\boldsymbol{R}\cap\boldsymbol{T})\cup(\boldsymbol{S}\cap\boldsymbol{T})$，$(\boldsymbol{R}\cap\boldsymbol{S})\cup\boldsymbol{T}=(\boldsymbol{R}\cup\boldsymbol{S})\cap(\boldsymbol{S}\cup\boldsymbol{T})$。

⑤复原律：$(\boldsymbol{R}^c)^c=\boldsymbol{R}$。

⑥幂等律：$\boldsymbol{R}\cup\boldsymbol{R}=\boldsymbol{R}$，$\boldsymbol{R}\cap\boldsymbol{R}=\boldsymbol{R}$。

⑦对偶律：$(\boldsymbol{R}\cup\boldsymbol{S})^c=\boldsymbol{R}^c\cap\boldsymbol{S}^c$，$(\boldsymbol{R}\cap\boldsymbol{S})^c=\boldsymbol{R}^c\cup\boldsymbol{S}^c$。

⑧0-1 律：$\boldsymbol{R}\cup\boldsymbol{O}=\boldsymbol{R}$，$\boldsymbol{R}\cap\boldsymbol{O}=\boldsymbol{O}$，$\boldsymbol{R}\cup\boldsymbol{E}=\boldsymbol{E}$，$\boldsymbol{R}\cap\boldsymbol{E}=\boldsymbol{R}$。

⑨若 $\boldsymbol{R}_1\subseteq\boldsymbol{S}_1$，$\boldsymbol{R}_2\subseteq\boldsymbol{S}_2$，则$(\boldsymbol{R}_1\cup\boldsymbol{R}_2)\subseteq(\boldsymbol{S}_1\cup\boldsymbol{S}_2)$，$(\boldsymbol{R}_1\cap\boldsymbol{R}_2)\subseteq(\boldsymbol{S}_1\cap\boldsymbol{S}_2)$。

⑩$\boldsymbol{R}\subseteq\boldsymbol{S}\Leftrightarrow\boldsymbol{R}^c\supseteq\boldsymbol{S}^c$。

⑪$\boldsymbol{R}\subseteq\boldsymbol{S}\Leftrightarrow\boldsymbol{R}^{\mathrm{T}}\subseteq\boldsymbol{S}^{\mathrm{T}}$。

(4)模糊矩阵的合成运算

定义 6.2.12　设 $\boldsymbol{R}=[r_{ij}]_{m\times s}$，$\boldsymbol{S}=[s_{ij}]_{s\times n}$，称模糊矩阵

$$\boldsymbol{R}\circ\boldsymbol{S}=[c_{ij}]_{m\times n}$$

为 $\boldsymbol{R}$ 与 $\boldsymbol{S}$ 的合成，其中 $c_{ij}=\bigvee_{k=1}^{s}(r_{ik}\wedge s_{kj})$，即

$$\boldsymbol{C}=\boldsymbol{R}\circ\boldsymbol{S}=c_{ij}=\bigvee_{k=1}^{s}(r_{ik}\wedge s_{kj})$$

由此可知，合成运算不满足交换律，$\boldsymbol{R}\circ\boldsymbol{S}\neq\boldsymbol{S}\circ\boldsymbol{R}$。还应该注意，只有 $\boldsymbol{R}$ 的列数与 $\boldsymbol{S}$ 的行数相等时，合成运算 $\boldsymbol{R}\circ\boldsymbol{S}$ 才有意义。

合成运算具有如下性质：

①结合律：$(\boldsymbol{R}\circ\boldsymbol{S})\circ\boldsymbol{T}=\boldsymbol{R}\circ(\boldsymbol{S}\circ\boldsymbol{T})$。

②$\boldsymbol{R}^{k}\circ\boldsymbol{R}^{l}=\boldsymbol{R}^{k+l}$。

③分配律：$\boldsymbol{R}\circ(\boldsymbol{S}\cup\boldsymbol{T})=(\boldsymbol{R}\circ\boldsymbol{S})\cup(\boldsymbol{R}\circ\boldsymbol{T})$，$(\boldsymbol{S}\cup\boldsymbol{T})\circ\boldsymbol{R}=(\boldsymbol{S}\circ\boldsymbol{R})\cup(\boldsymbol{T}\circ\boldsymbol{R})$。

④0-1 律：$\boldsymbol{O}\circ\boldsymbol{R}=\boldsymbol{R}\circ\boldsymbol{O}=\boldsymbol{O}$，$\boldsymbol{I}\circ\boldsymbol{R}=\boldsymbol{R}\circ\boldsymbol{I}=\boldsymbol{I}$。

⑤$\boldsymbol{R}\subseteq\boldsymbol{S}$，$\boldsymbol{T}\subseteq\boldsymbol{U}\Rightarrow\boldsymbol{R}\circ\boldsymbol{S}\subseteq\boldsymbol{T}\circ\boldsymbol{U}$。

⑥$\boldsymbol{R}\subseteq\boldsymbol{S}\Rightarrow\boldsymbol{R}\circ\boldsymbol{S}\subseteq\boldsymbol{S}\circ\boldsymbol{T}$，$\boldsymbol{T}\circ\boldsymbol{R}\subseteq\boldsymbol{T}\circ\boldsymbol{S}$，$\boldsymbol{R}^{n}\subseteq\boldsymbol{S}^{n}$。

(5)模糊矩阵的截矩阵

定义 6.2.13　设 $\boldsymbol{R}$ 为 $m\times n$ 阶模糊矩阵，对于任意实数 $\lambda\in[0,1]$，定义 $\boldsymbol{R}$ 的"λ 截矩阵"为 $\boldsymbol{R}_{\lambda}=[r'_{ij}]_{m\times n}$，且

$$r'_{ij}=\begin{cases}1, r_{ij}\geqslant\lambda\\0, r_{ij}<\lambda\end{cases}$$

当

$$r'_{ij}=\begin{cases}1, r_{ij}>\lambda\\0, r_{ij}\leqslant\lambda\end{cases}$$

则称 $\boldsymbol{R}_{\lambda}$ 为 $\boldsymbol{R}$ 的"强 λ 截矩阵"。

显然，截矩阵是布尔矩阵。由于关系矩阵与关系间有一一对应的关系，故若将截矩阵视为关系矩阵，就不难定义出"截关系"。

λ 截矩阵具有如下性质：

①$\boldsymbol{R}\subseteq\boldsymbol{S}\Leftrightarrow\boldsymbol{R}_\lambda\subseteq\boldsymbol{S}_\lambda$。

②$(\boldsymbol{R}\cup\boldsymbol{S})_\lambda=\boldsymbol{R}_\lambda\cup\boldsymbol{S}_\lambda$，$(\boldsymbol{R}\cap\boldsymbol{S})_\lambda=\boldsymbol{R}_\lambda\cap\boldsymbol{S}_\lambda$。

③$(\boldsymbol{R}\circ\boldsymbol{S})_\lambda=\boldsymbol{R}_\lambda\circ\boldsymbol{S}_\lambda$。

④$(\boldsymbol{R}^{\mathrm{T}})_\lambda=(\boldsymbol{R}_\lambda)^{\mathrm{T}}$。

(6)模糊矩阵的转置

定义 6.2.14 设模糊矩阵 $\boldsymbol{R}=[r_{ij}]_{m\times n}$，$\boldsymbol{R}$ 的“转置”为

$$\boldsymbol{R}^{\mathrm{T}}=[r_{ij}{}^{\mathrm{T}}]_{m\times n}$$

其中，$r_{ij}{}^{\mathrm{T}}=r_{ji}(i=1,2,\cdots,m;j=1,2,\cdots,n)$。$\boldsymbol{R}^{\mathrm{T}}$ 就称为 $\boldsymbol{R}$ 的转置矩阵。

模糊矩阵的转置有如下性质：

①$(\boldsymbol{R}^{\mathrm{T}})^{\mathrm{T}}=\boldsymbol{R}$。

②$(\boldsymbol{R}\cup\boldsymbol{S})^{\mathrm{T}}=\boldsymbol{R}^{\mathrm{T}}\cup\boldsymbol{S}^{\mathrm{T}}$，$(\boldsymbol{R}\cap\boldsymbol{S})^{\mathrm{T}}=\boldsymbol{R}^{\mathrm{T}}\cap\boldsymbol{S}^{\mathrm{T}}$。

③$(\boldsymbol{R}\circ\boldsymbol{S})^{\mathrm{T}}=\boldsymbol{S}^{\mathrm{T}}\circ\boldsymbol{R}^{\mathrm{T}}$，$(\boldsymbol{R}^n)^{\mathrm{T}}=(\boldsymbol{R}^{\mathrm{T}})^n$。

6.3 模糊模式识别的基本方法

6.3.1 单特征模式的识别

1. 个体的识别

最大隶属原则Ⅰ 设 $A_1,A_2,\cdots,A_n\in F(X)$，取定对象 $x_0\in X$，如果存在指标 $i\in\{1,2,\cdots,n\}$，使得

$$A_i(x_0)=\max\{A_1(x_0),A_2(x_0),\cdots,A_n(x_0)\}$$

则认为 x_0 相对隶属于 A_i。

最大隶属原则Ⅱ 设 $A_1,A_2,\cdots,A_n\in F(X)$，取定对象 $x_0\in X$，规定一个阈值(水平)$\lambda\in(0,1]$，记

$$a=\max\{A_1(x_0),A_2(x_0),\cdots,A_n(x_0)\}$$

若 $a<\lambda$，则作“拒识”的判决，应查找原因另作分析。若 $a\geqslant\lambda$，则认为识别可行，按最大隶属原则Ⅰ判决。

最大隶属原则Ⅱ可以避免因隶属度都很小而由最大隶属原则Ⅰ做出偏离实际较远的判决.

最大隶属原则Ⅲ　（择优原则）设 $A\in F(X)$，取定 n 个对象 $x_1,x_2,\cdots,x_n\in X$，如果存在指标 $i\in\{1,2,\cdots,n\}$，使得

$$A(x_i)=\max\{A(x_1),A(x_2),\cdots,A(x_n)\}$$

则认为 x_i 相对隶属于 A。

2. 群体的识别

择近原则Ⅰ　设 $A_i,B\in F(X)(i=1,2,\cdots,n)$，$N$ 为贴近度函数或格贴近度函数，若存在 $i\in\{1,2,\cdots,n\}$，使得

$$N(A_i,B)=\max\{N(A_1,B),N(A_2,B),\cdots,N(A_n,B)\}$$

则认为 B 与 A_i 最贴近，将 B 与 A_i 归为一类。

择近原则Ⅱ　（阈值原则）设 $A_i,B\in F(X)(i=1,2,\cdots,n)$，$N$ 为贴近度函数或格贴近度函数，规定一个阈值（水平）$\lambda\in(0,1]$，记

$$a=\max\{N(A_1,B),N(A_2,B),\cdots,N(A_n,B)\}$$

若 $a<\lambda$，则作“拒识”的判决，应查找原因另作分析. 若 $a\geqslant\lambda$，则认为识别可行，按择近原则Ⅰ判决。

6.3.2　多特征模式的识别

1. 个体的识别

最大隶属原则Ⅳ　设在 m 维空间中的每个已知模式就是由 $A_i=\{A_{i1},A_{i2},\cdots,A_{im}\}$表示的一个模糊类（或模式），这里 A_{ij} $(i=1,2,\cdots,n)(j=1,2,\cdots,m)$是论域 X_j 上的模糊集。

$$A_i(x)=\sum_{j=1}^{m}\omega_j A_{ij}(x_j)$$

式中，$x=(x_1,x_2,\cdots,x_m)\in X$；$\omega_j$ 为加权因子，$0<\omega_j<1$，$\sum_{j=1}^{m}\omega_j=1$。取定对象 $x_0=(x_{01},x_{02},\cdots,x_{0m})\in X$，如果存在指标 $i\in\{1,2,\cdots,n\}$，使得

$$A_i(x_0)=\max\{A_1(x_0),A_2(x_0),\cdots,A_n(x_0)\}$$

则认为单数据样本 x_0 相对隶属于 A_i 或最接近模式 A_i。

最大隶属原则Ⅴ(择优原则)　设在 m 维空间中的已知模式就是由 $A=\{A_1,A_2,\cdots,A_m\}$ 表示的一个模糊类(或模式)，这里 A_j 是论域 X_j 上的模糊集，$j=1,2,\cdots,m$。

$$A(x)=\sum_{j=1}^{m}\omega_jA_j(x_j)$$

式中，$x=[x_1,x_2,\cdots,x_m]\in X$；$\omega_j$ 为加权因子，$0<\omega_j<1$，$\sum_{j=1}^{m}\omega_j=1$。取定 n 个待录取对象 $x_1,x_2,\cdots,x_n\in X$，如果存在指标 $i\in\{1,2,\cdots,n\}$，使得

$$A(x_i)=\max\{A(x_1),A(x_2),\cdots,A(x_n)\}$$

则应优先择取 x_i。

2. 群体的识别

择近原则Ⅲ　设在 m 维空间中的每个已知模式就是由 $A_i=\{A_{i1},A_{i2},\cdots,A_{im}\}$ 表示的一个模糊类(或模式)，这里 $i=1,2,\cdots,n$。定义在相同 m 维空间的一个由相互独立的模糊集所组成的集合 $B=\{B_1,B_2,\cdots,B_m\}$ 为识别对象，计算

$$N(B,A_i)=\sum_{j=1}^{m}\omega_jN(B_j,A_{ij})$$

式中，ω_j 为加权因子，$0<\omega_j<1$，$\sum_{j=1}^{m}\omega_j=1$. 如果存在指标 $i\in\{1,2,\cdots,n\}$，使得

$$N(B,A_i)=\max\{N(B,A_1),N(B,A_2),\cdots,N(B,A_n)\}$$

则认为样本 B 最接近模式 A_i。

6.4　模糊聚类分析

6.4.1　模糊聚类分析的步骤

1. 数据标准化

设论域 $X=\{x_1,x_2,\cdots,x_n\}$ 为被分类的对象，每个对象又由 m 个指标表示其性状，即

$$x_i=[x_{i1},x_{i2},\cdots,x_{im}],i=1,2,\cdots,n$$

于是，得到原始数据矩阵为

$$\begin{bmatrix} x_{11} & x_{12} & \cdots & x_{1m} \\ x_{21} & x_{22} & \cdots & x_{2m} \\ \vdots & \vdots & \vdots & \vdots \\ x_{n1} & x_{n2} & \cdots & x_{nm} \end{bmatrix}$$

数据标准化，就是要根据模糊矩阵的要求，将数据压缩到区间[0,1]上。

通常需要作如下几种变换。

(1)平移・标准差变换

$$x'_{ik}=\frac{x_{ik}-\bar{x}_k}{s_k},i=1,2,\cdots,n;k=1,2,\cdots,m$$

其中

$$\bar{x}_k=\frac{1}{n}\sum_{i=1}^{n}x_{ik},s_k=\sqrt{\frac{1}{n}\sum_{i=1}^{n}(x_{ik}-\bar{x}_k)^2}$$

经过变换后，每个变量的均值为 0，标准差为 1，且消除了量纲的影响. 但是，这样得到的 x'_{ik} 还不一定在区间[0,1]上。

(2)平移·极差变换

$$x''_{ik}=\frac{x'_{ik}-\min\limits_{1\leqslant i\leqslant n}\{x'_{ik}\}}{\max\limits_{1\leqslant i\leqslant n}\{x'_{ik}\}-\min\limits_{1\leqslant i\leqslant n}\{x'_{ik}\}},k=1,2,\cdots,m$$

显然有 $0\leqslant x''_{ik}\leqslant 1$，而且也消除了量纲的影响。

(3)对数变换

$$x'_{ik}=\lg x_{ik},i=1,2,\cdots,n;k=1,2,\cdots,m$$

取对数以缩小变量间的数量级。

2. 标定过程

标定是要求出被分类对象间相似程度的统计量 r_{ij} $(1\leqslant i,j\leqslant n)$，从而确定出相似矩阵 $\boldsymbol{R}=(r_{ij})_{n\times n}$，即由第 1 步得到的 A_i 和 A_j 的标准化数据组按下列某种方法求得 A_i 和 A_j 的相似程度 $r_{ij}(1\leqslant i,j\leqslant n)$. 通常根据实际情况，可选用以下几种方法。

(1)数量积法

$$r_{ij}=\begin{cases}1,i=j\\ \dfrac{1}{c}\sum\limits_{k=1}^{m}x_{ik}x_{jk},i\neq j\left(c=\max\limits_{i\neq j}\left(\left|\sum\limits_{k=1}^{m}x_{ik}x_{jk}\right|\right)\right)\end{cases}$$

(2)相似系数法

$$r_{ij}=\frac{\sum\limits_{k=1}^{m}(x_{ik}-\bar{x}_i)(x_{jk}-\bar{x}_i)}{\sqrt{\sum\limits_{k=1}^{m}(x_{ik}-\bar{x}_i)^2\sum\limits_{k=1}^{m}(x_{jk}-\bar{x}_i)^2}}$$

其中，

$$\bar{x}_i=\frac{1}{m}\sum_{k=1}^{m}x_{ik},\bar{x}_j=\frac{1}{m}\sum_{k=1}^{m}x_{jk}$$

(3)夹角余弦法

$$r_{ij}=\frac{\sum\limits_{k=1}^{m}x_{ik}x_{jk}}{\sqrt{\sum\limits_{k=1}^{m}x_{ik}^{2}\sum\limits_{k=1}^{m}x_{ik}^{2}}}$$

(4)指数相似法

$$r_{ij}=\frac{1}{m}\sum_{k=1}^{m}\mathrm{e}^{-f(k)}$$

其中

$$f(k)=\frac{3}{4}\left[\frac{x_{ik}-x_{jk}}{s_k}\right]^2;\ s_k=\sqrt{\frac{1}{n}\sum_{i=1}^{n}(x_{ik}-\bar{x}_k)^2};\bar{x}_k=\frac{1}{n}\sum_{i=1}^{n}x_{ik}$$

(5)闵可夫斯基法

$$r_{ij}=1-Cd(x_i,x_j)^a$$

其中,C 和 a 是两个适当选择的常数,它们应使得 $0\leqslant r_{ij}\leqslant 1$,$d(x_i,x_j)$为闵可夫斯基距离,常采用的有汉明距离、欧几里得距离。当选用汉明距离且取 $a=1$ 时

$$r_{ij}=1-C\sum_{k=1}^{m}|x_{ik}-x_{jk}|$$

此式又称为“绝对值减数法”。

(6)兰氏距离法

$$r_{ij}=1-C\left(\sum_{k=1}^{m}|x_{ik}-x_{jk}|\right)^a$$

其中,a 为适当选择的常数。

(7)绝对指数法

$$r_{ij}=\mathrm{e}^{-f(i,j)}$$

其中,

$$f(i,j)=\sum_{k=1}^{m}|x_{ik}-x_{jk}|$$

(8)绝对值倒数法

$$r_{ij}=\begin{cases}1, i=j\\ \dfrac{c}{\sum_{k=1}^{m}|x_{ik}-x_{jk}|}, i\neq j\end{cases}$$

(9)最大最小法

$$r_{ij}=\frac{\sum_{k=1}^{m}(x_{ik}\wedge x_{jk})}{\sum_{k=1}^{m}(x_{ik}\vee x_{jk})}$$

此法适用于 $x_{ik}\in[0,1]$时的情况。

(10)算术平均最小法

$$r_{ij}=\frac{\sum_{k=1}^{m}(x_{ik}\wedge x_{jk})}{\frac{1}{2}\sum_{k=1}^{m}(x_{ik}+x_{jk})}$$

(11)几何平均法

$$r_{ij}=\frac{\sum_{k=1}^{m}(x_{ik}\wedge x_{jk})}{\sum_{k=1}^{m}\sqrt{x_{ik}x_{jk}}}$$

(12)主观评分法

请专家或有实际经验者直接对 x_i 与 x_j 的相似程度评分，作为 r_{ij} 的值。例如，请 N 个专家组成专家组$\{p_1,p_2,\cdots,p_N\}$，每一位专家 $p_k(k=1,2,\cdots,N)$考虑对象 x_i 与 x_j 的相似程度，在有刻度的单位线段上标记

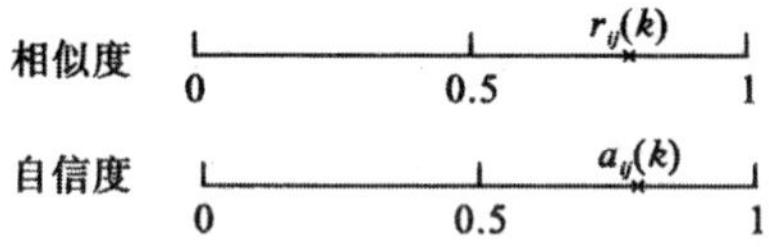

其中，$r_{ij}(k)$为第 k 个专家 p_k 所做标记的相似度，$a_{ij}(k)$为 p_k 对自己所做标记的自信度(有把握程度)，则相似系数定义为

$$r_{ij}=\frac{\sum_{k=1}^{N}a_{ij}(k)\cdot r_{ij}(k)}{\sum_{k=1}^{m}a_{ij}(k)}$$

究竟选择上述方法中的哪一种，需要根据问题的性质及使

用方便来选择。

3. 聚类过程

采用传递闭包法进行聚类过程，可归纳为以下两个步骤：

①生成等价矩阵，由 $\boldsymbol{R}$ 求闭包生成模糊等价矩阵。

②划分：从大到小，依次取实数 $\lambda \in [0,1]$，计算 $\boldsymbol{R}_\lambda$，再根据 $\boldsymbol{R}_\lambda$ 对 X 进行等价划分。最后便得到不同水平下对事物的分类及其“聚类图”（图 6-10）。

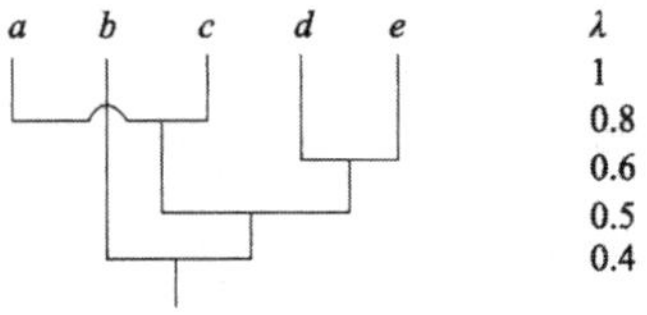

图 6-10　聚类图

6.4.2　基于模糊划分的模糊聚类法

1. 模糊 k-划分

在许多实际分类问题中，往往伴随着模糊性，难以断言一个样本一定属于某一类而不属于另一类，而是以某种程度属于这一类，而又以另一种程度属于另一类，即每一类都是样本集上的一个模糊子集，这样一来，分类所对应的矩阵自然是个模糊矩阵。

设 $X=\{x_1,x_2,\cdots,x_n\}$ 为一有限集，一个 $k\times n$ 模糊矩阵

$$
\begin{array}{cc}
 & \begin{array}{cccc} x_1 & x_2 & \cdots & x_4 \end{array} \\
\boldsymbol{U}= & \left[\begin{array}{cccc} u_{11} & u_{12} & \cdots & u_{1n} \\ u_{21} & u_{22} & \cdots & u_{2n} \\ \vdots & \vdots & & \vdots \\ u_{k1} & u_{k2} & \cdots & u_{kn} \end{array}\right]\begin{array}{c} 1 \\ 2 \\ \vdots \\ k \end{array}
\end{array}
$$

如果满足条件：

$$①\sum_{i=1}^{k} u_{ij} = 1, j = 1,2,\cdots,n$$

$$②0 < \sum_{j=1}^{n} u_{ij} < n, i = 1,2,\cdots,k$$

则称 $\boldsymbol{U}$ 为 X 的 k-模糊划分矩阵。

条件①表示每一个 x_j 属于 k 个模糊子类 A_i 的总和为 l；条件②表示每一个 A_i 不等于$\varnothing$或 X。

一个 k-模糊划分矩阵对应一个 X 的 k-模糊划分，它将 X 分成 k 个模糊子集 $A_1, A_2, \cdots, A_k$。不同的 k-模糊划分矩阵对应着不同的 X 的 k-模糊划分。

称 M_{fc} 为 X 的 k-模糊划分空间。

$$令\ M_{cf} = \left\{ U \in V_{k\times n} \middle| \begin{array}{l} u_{ij} \in [0,1], \forall i,j; \sum_{i=1}^{k} u_{ij} = 1, \\ \forall j; 0 < \sum_{j=1}^{n} u_{ij} < n, \forall i \end{array} \right\}$$

显然，$M_c \in M_{fc}$。

若将条件②改为

$$0 \leqslant \sum_{j=1}^{n} u_{ij} \leqslant n, i = 1,2,\cdots,k$$

即允许矩阵中有 0 行（相应子类为空集）和 1 行（相应子类为全集）出现，这种划分称为退化的。若 k-模糊划分空间包含退化划分，则称为退化的 k-模糊划分空间。

在聚类分析中，如果能根据样本空间数据集合，找到在一定条件下最佳的 k-划分矩阵 $\boldsymbol{U}$，那么与 $\boldsymbol{U}$ 对应的 k-划分矩阵就是样本空间在该条件下的最佳分类。

2. 模糊 ISODATA 方法

令

$$v_i = \frac{\sum_{j=1}^{n}(u_{ij})^r x_j}{\sum_{j=1}^{n}(u_{ij})^r}, l = 0,1,2,\cdots$$

称 v_i 为类 A_i 的聚类中心，记泛函

$$J(\boldsymbol{U}, V) = \sum_{i=1}^{c}\sum_{j=1}^{n}(u_{ij})^r \|x_j - u_i\|^2$$

其中，$r \geqslant 1$ 是待定的参数，$\|\cdot\|$ 是 $\boldsymbol{R}^n$ 空间中任一种范数，$u_{ij} \in [0,1]$。Dunn 和 Bezdek 证明了在退化的模糊 k-划分空间 M_{fk} 中，所给出的泛函的极小值问题是可解的。Bezdek 还给出了当 $r \geqslant 1$ 且 $x_j \neq v_i$ 的模糊 ISODATA 算法，计算步骤如下：

①取定 k，即 $2 \leqslant k \leqslant n$，取初值 $\boldsymbol{U}^{(0)} \in M_{fk}$，逐步迭代。

② 计算聚类中心 $v_i^{(l)} = \frac{\sum_{j=1}^{n}(u_{ij}^{(l)})^r x_j}{\sum_{j=1}^{n}(u_{ij}^{(l)})^r}$。

③ 修正 $\boldsymbol{U}^{(l)}$，$U_{ij}^{(l+1)} = \left[\sum_{i=1}^{k}\left(\frac{\|x_j - v_i\|}{\|x_j - v_k\|}\right)^{\frac{1}{r-1}}\right]^{-1}$。

④用一个矩阵范数 $\|\cdot\|$ 比较 $\boldsymbol{U}^{(l)}$ 与 $\boldsymbol{U}^{(l+1)}$。对取定的 $\varepsilon > 0$，若

$$\|\boldsymbol{U}^{(l+1)} - \boldsymbol{U}^{(l)}\| \leqslant \varepsilon$$

则停止迭代，否则取 $l = l+1$，转向②。

本算法要求 $x_j \neq v_i$，因此，在取初始分类 $\boldsymbol{U}^{(0)}$ 时应注意，对只有一个样本的类，要在聚类前暂时先将它排开，待聚类后再加入。

一般常取待定参数 $r=2$。

本算法得到的最优分类矩阵 $\boldsymbol{U}$ 是模糊矩阵，对应的分类是模糊分类。下面两种方法可以使分类清晰化，得到 X 上的普通分类。

方法 1：$\forall x_j \in X$，若 $\|x_j - v_{i_k}\| = \min_{1 \leqslant i \leqslant k}\|x_j - v_i\|$，则将 x_j 归

第 i_0 类，其中 v_{i_0} 是第 i_0 类的聚类中心，即 x_j 与哪一个聚类中心最接近就将它归到哪一类。

方法 2：$\forall x_j \in X$，若 $u_{i_0 j}=\max\limits_{1\leqslant i\leqslant c}(u_{ij})$，则将 x_j 归第 i_0 类，即 x_j 对哪一个类（X 上的模糊子集）隶属度最大就将它归到哪一类。这一方法实际上就是最大隶属原则。

可以证明，当 ε 充分小且 $r=1$ 时，上述两种方法的清晰化结果是一致的。

第 7 章　神经网络模式识别方法

人工神经网络已经成为一门重要的交叉学科，被广泛用于模式识别、智能控制、信号处理、计算机视觉等领域。各个学科的研究人员都想利用人工神经网络的特殊功能来解决本学科的难题。可以说，对神经网络的研究出现了更高的高潮。为此，本章主要通过介绍几种常用的神经网络模式来突出神经网络的重要性。

7.1　人工神经网络的基本原理

神经网络的基本单位是神经元，据估计人类大脑约有 10^{12} 个神经元。神经元是脑组织的基本单元，由细胞体、树突和轴突三部分构成（图 7-1），具有兴奋和抑制两种工作状态。

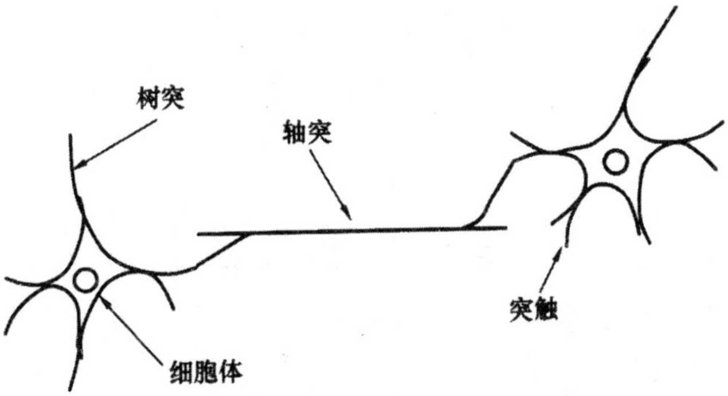

图 7-1　生物神经元结构

7.1.1 人工神经元

1. 人工神经元的基本构成

人工神经元网络由节点构成(图 7-2),是对生物神经元的简化与模拟。它是一个多输入、单输出的非线性元件,其输入输出关系可描述为

$$net_j = \sum_{i=1}^{n} \omega_{ij} x_{ij} - \theta_j$$

$$o_j = f(net_j)$$

式中,x_{ij} $(i=1,2,\cdots,n)$是从其他细胞传来的输入信号;θ_j 为神经元单元的偏置(阈值);ω_{ij} 表示从细胞 i 到细胞 j 的连接权值;n 为输入信号数目;o_j 为神经元输出;$f(x)$ 称为传递函数(Transfer Function),也称激活或激励函数(Activation Function)。

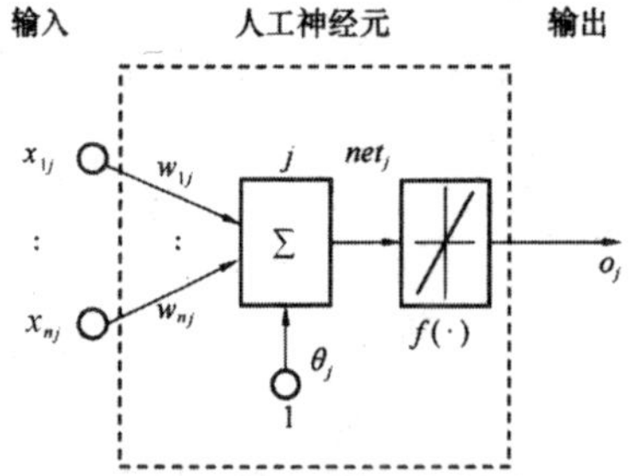

图 7-2 人工神经元结构

有时为了方便,常把 θ_j 看作是对应恒等于 1 的输入量的权值 x_{0j},这时式中的和可记为

$$net_j = \sum_{i=0}^{n} \omega_{ij} x_{ij} \tag{7-1}$$

式中,$\omega_{ij}=\theta_j$,$x_{0j}\equiv 1$。

2. 传递函数

传递函数有许多类型，常用的三种基本激活函数如下。

(1)阈值型传递函数

阈值型传递函数是最简单的，它的输出状态取二值(1、0或+1、−1)，分别代表神经元的兴奋和抑制。单边阈值型传递函数的表达式为

$$f(net)=\operatorname{sgn}(net)=\begin{cases}1, net\geqslant 0\\0, net<0\end{cases} \tag{7-2}$$

它的输入输出关系如图7-3(a)所示。对称阈值型传递函数的表达式为

$$f(net)=\operatorname{sgn}(net)=\begin{cases}+1, net\geqslant 0\\-1, net<0\end{cases} \tag{7-3}$$

它的输入输出关系如图7-3(b)所示。

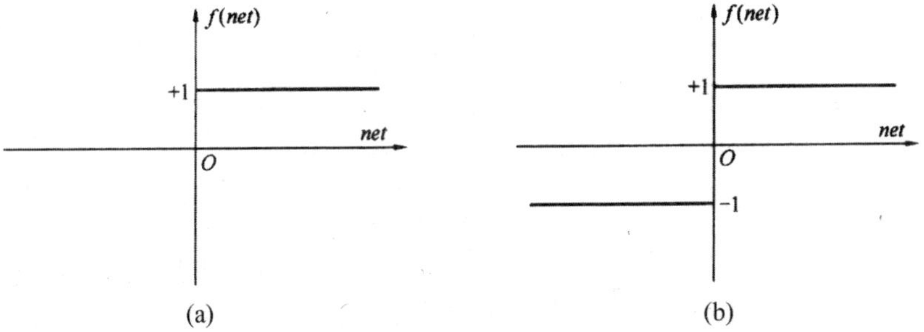

图7-3　阈值型传递函数

(a)单边阈值型传递函数；(b)对称阈值型传递函数

(2)S型传递函数

S型函数通常是在(0,1)或(−1,1)内连续取值的单调可微函数。对数S型传递函数的表达式为

$$f(net)=\frac{1}{1+e^{-net}}, f(net)\in(0,1) \tag{7-4}$$

它的输入输出关系如图7-4(a)所示。

双曲正切S型传递函数的表达式为

$$f(net)=\frac{2}{1+e^{-2net}}-1, f(net)\in(-1,1) \tag{7-5}$$

它的输入输出关系如图 7-4(b)所示。

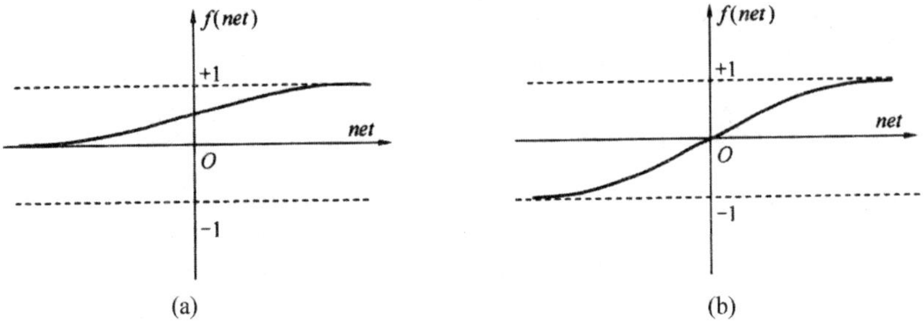

图 7-4　连续型传递函数

(a)对数 S 型传递函数;(b)双曲正切 S 型传递函数

(3)线性传递函数

线性传递函数的表达式为

$$f(net)=net \tag{7-6}$$

它的输入输出关系如图 7-5 所示。

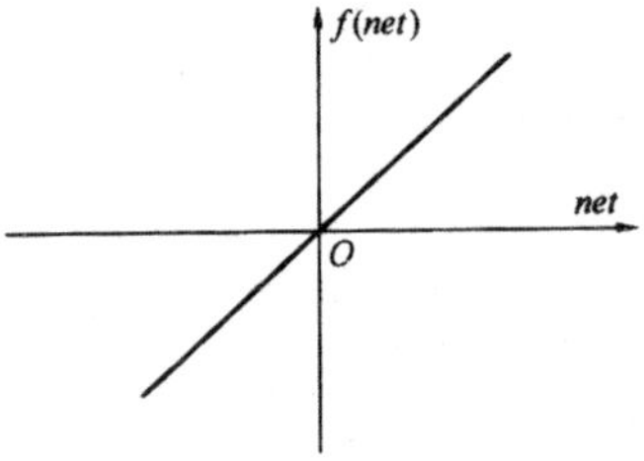

图 7-5　线性传递函数

径向基传递函数的表达式为

$$f(net)=e^{-net^2} \tag{7-7}$$

它的输入输出关系如图 7-6 所示。

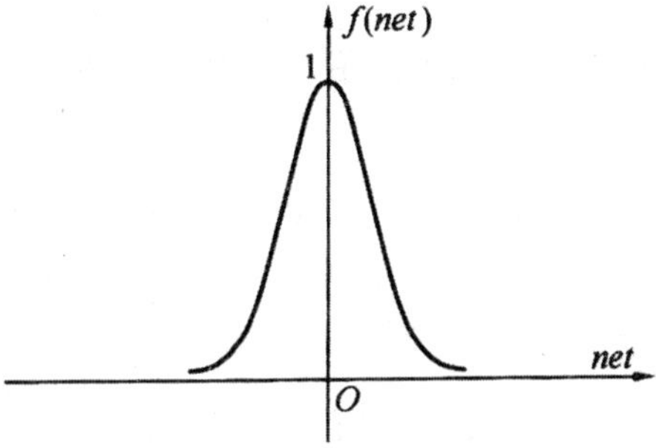

图 7-6　径向基传递函数

饱和线性传递函数常用在 Hopfield 网络中，单边饱和线性传递函数的表达式为

$$f(net)=\begin{cases}0, net<0\\ net, 0\leqslant net<1\\ 1, net\geqslant 1\end{cases} \tag{7-8}$$

它的输入输出关系如图 7-7(a)所示。对称饱和线性传递函数的表达式为

$$f(net)=\begin{cases}-1, net<-1\\ net, -1\leqslant net<1\\ 1, net\geqslant 1\end{cases} \tag{7-9}$$

它的输入输出关系如图 7-7(b)所示。

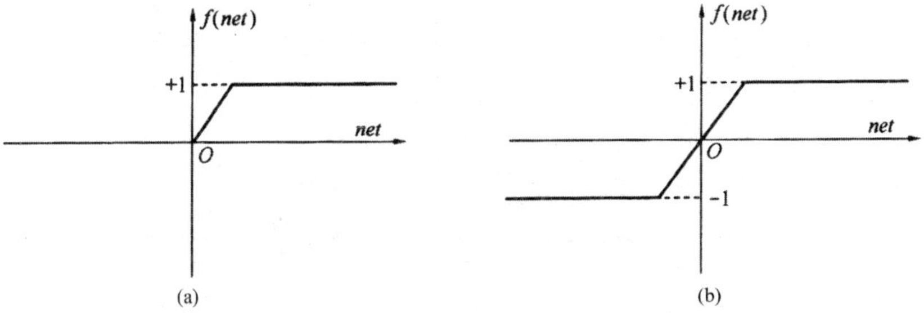

图 7-7　饱和型传递函数

(a)单边饱和线性传递函数；(b)对称饱和线性传递函数

7.1.2 人工神经网络的典型结构

当神经元模型确定之后，神经网络的特性和能力则主要取决于网络拓扑结构及学习方法。

(1)前馈网络

前馈网络中神经元是分层排列的，网络由输入层、中间层、输出层组成，每一层的各神经元智能接受前一层神经元的输出，作为自身的输入信号。单层前馈网络没有中间层。图 7-8 给出了输入、输出均为四节点的单层前馈网络。

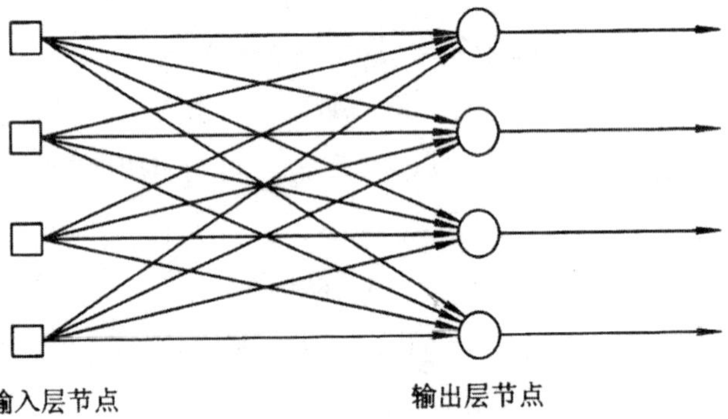

图 7-8 单层前馈神经网络

多层前馈网络有一个或多个隐含层，其节点的输入和输出都是对网络内部的，隐含层节点具有计算功能，结构如图 7-9 所示。

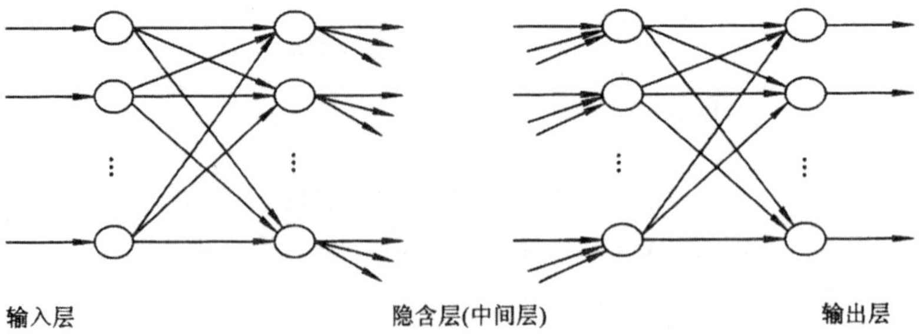

图 7-9 多层前馈神经网络

(2)反馈网络

此类网络输出层上接有反馈回路，将输出信号反馈到输入层，网络结构如图 7-10 所示。图 7-10 中所描述的结构不存在自反馈环路，其中最典型的是 Hopfield 网络。

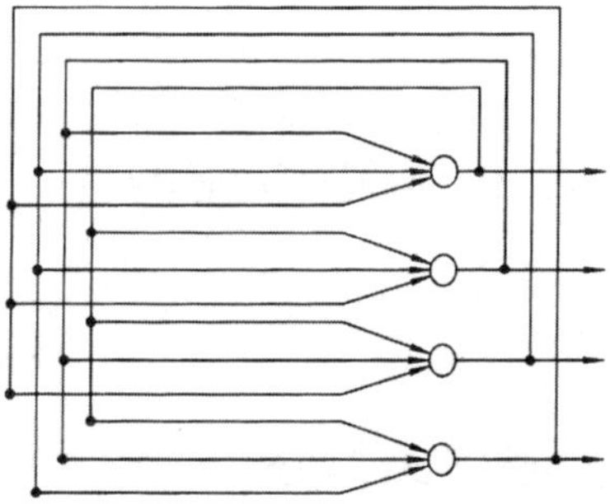

图 7-10　单层反馈神经网络

(3)层内互连前向网络

这种类型的网络在同一层内存在相互连接，实现层内神经元之间的横向兴奋或抑制机理，其网络结构如图 7-11 所示。

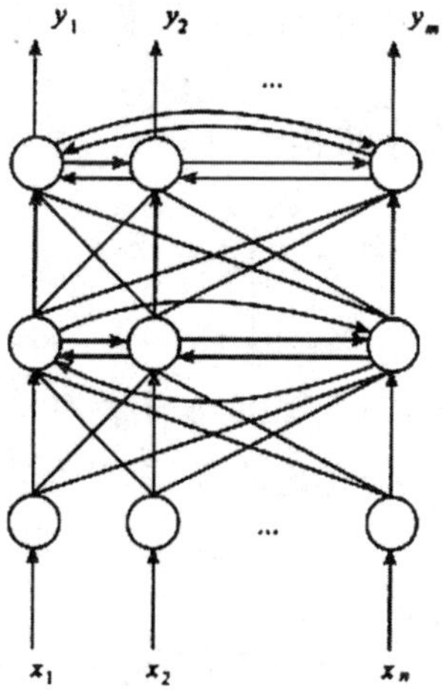

图 7-11　层内互连前向网络

(4)全互连反馈网络

这类网络每个神经元都与其他神经元相连，图 7-12 为这类网络示意图。Hopfield 网络属于这类结构。

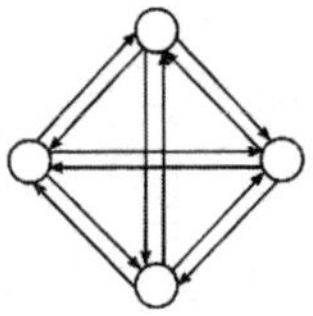

图 7-12　全互连反馈网络

7.2　BP 神经网络

7.2.1　BP 神经网络概述

BP 网络是采用误差反向传播（Back Propagation，BP）算法的多层前馈网络，是一种非线性映射关系。BP 模型是人们认识最为清楚、应用最广的一类神经网络，是神经网络的重要模型之一，对模型进行识别与分类是它的性能优势。

1. BP 神经网络拓扑结构

BP 神经网络是一种具有三层或三层以上的多层神经网络，每一层都由若干个神经元组成，如图 7-13 所示，它的左、右各层之间各个神经元实现全连接，即左层的每一个神经元与右层的每个神经元都有连接，而上下各神经元之间无连接，如图 7-14 所示。

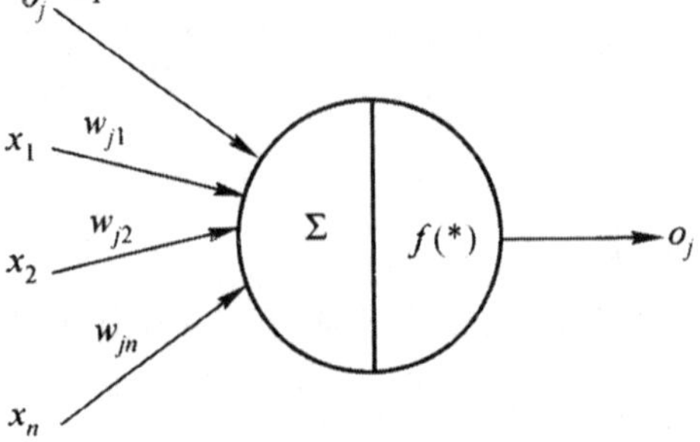

图 7-13　人工神经元模型

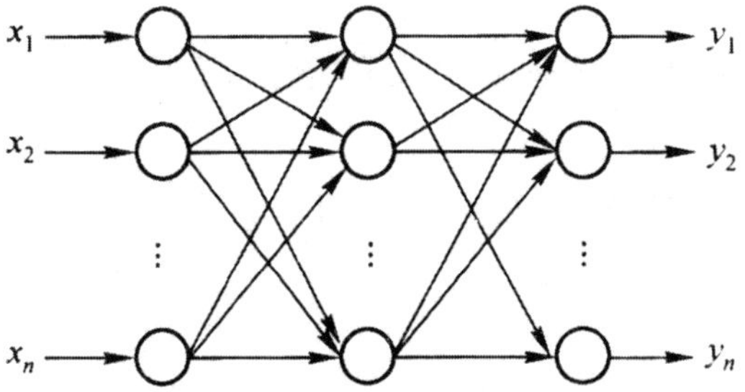

图 7-14　用于多指标综合评价的三层 BP 神经网络

由于 BP 神经网络有处于中间位置的隐含层，并有相应的学习规则可循，可训练这种网络，使其具有对非线性模式的识别能力，使得网络的期望输出与实际输出的均方误差达到最小。

2. BP 神经网络训练

为了使 BP 神经网络具有某种功能，完成某项任务，必须调整层间连接权值和节点阈值，使所有样品的实际输出和期望输出之间的误差稳定在一个较小的值以内。在训练 BP 神经网络的算法中，误差反向传播算法是最有效、最常用的一种方法。本节模式识别系统介绍了以下几种 BP 神经网络参数的调整方法：

三层 BP 神经网络学习训练过程，如图 7-15 所示。

下面以梯度下降法训练 BP 神经网络为例，介绍和分析这四个过程，在第 l 次输入样品（$l=1,2,\cdots,N$）进行训练时各个参数的表达及计算方法。

（1）确定参数

①确定输入向量 $\boldsymbol{X}$：输入向量为 $\boldsymbol{X}=[x_1,x_2,\cdots,x_n]^{\mathrm{T}}$（$n$ 表示输入层单元个数）。

②确定输出向量 $\boldsymbol{Y}$ 和希望输出向量 $\boldsymbol{O}$：输出向量为 $\boldsymbol{Y}=[y_1,y_2,\cdots,y_q]^{\mathrm{T}}$（$q$ 表示输出层单元数）。

希望输出向量 $\boldsymbol{O}=[o_1,o_2,\cdots,o_q]^{\mathrm{T}}$。

③确定隐含层输出向量 $\boldsymbol{B}$：隐含层输出向量为 $\boldsymbol{B}=[b_1,b_2,$

$\cdots, b_p]^T$（p 表示隐含层单元数）。

④初始化输入层至隐含层的连接权值 $\boldsymbol{W}_j=[w_{j1}, w_{j2}, \cdots, w_{jn}]^T, j=1,2,\cdots,p$。

⑤初始化隐含层至输出层的连接权值 $\boldsymbol{V}_k=[v_{k1}, v_{k2}, \cdots, v_{kp}], k=1,2,\cdots,q$。

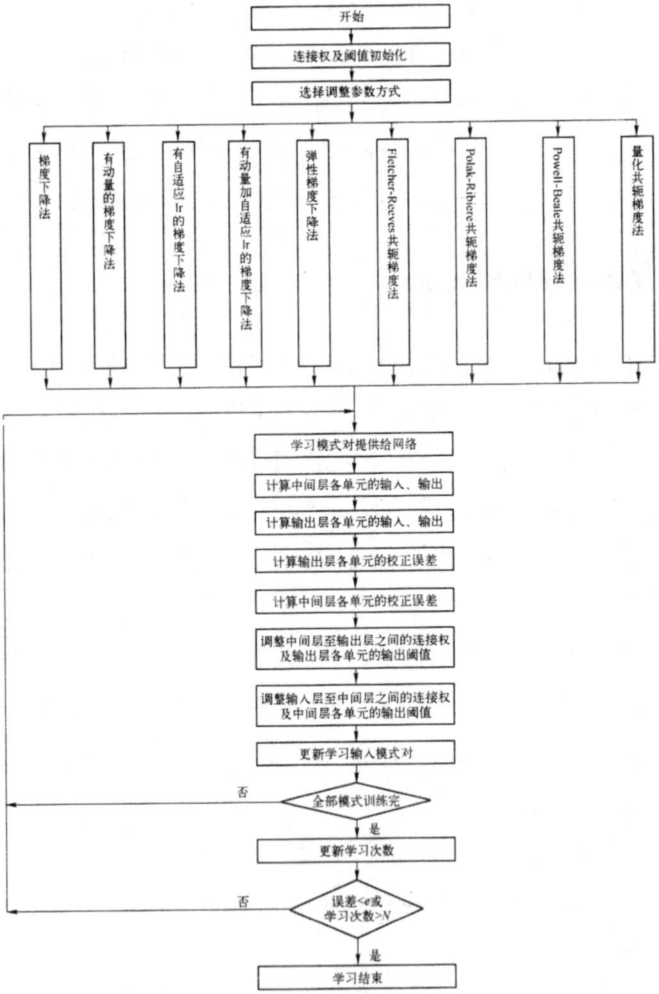

图 7-15　BP 神经网络学习训练过程

(2)输入模式顺传播

①计算隐含层各神经元的激活值 s_j：

$$s_j = \sum_{i=1}^{n} w_{ji} \cdot x_i - \theta_j, j = 1,2,\cdots,p \tag{7-10}$$

式中，w_{ji} 为输入层至隐含层的连接权；θ_j 为隐含层单元的阈值。

激活函数采用 S 型函数，即

$$f(x)=\frac{1}{1+\exp(-x)} \tag{7-11}$$

②计算隐含层 j 单元的输出值。将上面的激活值代入激活函数中可得隐含层 j 单元的输出值为

$$b_j = f(s_j) = \frac{1}{1+\exp\left(-\sum_{i=1}^{n} w_{ji} \cdot x_i + \theta_j\right)} \tag{7-12}$$

阈值 θ_j 在学习过程中和权值一样也不断地被修正。阈值的作用反映在 S 函数的输出曲线上，如图 7-16 所示。

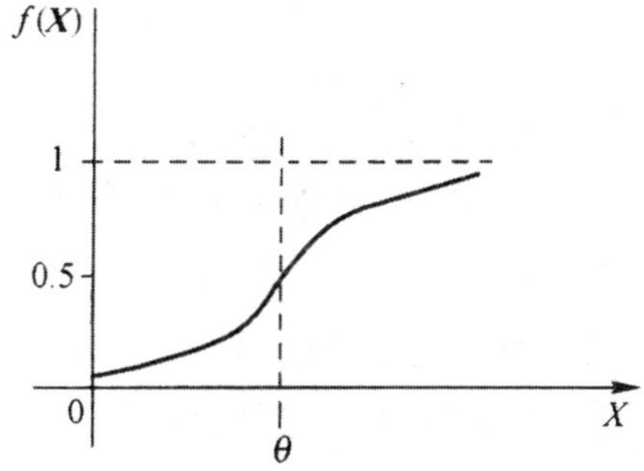

图 7-16　阈值的作用

由图中可见，阈值的作用相当于将输出值移了 θ 个单位。

③计算输出层第 k 个单元的激活值 s_k：

$$s_k = \sum_{j=1}^{p} v_{kj} \cdot b_j - \theta_k \tag{7-13}$$

④计算输出层第 k 个单元的实际输出值 y_k：

$$y_k = f(s_k), t=1,2,\cdots,q \tag{7-14}$$

式中，v_{kj} 为隐含层至输出层的权值；θ_k 为输出层单元阈值；$f(x)$ 为 S 型激活函数。

(3)输出误差的逆传播

当实际的输出值与希望的输出值不一样时,就要对网络进行校正。因为校正是从后向前进行的,所以叫做误差逆传播。

①输出层的校正误差为

$$d_k=(o_k-y_k)y_k(1-y_k),k=1,2,\cdots,q \tag{7-15}$$

式中,y_k 为实际输出;o_k 为希望输出。

②隐含层各单元的校正误差为

$$e_j=(\sum_{k=1}^{q}v_{kj}\cdot d_k)b_j(1-b_j) \tag{7-16}$$

③对于输出层至隐含层连接权和输出层阈值的校正量为

$$\Delta v_{kj}=\alpha\cdot e_j\cdot x_i$$

$$\Delta\theta_j=\beta\cdot e_j$$

式中,b_j 为隐含层 j 单元的输出;d_k 为输出层的校正误差;α 为(学习系数),$\alpha>0$。

④隐含层至输入层的校正量为

$$\Delta w_{ji}=\beta\cdot e_j\cdot x_i$$

$$\Delta\theta_j=\beta\cdot e_j$$

式中,e_j 为隐含层 j 单元的校正误差;β 为学习系数,$0<\beta<l$。

(4)循环记忆训练

为使网络的输出误差趋于极小值需要经过数百次甚至上万次的循环记忆训练,才能使网络记住这一模式。

(5)学习结果的判别

当循环记忆训练结束后,对于 BP 神经网络,其收敛存在着速度慢和局部极小点的两大问题。如图 7-17 所示,BP 神经网络的全局误差 E 是一个以 S 型函数为自变量的非线性函数,意味着由 E 构成的连接权空间存在着多个局部极小点的超曲面。

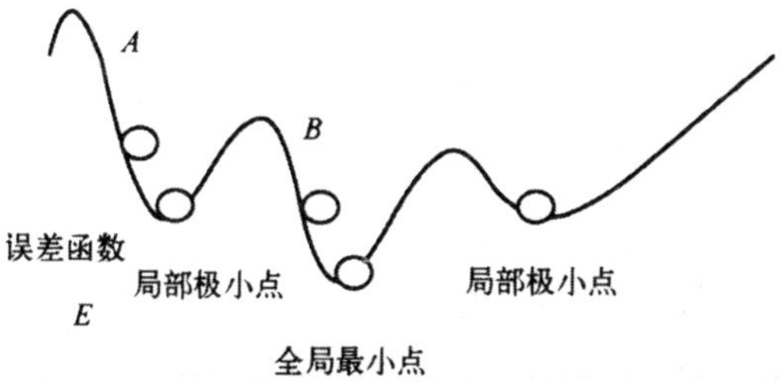

图 7-17　最小点和极小点

7.2.2　复杂性与推广能力

网络的复杂性可以用网络训练样本的训练误差衡量:复杂性越高,训练误差越小。网络的推广性指网络对未来输出进行正确预测的能力。在神经网络中,如果对于有限的训练样本来说,网络的学习能力过强,足以记住每一个训练样本,此时训练误差很快就可以收敛到很小甚至零,但无法保证它的预测作用。这就是有限样本下学习机器的复杂性和推广性的矛盾。图 7-18 表示了一个隐藏层 20 个神经元的 BP 网络拟合受噪声干扰的正弦函数采样点的结果,虚线为正弦函数,"+"为受噪声干扰的采样点,实线为神经网络的实际输出结果。显然,网络拟合这些训练样本,对新的样本没有很好的推广性。

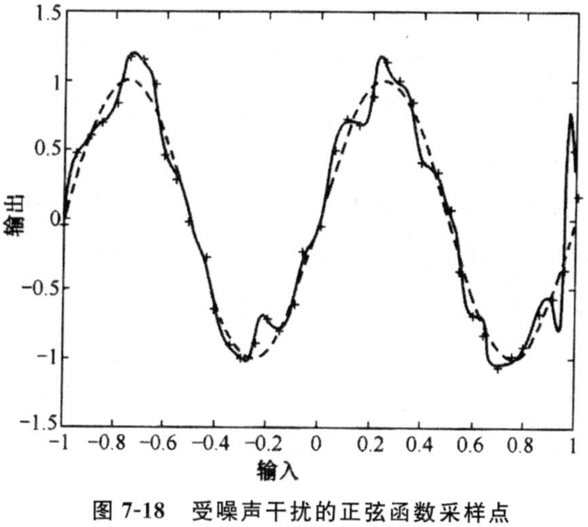

图 7-18　受噪声干扰的正弦函数采样点

网络模型的选择取决于实际问题的复杂程度，神经网络隐藏层的神经网络拟合结果元数目越多，网络表示的函数越复杂。在图 7-19 中，隐藏层是对数 S 型函数，输出层是线性传递函数的神经网络训练结果。若网络中的神经元太多，则网络用过于复杂的模型拟合有限训练样本（过学习），如图 7-19(a)所示；若网络中的神经元太少，则网络充分拟合训练样本（欠学习），如图 7-19(b)所示。但是，通常情况下实际问题的复杂程度是未知的，因此如何确定网络中神经元的数目是很困难的。

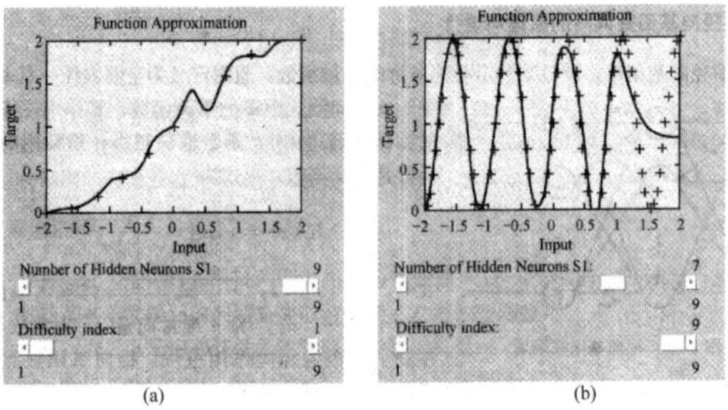

(a) (b)

图 7-19 神经网络训练有限样本结果

(a)过学习；(b)欠学习

7.2.3 BP 网络的应用

鸢尾属植物数据集(Iris Dataset)是一个用来检验分类算法性能的标准数据库。这个数据集有三类，每类各有 50 个样本，共 150 个样本，每个样本有四个属性特征。三种类别分别是 Iris Setosa、Iris Versicolour 和 Iris Virginica。四个属性分别是 Sepal Length（萼片长度）、Sepal Width（萼片宽度）、Petal Length（花瓣长度）和 Petal Width（花瓣宽度）。

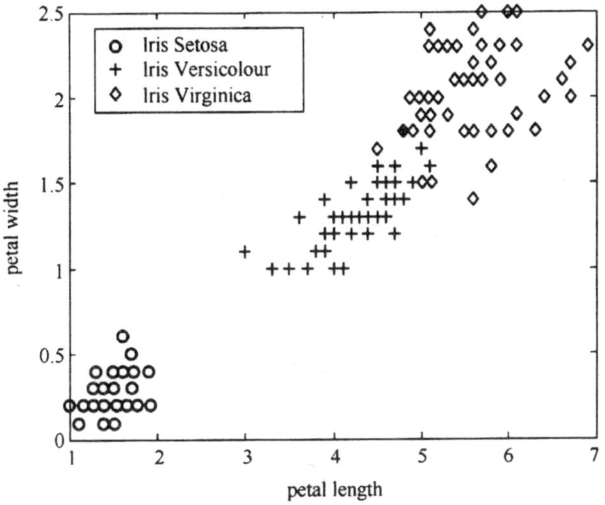

图 7-20　二维样本的分布及其相应类别

为了直观地观察这个数据集，通过四个特征中的两个特征，在二维坐标系上表示样本的分布及其相应类别，如图 7-20 所示。

将每类的 50 个样本分成两个部分，前 30 个样本用于训练，后 20 个样本用于测试。建立一个两层 BP 网络，网络的输入为四维特征向量，在隐藏层中使用对数 S 型传递函数(Sigmoid)，在输出层中使用线性传递函数。在隐藏层中设计 4 个神经元单元，由于需要得到的输出是 3 个目标，所以网络输出层有 3 个单元，误差的精度的设定要求是 10^{-3}。

7.3　径向基函数神经网络

除了采用 Sigmoid 型神经元输出函数的前馈网络外，还有一种较为常用的前馈型神经网络，叫做径向基函数(Radial Basis Function，RBF)神经网络。

7.3.1 基于高斯核的 RBF 神经网络拓扑结构

RBF 神经网络的拓扑结构是一种三层前馈网络：输入层由信号源节点构成，对数据信息有传递作用。第二层为隐含层，节点数视需要而定。第三层为输出层，它对输入模式作出响应。基于高斯核的 RBF 神经网络的拓扑结构如图 7-21 所示。

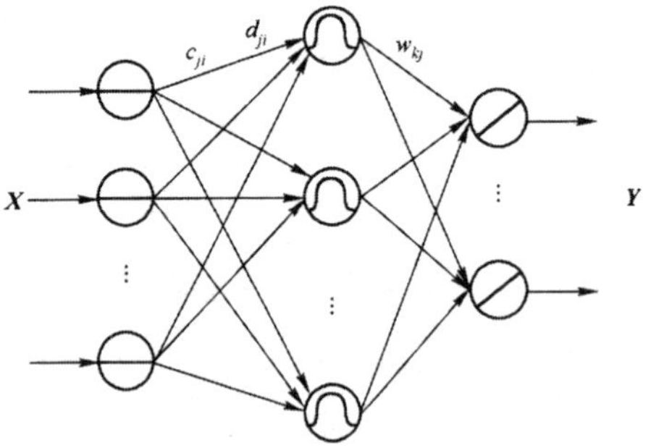

图 7-21　基于高斯核的 RBF 神经网络的拓扑结构

隐含层径向基神经元模型机构如图 7-22 所示。由图 7-22 可见，径向基网络传递函数是以输入向量与阈值向量之间的距离 $\|\boldsymbol{X}-\boldsymbol{C}_j\|$ 作为自变量的，其中 $\|\boldsymbol{X}-\boldsymbol{C}_j\|$ 是通过输入向量和加权矩阵 $\boldsymbol{C}$ 的行向量的乘积得到的。径向基神经网络传递函数可以取多种形式，最常用的有下面三种。

①Gaussian 函数：

$$\varphi_i(t)=\mathrm{e}^{-\frac{t^2}{\delta_i^2}} \tag{7-17}$$

②Reflected sigmoidal 函数：

$$\varphi_i(t)=\frac{1}{1+\mathrm{e}^{\frac{t^2}{\delta_i^2}}} \tag{7-18}$$

③逆 Muhiquadric 函数：

$$\varphi_i(t)=\frac{1}{(t^2+\delta_i^2)^a} \quad a>0 \tag{7-19}$$

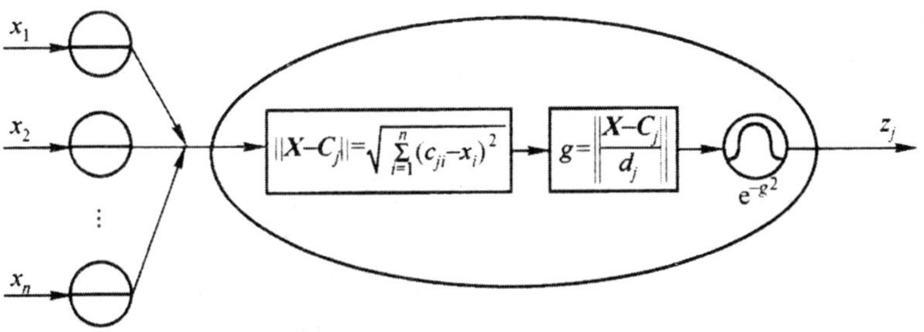

图 7-22　径向基神经元模型机构

但是,较为常用的还是 Gaussian 函数。本书选用 Gaussian 函数:$y=e^{-x^2}$ 为径向基函数。

当输入自变量为 0 时,传递函数取得最大值为 1。随着权值和输入向量间的距离不断减小,网络输出是递增的。也就是说,函数的输入信号 $\boldsymbol{X}$ 靠近函数的中央范围时,隐含层节点将产生较大的输出,如图 7-23 所示。

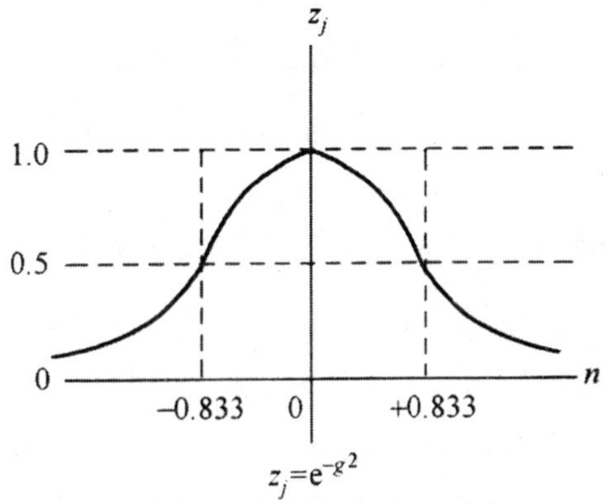

图 7-23　Gaussian 函数

7.3.2　RBF 网络训练

训练的目的是求两层的最终权值 $\boldsymbol{C}_j$、$\boldsymbol{D}_j$ 和 $\boldsymbol{W}_j$。RBF 网络在训练前,需要提供输入向量 $\boldsymbol{X}$、对应的目标输出向量 $\boldsymbol{Y}$ 和径向基函数的宽度向量 $\boldsymbol{D}_j$。在第 l 次输入样品($l=1,2,\cdots N$)进行训练时各个参数的表达及计算方法如下。

1. 确定参数

①确定输入向量 $\boldsymbol{X}$。

输入向量为 $\boldsymbol{X}=[x_1,x_2,\cdots,x_n]^{\mathrm{T}}$（$n$ 表示输入层单元个数）。

②确定输出向量 $\boldsymbol{Y}$ 和希望输出向量 $\boldsymbol{O}$。

输出向量为 $\boldsymbol{Y}=[y_1,y_2,\cdots,y_q]^{\mathrm{T}}$（$q$ 表示输出层单元数）。

希望输出向量 $\boldsymbol{O}=[o_1,o_2,\cdots,o_q]^{\mathrm{T}}$。

③初始化隐含层至输出层的连接权值 $\boldsymbol{W}_k=[w_{k1},w_{k2},\cdots,w_{kp}]^{\mathrm{T}}(k=1,2,\cdots,q)$。

参考中心初始化的方法给出：

$$\boldsymbol{W}_{kj}=\mathrm{min}k+j\,\frac{\mathrm{max}k-\mathrm{min}k}{q+1} \tag{7-20}$$

式中，min$k$ 为训练集中第 k 个输出神经元所有期望输出的最小值；max$k$ 为训练集中第 k 个输出神经元所有期望输出的最大值。

④初始化隐含层各神经元的中心参数 $\boldsymbol{C}_j=[c_{j1},c_{j2},\cdots,c_{jn}]^{\mathrm{T}}$。不同隐含层神经元的中心应有不同的取值，并且与中心的对应宽度能够调节，使得不同的输入信息特征能被不同的隐含层神经元最大程度地反映出来。

基于上述思想，RBF 神经网络中心参数的初始值可由下式给出：

$$c_{ji}=\mathrm{min}i+\frac{\mathrm{max}i-\mathrm{min}i}{2p}+(j-1)\frac{\mathrm{max}i-\mathrm{min}i}{p} \tag{7-21}$$

式中，p 为隐含层神经元总个数，$j=1,2,\cdots,p$。min$i$ 为训练集中第 i 个特征所有输入信息的最小值；max$i$ 为训练集中第 i 个特征所有输入信息的最大值。

⑤初始化宽度向量 $\boldsymbol{D}_j=[d_{j1},d_{j2},\cdots,d_{jn}]^{\mathrm{T}}$。宽度向量影响着神经元对输入信息的作用范围，一般计算方法如下：

$$d_{ji} = d_f \sqrt{\frac{1}{N}\sum_{k=1}^{N}(x_i^k - c_{ji})} \tag{7-22}$$

式中，d_f 为宽度调节系数。

2. 计算隐含层第 j 个神经元的输出值 z_j

$$z_j = \exp\left(-\left\|\frac{\boldsymbol{X}-\boldsymbol{C}_j}{\boldsymbol{D}_j}\right\|\right), j=1,2,\cdots,p \tag{7-23}$$

式中，$\boldsymbol{C}_j$ 为隐含层第 j 个神经元的中心向量，由隐含层第 j 个神经元对应于输入层所有神经元的中心分量构成，$\boldsymbol{C}_j = [c_{j1}, c_{j2}, \cdots, c_{jn}]^{\mathrm{T}}$；$\boldsymbol{D}_j$ 为隐含层第 j 个神经元的宽度向量，与 $\boldsymbol{C}_j$ 相对应 $\boldsymbol{D}_j = [d_{j1}, d_{j2}, \cdots, d_{jn}]^{\mathrm{T}}$，$\boldsymbol{D}_j$ 越大，隐含层对输入向量的响应范围就越大，且神经元间的平滑度也较好；‖·‖欧式范数。

3. 计算输出层神经元的输出

$$\boldsymbol{Y} = [y_1, y_2, \cdots, y_q]^{\mathrm{T}}$$

$$y_k = \sum_{j=1}^{p} w_{kj} z_j, k = 1,2,\cdots,q$$

式中，w_{kj} 为输出层第 k 个神经元与隐含层第 j 个神经元间的调节权重。

4. 权重参数的迭代计算

RBF 神经网络权重参数的训练方法在中心、宽度和调节权重参数均通过学习来自适应调节到最佳值，它们的迭代计算如下：

$$w_{kj}(t) = w_{kj}(t-1) - \eta \frac{\partial E}{\partial w_{kj}(t-1)} + \alpha[w_{kj}(t-1) - w_{kj}(t-2)]$$

$$c_{ji}(t) = c_{ji}(t-1) - \eta \frac{\partial E}{\partial c_{ji}(t-1)} + \alpha[c_{ji}(t-1) - c_{ji}(t-2)]$$

$$d_{ji}(t) = d_{ji}(t-1) - \eta \frac{\partial E}{\partial d_{ji}(t-1)} + \alpha[d_{ji}(t-1) - d_{ji}(t-2)]$$

式中，$w_{kj}(t)$为第 k 个输出神经元与第 j 个隐层神经元之间在第 t 次迭代计算时的调节权重；$c_{ji}(t)$为第 j 个隐层神经元对应于第 i 个输入神经元在第 t 次迭代计算时的中心分量；$d_{ji}(t)$为与中心 $c_{ji}(t)$对应的宽度；η 为学习因子；E 为 RBF 神经网络评价函数，由下式给出：

$$E=\frac{1}{2}\sum_{l=1}^{N}\sum_{k=1}^{q}(y_{lk}-O_{lk})^2 \tag{7-24}$$

式中，O_{lk} 为第 k 个输出神经元在第 l 个输入样本时的期望输出值；y_{lk} 为第 k 个输出神经元在第 l 个输入样本时的网络输出值。

综上所述，可给出 RBF 神经网络如下的学习算法：

①对神经网络参数进行初始化，并给定 η 和 α 的取值及迭代终止精度 ε 的值。

②按下式计算网络输出的均方根误差 RMS 的值，若 RMS $\leqslant\varepsilon$，则训练结束，否则转到第③步。

$$\text{RMS}=\sqrt{\frac{\sum_{l=1}^{N}\sum_{k=1}^{q}(y_{lk}-O_{lk})^2}{qN}} \tag{7-25}$$

③对调节权重、中心和宽度参数进行迭代计算。

④返回步骤②。

7.4 Hopfield 神经网络

与前馈网络不同，Hopfield 网络是一种反馈网络。反馈网络的结构是单层的，各单元地位平等，每个神经元都可以与所有其他神经元连接。人们通常把反馈网络看成动态系统，主要关心其随时间变化的动态过程。反馈网络存在如稳定性问题、随机性以及不可预测性等因素，因此，它比前馈网络的内容复杂得多，我们可以从不同方面利用这些性质以完成各种计算功能。

7.4.1　网络拓扑

以三个神经元为例，Hopfield 网络的拓扑结构如图 7-24 所示。Hopfield 网络是一种反馈网络，它的基本单元是与前向网络类似的神经元，其传递函数可以是阈值函数，也可以是饱和线性函数等其他函数。当网络根据输入得到输出后，该输出将反馈到输入端成为新的输入，如此反复，经过对网络权值和阈值的调整，直到网络的输出稳定为止。此时网络的稳定点就是期望的输出值。

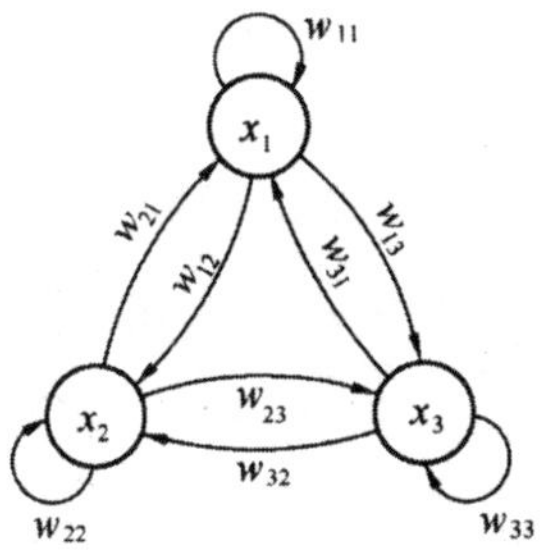

图 7-24　三个神经元的 Hopfield 神经网络

7.4.2　离散 Hopfield 网络的设计

离散 Hopfield 网络各单元都互相连接，单元特性都是阈值函数。它是一个离散时间系统，用 $N(\boldsymbol{W},\boldsymbol{\theta})$ 表示一个 n 阶网络，定义 $\boldsymbol{x}=[x_1,x_2,\cdots,x_n]^{\mathrm{T}}$ 为网络的状态向量，其分量是 n 个神经元的输出，只能取 $+1$ 或 -1。$\boldsymbol{\theta}=[\theta_1,\theta_2,\cdots,\theta_n]^{\mathrm{T}}$ 为网络的阈值向量。$\boldsymbol{W}=[w_{ij}]_{n\times n}$ 为网络的连接权矩阵，其元素 w_{ij} 表示第 i 个神经元到第 j 个神经元的连接权，它为对称矩阵，即 $w_{ij}=w_{ji}$。若 $w_{ij}=0$，则称其网络为无自反馈网络，否则，称其为有自反馈网络。

描述状态变化的方程式可写为

$$u_j(t+1)=\sum_{i=1}^{n}w_{ij}x_i(t)-\theta_j \tag{7-26}$$

$$x_j(t+1)=\mathrm{sgn}(u_j(t+1)) \tag{7-27}$$

其中,sgn(·)为符号函数。

离散 Hopfield 网络有两种工作方式:

(1)串行(异步)方式

在任一时刻,只有某一神经元 i 改变状态,而其他神经元状态不变。

(2)并行(同步)方式

在任一时刻,部分神经元状态发生改变,其中最重要的一种特殊情况为:在某时刻 t,所有的神经元发生状态改变,称为全并行方式。

如果网络从 $t=0$ 的任一初始状态 $x(0)$ 开始变化时,经过有限时间 t 后,网络状态不再发生变化,即

$$x_i(t+1)=x_i(t),i=1,2,\cdots,n$$

则称网络是稳定的。

为了研究网络的稳定性,定义某时刻 t 系统的能量函数

$$E(t)=-\frac{1}{2}\boldsymbol{x}^{\mathrm{T}}\boldsymbol{W}\boldsymbol{x}+\boldsymbol{\theta}^{\mathrm{T}}\boldsymbol{x}=-\frac{1}{2}\sum_{i=1}^{n}\sum_{j=1}^{n}w_{ij}x_i(t)x_j(t)+\sum_{i=1}^{n}\theta_i x_i(t) \tag{7-28}$$

考虑在串行方式下,对角线元素为 0 时,一次运算只有 x_j 发生变化时能量函数才发生变化,即

$$\begin{aligned}\Delta E_j &= E(t+1)-E(t)\\ &=-[x_j(t+1)-x_j(t)]\sum_{\substack{i=1\\ i\neq j}}^{n}w_{ij}x_i(t)+\\ &\quad\theta_j[x_j(t+1)-x_j(t)]\\ &=-[x_j(t+1)-x_j(t)]\Big(\sum_{\substack{i=1\\ i\neq j}}^{n}w_{ij}x_i(t)-\theta_j\Big)\\ &=-[x_j(t+1)-x_j(t)]x_j(t+1)\end{aligned} \tag{7-30}$$

结合式(7-26)和式(7-27),观察式(7-30),由于 x_j 只能取 ± 1,故只需考虑以下 3 种情况:

① $x_j(t+1)=x_j(t)$,此时 $\Delta E_j=0$。

② $x_j(t+1)-x_j(t)=2$,此时等号右边方括号的符号为正,$\Delta E_j<0$。

③ $x_j(t+1)-x_j(t)=-2$,此时等号右边方括号的符号为负,$\Delta E_j<0$。

因此,系统如果发生变化,其能量函数只可能减小。能量函数达到的某一个极小点,称为平衡态,与该点相邻的点的能量函数值一定大于该点,该平衡态是孤立的。由于系统是非线性的,可以有多个孤立的平衡态。如果系统是确定性的,从系统的状态空间的任何一点出发,都会达到某个极小点,到达某个吸引子的所有初始点的集合称为该吸引子的吸引域。

7.4.3 联想记忆

Hopfield 网络的孤立吸引子可以用作联想存储器,可以把网络的稳定点视为一个记忆。吸引域的存在,意味着可以输入有噪声干扰的、残缺的或是部分的信息而恢复出或联想出完整的信息。为此需要正确设定权值矩阵,使被记忆的样本向量对应于网络能量函数的极小值。

设定权矩阵简单方法是"外积规则",即使用要存储的向量的外积组成权矩阵。设要存储的一组向量为 $x_1,x_2,\cdots,x_m$ $(m<n)$,n 是向量维数,则

$$\boldsymbol{W}=\sum_{i=1}^{m}(\boldsymbol{x}_i\boldsymbol{x}_i^{\mathrm{T}}-\boldsymbol{I}) \tag{7-31}$$

假定组中各向量两两正交,即

$$\boldsymbol{x}_i\boldsymbol{x}_i^{\mathrm{T}}=\begin{cases}n, i=j\\0, i\neq j\end{cases} \tag{7-32}$$

则

$$Wx_j = \sum_{i=1}^{m}(x_i x_i^{\mathrm{T}} - I)x_i = \sum_{i=1}^{m}(x_i x_i^{\mathrm{T}}) \cdot x_i - \sum_{i=1}^{m} I \cdot x_j$$
$$= nx_j - mx_j = (n-m)x_j \tag{7-33}$$

又因为$(n-m)>0$,所以,$\mathrm{sgn}(Wx_j)=x_j$,可见 x_j 确定是网络的一个吸引子。外积法则要求存储向量正交,条件比较强。

7.4.4 Hopfield 神经网络模型

J. Hopfield 教授于 1982 年、1984 年分别在美国科学院院刊上发表了两篇文章,为人工神经网络的研究带来了长期萧条后的复苏。他先后提出的离散型和连续型 Hopfield 网络模型,表现出良好的计算能力,能够解决诸如联想存储、求最优解等许多问题,对人工神经网络的发展做出了历史性的功绩。

图 7-25 为 Hopfield 提出的人工神经元原型之一,这是一个带反馈的同时具有正反相输出的人工神经元。基于人工神经元所构筑的网络示于图 7-26 在该图中与输入反相位的输出均标以横杠(如$\overline{V}_1,\cdots,\overline{V}_n$),而同相位的输出则不标横杠(如 $V_1,\cdots,V_n$)。显然用这种方式构成的人工神经网络能实现神经元间的相互激励或抑制,从而使之具有很强的能力。

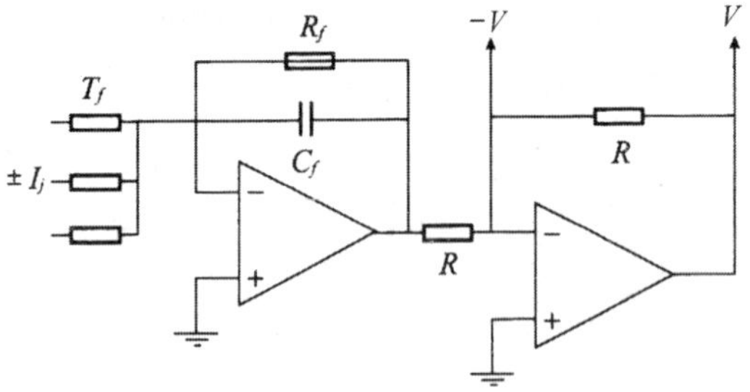

图 7-25　双输出带反馈的神经元

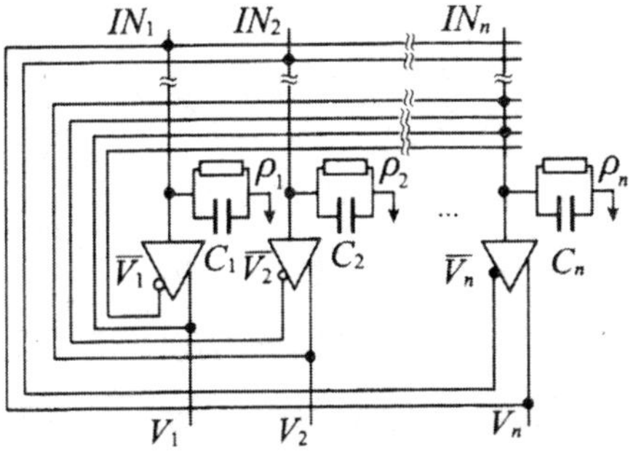

图 7-26　Hopfield 模型的物化

不妨对单个人工神经元作一基本的分析：以下称该人工神经元为单元 i，为其输出，V_i 的取值范围为 $V_j^0 \sim V_i^1$；(通常则表示为 0,1)。设单元 i 的输入为 u_i，若输入输出间用单调递增函数 $g(u_i)$所表征，则可构成连续时间网络模型。图 7-27(a) 中给出一个典型的 S 型输入 / 输出关系曲线，并以 V_j^0，V_i^1 为其渐近线。图 7-27(b) 中描述了在加入定标参数又后，将对 S 曲线的斜率发生影响。图 7-27(c) 则表示了输出 / 输入关系曲线，当然有反函数 $u = g^{-1}(V)$，若称 C_i 为单元 i 及相关输入负载的总输入电容；R_{ij} 为单元 j 的输出到单元 i 间的输入电阻，则其倒数 $1/R_{ij}$ 为该两单元间的电导记作 T_{ij}；ρ_i 为单元 i 自身的输入电阻，则有 $1/R = 1/\rho_i + \sum\limits_j 1/R_{ij}$；$I_i$ 表示任何其他(固定的) 输入电流。在定义了上述参数后，我们可以得到一个 RC 充电公式以确定 u_i 的变化率。

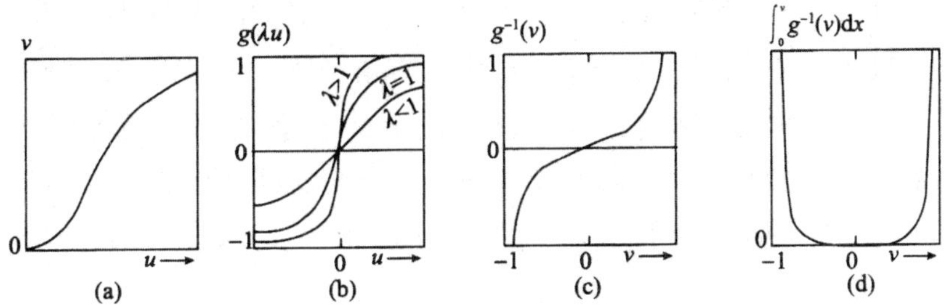

图 7-27　一个人于神经元的非线性 I/V 关系

$$C_i\left(\frac{\mathrm{d}u_i}{\mathrm{d}t}\right)=\sum_j T_{ij}V_j-\frac{u_i}{R_i}+I_i \tag{7-34}$$

且有

$$u_i=g_i^{-1}(V_i) \tag{7-35}$$

在上述参数设定中基本上都能从生物神经元中找到依据，因为生物神经元在接受外部刺激后也产生一个兴奋动作电位 u，它是其他神经元加于该神经元的兴奋与抑制共同影响的平均电位；而该神经元的输出 V 则可理解为其兴奋度的短期均值；非线性变换则通常是在两神经元的结合部——树突实现的；进一步研究还可发现：在神经元胞体膜的影响下，接受刺激的神经元的响应确实滞后于施加刺激神经元的输出，从而获得了 RC 充电方程的生理依据。而表征两人工神经单元间互联强度的重要参数 T_{ij} 更是以突触在信息传递中的"二传手"作用为参照物的。

以此种人工神经元构成的系统其总能量可由下式算出[图 7-28(d)显示了 g 作为 V 的函数对能量的贡献]：

$$E=-\frac{1}{2}\sum_i\sum_j T_{ij}V_jV_i+\sum_i\frac{1}{R_i}\int_0^V g_i^{-1}(V)\mathrm{d}V+\sum I_iV_i \tag{7-36}$$

当 g 为高增益函数，则上式右部第二项可忽略，从而转化为离散的系统，因此离散系统可认为是连续系统的特例。

图 7-28 为一个双神经元双稳定状态的系统的能量等值线图。其纵坐标与横坐标分别为该两神经元的输出，稳定状态被定位于接近左下角与右上角处，而其余两角则不稳定。箭头表示根据式(7-34)引起的移动，这一移动通常并不垂直于能量等值线。该系统的参数分别为 $T_{12}=T_{21}$，$g(u)=(2/\pi)\arctan^{-1}(\pi\lambda u/2)$，其中 $\lambda=1.4$ 能量等值线从外向内分别为 0.449，0.156，0.017，−0.003，−0.023，−0.041。

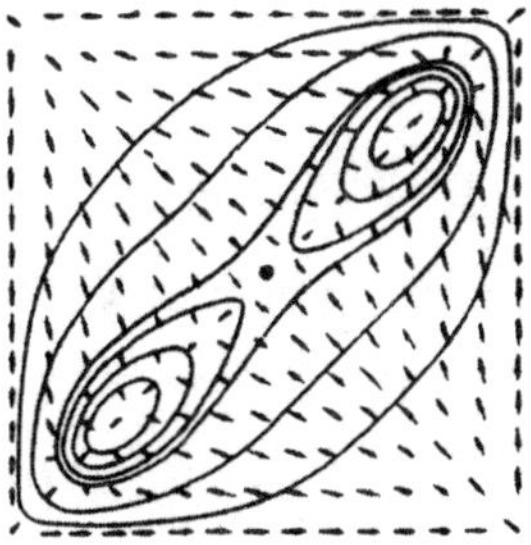

图 7-28　一个简单 Hopfield 网的能量等值线图

7.4.5 Hopfield 网络的应用

1. 网络状态空间图

考虑一个具有三个神经元的 Hopfield 神经网络。定义存储在网络中的稳定点为两个三维列向量，它们是 $\boldsymbol{x}_1=[-1,1,-1]^T$ 和 $\boldsymbol{x}_2=[1,-1,-1]^T$，图 7-25 绘出了 Hopfield 神经网络状态空间图，其中用“ * ”标记了上述的两个稳定点，为了便于观察，所有的初始状态都将被限制在图 7-29 中的框中。

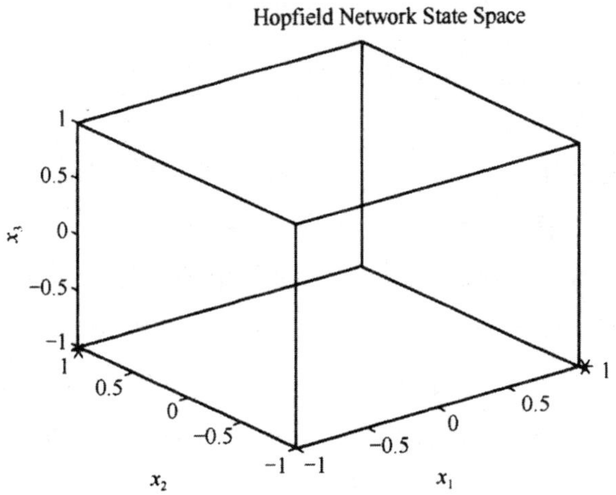

图 7-29　稳定点

在 Hopfield 神经网络的基本结构的基础上，Liet. al. 研究了一种方法，这种方法更容易执行，MATLAB 用这种方法设计 Hopfield 神经网络。

下面说明 Hopfield 神经网络对目标模式向量的跟踪能力，选择 20 个随机起始点，这些随机起始点到达目标点的轨迹如图 7-30 所示。从图中可以看出，当初始点离左下角的稳定点较近时，其最终就会达到左上角的稳定点；当初始点离右下角的稳定点较近时，就会达到右下角的稳定点。也就是说，这些初始点都能够收敛它接近的稳定点。

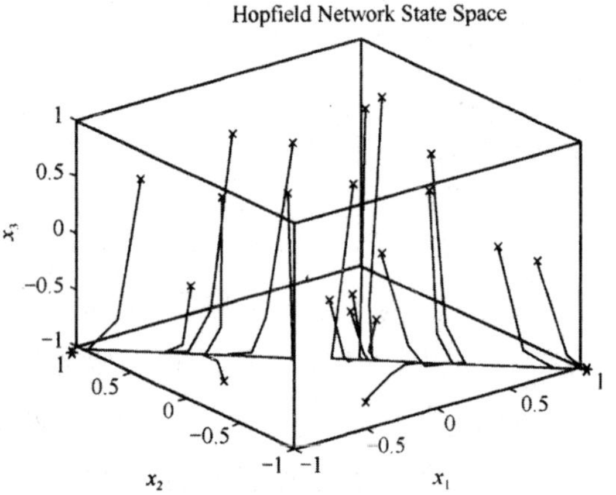

图 7-30　20 个随机起始点到达目标点的轨迹

2. 印刷体数字识别

该网络的第一层为有 n 个一标准节点的 Hopfield 网络，在其上加了一层有 m 个节点的近邻判决网，第二层的每一节点对应着一个样本，并与第一层 n 个节点相连。整个网络结构如图 7-31 左部所示，在第一层中选用的 I/O 函数为符号函数，即某节点的活跃值若大于阈值则输出 +1，反之输出 −1。第二层所选用的 I/O 函数则如该图右部所示。这样一来，在稳定状态最终输出 y_k 之值就代表第一层输出与第 k 个样板的匹配程度（$k=1,2,\cdots,m$），当第一层输出恰为第 k 个标准样本时，y_k 得到最大值。这样就把判决问题转化为求 y_k 最大值的问题。

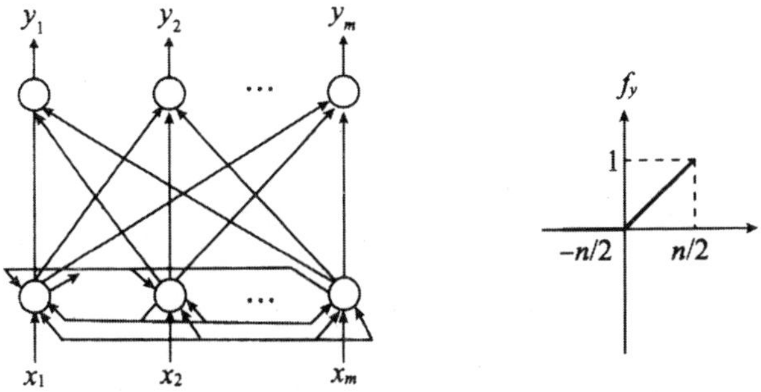

图 7-31 Hopfield 网与近邻判决的结合

用作输入的样本为 8×12 点的印刷体数字，在对网络训练后，分别加 0.1，0.15，0.2 的噪声（即将黑白颠倒）进行测试，结果表明对于 0.2 的噪声，仍能达到 85％的准确率。

3. 印刷体汉字识别

在用于联想记忆时，Hopfield 网络神经元间的互联权重 T_{ij} 仅与样本集的组成有关，学习一旦完成，整个网络便以固定的权重联结。引入了重点强化系数 P，当 $P=1$ 时，即为 Hopfield 网络；当 $P>1$ 时，意味着对重点内容的强化记忆，P 值选得越大，使重点内容强化记忆的程度越高。参数 P 的引入，使网络在联想过程中权重可调，亦即相当于“吸引子”势力范围的可变，从而提高了网络的容错能力与收敛速度。

引入参数 P 后，该系统的能量函数可表示为

$$E=-\left[P(\boldsymbol{S}^m\cdot\boldsymbol{S})^2+\sum_{a\neq m}(\boldsymbol{S}^a\cdot\boldsymbol{S})^2\right] \tag{7-37}$$

式中，$\boldsymbol{S}=(s_1,s_2,\cdots,s_n)$是状态矢量，其分量 $s_{j,j}=1,2,\cdots,n$，n 为输入节点数；$\boldsymbol{S}^a$ 为输入样本，m 满足 $\max(\boldsymbol{S}^a\cdot\boldsymbol{S})=\boldsymbol{S}^m\cdot\boldsymbol{S}$。

状态演化方程为

$$\boldsymbol{S}(t+1)=W\left[P(\boldsymbol{S}^m\cdot\boldsymbol{S}(t))\boldsymbol{S}^m+\sum_{a\neq m}(\boldsymbol{S}^a\cdot\boldsymbol{S})\boldsymbol{S}^a\right] \tag{7-38}$$

识别所用的网络模型如图 7-32 所示，它是一个三层网，其中输入与输出两层各有 576 个节点，中间层为 16 个节点（对应于 16 个样本），当强化系数 $P=7$ 时，加 0.4 的随机噪声，得到

极满意的识别结果。

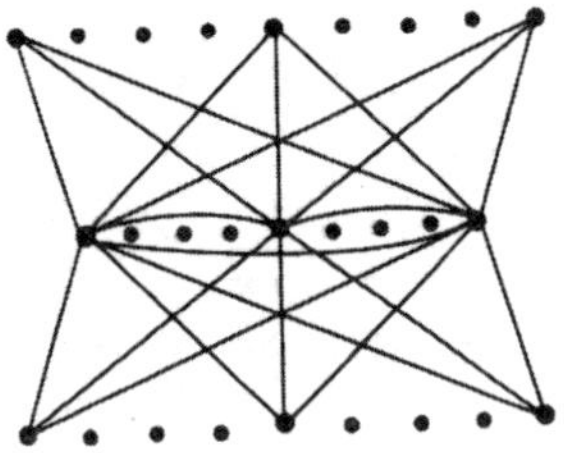

图 7-32　Hopfield 网的一种改型

7.5　自组织特征映射神经网络

Kohonen 根据人脑的这一特性提出了自组织映射(Self－Organizing Feature Map,SOFM)理论,很好地模拟了人脑的功能区域性、自组织特性及神经元兴奋刺激规律。

7.5.1　网络结构

自组织特征映射神经网络由输入层和输出层组成,输出层也称为竞争层。其网络结构如图 7-33 所示。输入层为输入模式的一维阵列,其节点数为输入模式的维数。输入层和输出层神经元间为全互连方式。输出层神经元相互间可能存在局部连接,按二维阵列形式排列。

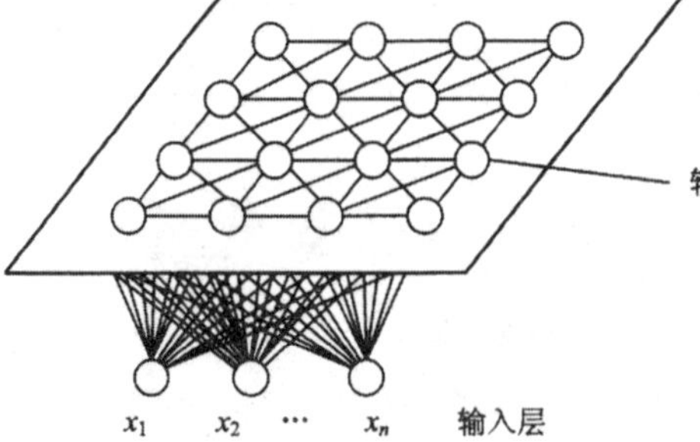

图 7-33　自组织特征映射网络结构图

对于给定的输入模式，网络在学习过程中不断调整连接权值，形成兴奋中心神经元（获胜神经元）j^*。在神经元 j^* 的邻域 NE_{j^*} 内的神经元都在不同程度上得到兴奋，区域 NE_{j^*} 的大小是时间 t 的函数，用 $NE_{j^*}(t)$ 表示。随着时间 t 的增大，$NE_{j^*}(t)$ 的面积逐渐减小，采用正方形的邻域形状图如图 7-34 所示。

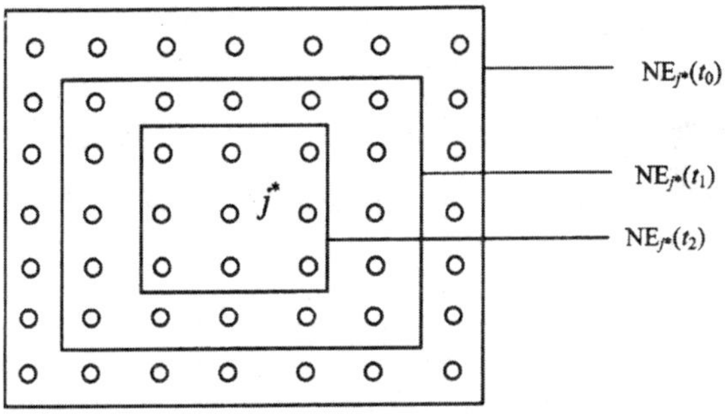

图 7-34　不同时刻特征映射的拓扑邻域（$t_0<t_1<t_2$）

由 SOFM 算法的连接权值向量空间对输出空间的映射，进而输入空间对输出空间的映射是一种拓扑有序的映射。这种算法也可以使无规则的输入模式自动排序。由此可知，SOFM 可用于样本排序、样本分类及样本特征检测等。

实例：图 7-35(a)是界面有交叠的两类样本，黑色的圈表示理想的贝叶斯决策界面；图 7-35(b)中的实线则是用 SOFM 网络学习算法生成的决策界面。

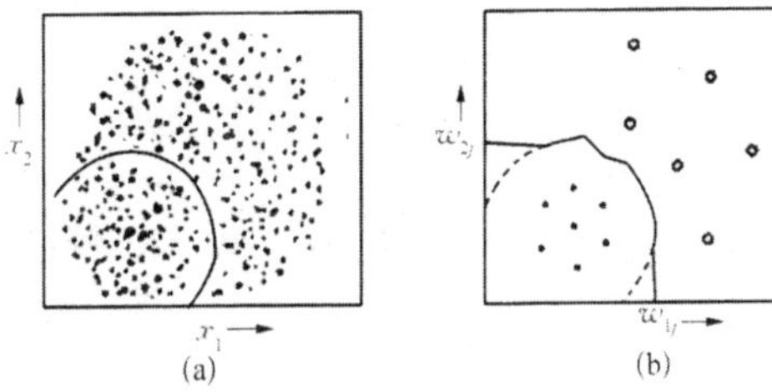

图 7-35　SOFM 网络分类与贝叶斯分类的比较

7.5.2　SOFM 网络原理

设网络的输入模式为 $\boldsymbol{u}_k=[u_{k1},u_{k2},\cdots,u_{kn}]^{\mathrm{T}}$，竞争层神经

元的输出为 $\boldsymbol{v}_j=[v_{j1},v_{j2},\cdots,v_{jn}]^{\mathrm{T}}(j=1,2,\cdots,m)$。输入层神经元 i 与竞争层神经元 j 之间的连接权向量为 $\boldsymbol{w}_i=[w_{i1},w_{i2},\cdots,w_{im}]^{\mathrm{T}}(i=1,2,\cdots,n)$，$\boldsymbol{w}_i$ 为模拟向量，$\boldsymbol{v}_j$ 为数字向量。$D_g(t)$则表示在第 t 次迭代中，获胜节点的邻域节点集合。

网络学习工作步骤如下：

步骤 1 初始化。

对 $\boldsymbol{w}_i$ 随机地赋予[0,1]区间中的某值，确定学习速率 $\eta(t)$ 的初值 $0<\eta(0)<1$，确定 $D_g(t)$的初值 $D_g(0)$及总学习次数 Q。

步骤 2 将模式

$$\boldsymbol{u}_k=[u_{k1},u_{k2},\cdots,u_{kn}]^{\mathrm{T}} \tag{7-39}$$

输入网络并作归一化处理：

$$\bar{\boldsymbol{u}}_k=\boldsymbol{u}_k/\|\boldsymbol{u}_k\|=[\bar{u}_{k1},\bar{u}_{k2},\cdots,\bar{u}_{kn}]^{\mathrm{T}} \tag{7-40}$$

$$\|\boldsymbol{u}_k\|=(\boldsymbol{u}_k^{\mathrm{T}}\boldsymbol{u}_k)^{\frac{1}{2}} \tag{7-41}$$

步骤 3 计算归一化的连接权矢量 $\bar{\boldsymbol{w}}_j=[\bar{w}_{1j},\bar{w}_{2j},\cdots,\bar{w}_{nj}]^{\mathrm{T}}$ 与输入向量归一化值 $\bar{\boldsymbol{u}}_k$ 之间的欧氏距离：

$$d_j=\|\bar{\boldsymbol{u}}_k-\bar{\boldsymbol{w}}_j\|=\left[\sum_{i=1}^{n}(\bar{u}_{ki}-\bar{w}_{ij})^2\right]^{\frac{1}{2}},j=1,2,\cdots,m \tag{7-42}$$

步骤 4 找出最小距离 d_g，确定获胜神经元 g。

$$d_g=\min_j[d_j] \tag{7-43}$$

步骤 5 调整连接权。

$$\boldsymbol{w}_j(t+1)=\begin{cases}\bar{\boldsymbol{w}}_j(t+1)+\eta(t)[\bar{u}_k-\bar{w}_j(t)],j\in D_g(t)\\ \bar{w}_j(t), \quad \text{其他}\end{cases} \tag{7-44}$$

步骤 6 对连接权向量 $\boldsymbol{w}_j(t+1)$进行归一化处理：

$$\bar{\boldsymbol{w}}_j(t+1)=w_j(t+1)/\|w_j(t+1)\| \tag{7-45}$$

$$\|w_j(t+1)\|=\left[\sum_{i=1}^{n}w_{ij}^2(t+1)\right]^{\frac{1}{2}} \tag{7-46}$$

步骤7　将下一个输入模式提供给输入层，返回步骤2，直到 N 个学习模式全部使用完为止。

步骤8　更新：$\eta(t)$ 及 $D_g(t)$ 表示为

$$\eta(t)=\left(1-\frac{1}{T}\right)\eta(0) \tag{7-47}$$

$$D_g(t)=\mathrm{INT}\left[D_g(0)\exp\left(-\frac{t}{T}\right)\right] \tag{7-48}$$

式中：INT[·]表示取整(要求 $D_g(t)\geqslant 1$)。

步骤9　令 $t=t+1$，返回步骤2，直至 $t=T$ 为止。

SOFM算法的说明如下。

1. $\boldsymbol{\eta}(t)$的选择

将网络学习过程分为两个阶段，第一个阶段为初步学习和初步调整阶段。为使学习加快，一般取 $\eta(t)>0.5$。一旦发现各输入模式有了相对的映射位置后，则转入学习第二阶段，即进行深入学习、精细调整阶段。

2. 对向量作归一化处理

对向量作归一化处理的目的是只保留向量的方向因素，这样可以较快地调整面 $\boldsymbol{w}_i$，使之与 $\boldsymbol{u}_i$ 方向趋于一致，从而有效地缩短学习时间。

3. 克服Hebb学习规则

克服Hebb学习规则只有一个方向调整的缺点，需对其进行修正，在调整项后面再减一非线性遗忘因子项。连接权的调整采用如下方程：

$$\frac{\mathrm{d}\boldsymbol{w}_j}{\mathrm{d}t}=\eta v_j\boldsymbol{u}_k-\beta(v_j)\boldsymbol{w}_j \tag{7-49}$$

式中，t 为连续时间；η 为学习速率；$\beta(v_j)$ 为一正的标量非线性函数，且 $\beta(v_j)=0$。为简化起见，可以取两个值：

$$v_j=\begin{cases}1, j\in D_g(t)\\0, j\notin D_g(t)\end{cases} \tag{7-50}$$

此处 $\beta(v_j)$为离散值。相应地,设 α 为一正常数,取

$$\beta(v_j)=\begin{cases}\alpha, j\in D_g(t)\\0, j\notin D_g(t)\end{cases} \tag{7-51}$$

当取 $\alpha=v_j$ 时,式(7-48)可以写为

$$\frac{\mathrm{d}\boldsymbol{w}_j}{\mathrm{d}t}=\begin{cases}\eta(\boldsymbol{u}_k-\boldsymbol{w}_j), j\in D_g(t)\\0, j\notin D_g(t)\end{cases} \tag{7-52}$$

将微分方程近似成差分方程,上式可表示为

$$\boldsymbol{w}_j(t+1)=\begin{cases}\boldsymbol{w}_j(t)+\eta(t)[\boldsymbol{u}_k-\boldsymbol{w}_g(t)], j\in D_g(t)\\\boldsymbol{w}_j(t), j\notin D_g(t)\end{cases} \tag{7-53}$$

SOFM 网络也可用于有监督的学习、分类。当已知类别的模式 $\boldsymbol{u}_k$ 输入网络后,仍按式(7-53)选择获胜神经元 g,如果结果表明分类正确,则将获胜神经元 g 的连接权向量向相同的方向调整,否则向相反的方向调整。调整关系可以表示为

$$\boldsymbol{w}_g(t+1)=\begin{cases}\boldsymbol{w}_g(t)+\eta(t)[\boldsymbol{u}_k-\boldsymbol{w}_g(t)], j\in D_g(t)\\\boldsymbol{w}_g(t)-\eta(t)[\boldsymbol{u}_k-\boldsymbol{w}_g(t)], j\notin D_g(t)\end{cases}$$

4. 邻域的作用与更新

模拟人脑细胞受外界信息刺激产生的兴奋与抑制空间分布是通过获胜神经元邻域 $D(t)$来体现的。若 $D(t)$取得较大,一般取输出层幅面的 1/3～1/2,随着学习的深入,$D(t)$逐渐变小。

第 8 章　统计学习理论与支持向量机方法

传统的统计模式识别的方法都比较繁琐，需要在足够多数目的样本下才能研究，因此很多方法都不能取得很好的结果。在此情况下，为研究有限样本情况下的统计模式识别问题，统计学习理论便由此诞生，同时基于统计学习理论发展了一种新的模式识别方法——支撑向量机，能够较好地解决小样本学习问题。

8.1　机器学习的基本问题与方法

8.1.1　机器学习的概念

机器学习专家在年提出。一般有两种改进系统的方法：一种是通过新知识改进系统；另一种是通过调整改进现有系统。

在计算机领域中有很多学习问题，举例如下。

【例 8-1】　网页导航中的文本分类问题(图 8-1)。

Web Site Directory—site organized by subject	
Business & Economy	Regional
B2B, Finace, Shopping, Jobs...	Countries, Regions, US state
Computer & Internet	Society & Culture
Internet , www, software	People, Enviroment, Religion
News & Media	Education
Newspaper, TV, Radio	College and University, K-12...
Entertainment	Arts & Humanities
Movie, Humor, Music...	Photograph, History

图 8-1　网页导航文本分类

在这个学习问题中：

T：将现有的文本分为不同的主题类。

P：这些分类结果的正确比例。

E：得到一个有包含正确分类文本的数据库。

【例 8-2】 西洋跳棋的学习问题。

T：玩西洋跳棋。

P：在和对手的游戏中胜利的百分比。

E：游戏中获胜的经验。

随着计算机技术不断发展，已有的算法和在机器学习中需要用到的理论，为机器学习提供了充足数据来源的互联网，出现的高效编程工具，进一步发展的计算机硬件等为机器学习将成为计算机学科中的重要分支提供了条件。但机器学习也面临着困难和挑战。比如，从训练数据集合中寻找输入数据与输出数据之间的关系，因为这种输入与输出的关系可以用多种函数来表示。

图 8-2 中用 11 个点来表示测试样本的输入与输出之间的关系，有三种拟合方法，但哪一种方法能够最好地拟合且使得拟合函数表达得更简洁呢？显然，这并不是一个容易判断的问题。

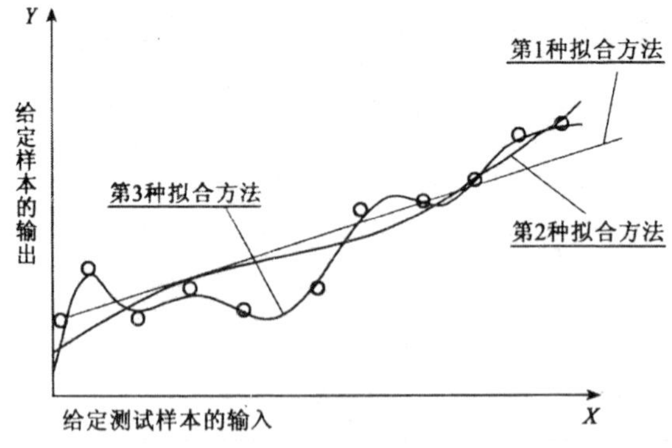

图 8-2 机器学习面临的挑战

8.1.2　统计机器学习的基本问题

1. 机器学习问题的表示

机器学习的目的是根使它能够对未知输出作出尽可能准确的预测。一般地表示为：变量 y 与 x 存在一定的未知依赖关系，即遵循某一未知的联合概率 $F(x,y)$，机器学习问题就是根据 n 个独立同分布观测样本：

$$(x_1,y_1),(x_2,y_2),\cdots,(x_n,y_n) \tag{8-1}$$

在一组函数 $\{f(x,\alpha)\}$ 中求一个最优的函数 $f(x,\alpha_0)$ 对依赖关系进行估计，使期望风险最小。

$$R(\omega)=\int_L [y,f(x,\alpha)]\mathrm{d}F(x,y) \tag{8-2}$$

其中，$\{f(x,\alpha)\}$ 称作预测函数集，α 为函数的广义参数，$\{f(x,\alpha)\}$ 可以表示任何函数集；$L[y,f(x,\alpha)]$ 为由于用 $f(x,\alpha)$ 对 y 进行预测而造成的损失，不同类型的学习问题有不同形式的损失函数、预测函数也称作学习函数、学习模型或学习机器。

2. 三类基本机器学习问题的损失函数

有三类基本的机器学习问题，即模式识别、函数逼近和概率密度估计。对模式识别问题，输出 y 是类别标号 1，两类情况下 $y=\{0,1\}$ 或 $\{1,-1\}$，预测函数称作指示函数，损失函数可以定义为

$$L[y,f(x,\alpha)]=\begin{cases}0, y=f(x,\alpha)\\1, y\neq f(x,\alpha)\end{cases} \tag{8-3}$$

使风险最小就是贝叶斯决策中使错误率最小，在函数逼近问题中，L 是连续变量（这里假设为单值函数），损失函数可定义为

$$L[y,f(x,\alpha)]=[y-f(x,\alpha)]^2 \tag{8-4}$$

即采用最小平方误差准则。而对概率密度估计问题,学习的目的是根据训练样本确定 $\boldsymbol{X}$ 概率密度。设估计的密度函数为 $P(x,\alpha)$,则损失函数可以定义为

$$L[P(x,\alpha)]=-\log_p(x,\alpha) \tag{8-5}$$

3. 经验风险最小化

在上面的问题表述中,期望风险 $R(\alpha)$最小化必须依赖关于联合概率分布函数 $F(x,y)$的信息。但是,在实际应用中,只有已知样本 $(x_1,y_1),(x_2,y_2),\cdots,(x_m,y_m)$的信息可以利用,因此,期望风险难以直接计算。

根据概率论中的大数定律,自然想到用算数平均来代替替式(8-2)中的数学期望,于是定义经验风险为

$$R_{\text{emp}}(\alpha)=\frac{1}{n}\sum_{i=1}^{m}L(y_i,f(x_i,\alpha)) \tag{8-6}$$

来逼近式(8-2)的期望风险。由于 $R_{\text{emp}}(\alpha)$是用已知的训练样本(即经验数据)定义的,因此称作经验风险。这种用对参数 α 叫求经验风险 $R_{\text{emp}}(\alpha)$的最小值来代替求期望风险 $R(\alpha)$最小值,就是所谓的经验风险最小化(Empirical Risk Minimization, ERM)原则。

4. 复杂性与推广性

考虑过学习现象出现的原因,一种是训练样本不充分,一种是分类器设计不合理,这两个问题是互相关联的。图 8-4 给出了过学习现象的解释,如果给出的是少量的训练样本,如图 8-4(a)所示,可能会得到两种判别曲线,一条是直线(图中的实线),另一条是曲线(图中的虚线),对于样本数较少的情况,两种分类线都能保证在错误率较小的前提下将两类样本分开,曲线的复杂性比直线的大,因此对于训练样本有更小的误差。但对于原

数据(大样本情况),可能会出现两种情况:一种是曲线更加真实地反映原分类数据的分布,见图 8-3(b),这样直线就是欠学习的结果;另一种是直线更真实地反映原分类数据的分布,见图 8-3(c),则曲线就是过学习的结果,试图用一个复杂的模型去描述一个有限样本的对象,其结果往往导致对于未来样本丧失了推广性。

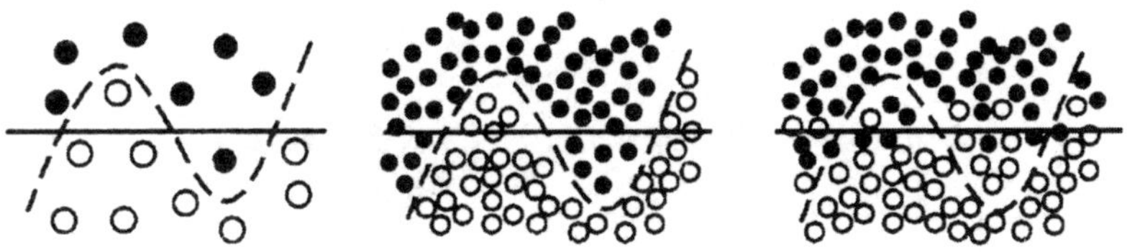

(a)　　(b)　　(c)

图 8-3　过学习现象

(a)小样本情况下的两种分类线;

(b)曲线更真实反映原数据分布的情况;

(c)直线更真实反映原数据分布的情况

8.1.3　机器学习方法

1. 机器学习方法分类

本节将介绍机器学习方法基于不同标准的不同分类的。机器学习方法一般从三个分类标准来分类,第一个是基于学习策略的分类,第二个是基于所获取知识的表现形式的分类,第三个是基于应用领域的分类,如图 8-4 所示。

- 基于学习策略的分类
  - 机械学习
  - 有导师的学习
  - 演绎学习
  - 类比学习
  - 基于解释的学习
  - 归纳学习
- 基于所获取知识的表现形式的分类
  - 代数表达式参数
  - 决策树
  - 形式文法
  - 产生式规则
  - 形式逻辑表达式
  - 网和图
  - 框架和模式
  - 计算机程序和编码
  - 多种形式组合
- 基于应用领域的分类
  - 分类任务
  - 问题求解任务

图 8-4　基于不同分类标准的机器学习分类

在不同的时期，对机器学习的研究着眼于不同点，图 8-5 反映了这个发展的过程。1989 年，Carbonell 发表文章指出，机器学习有 4 个研究方向。1997 年，Dietterich 提出了另外 4 个新的研究方向。

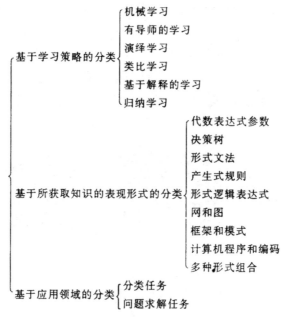

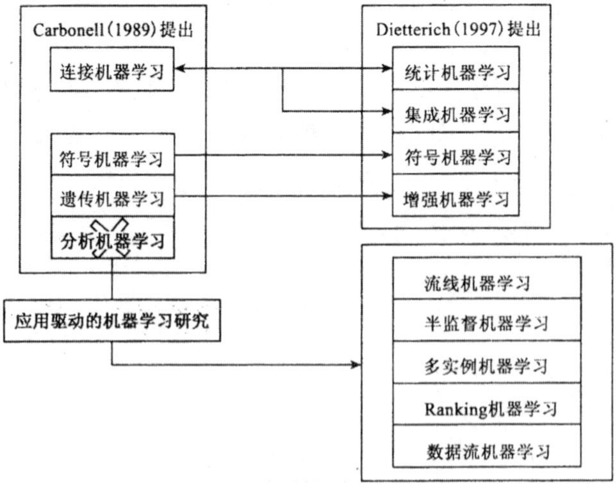

图 8-5　机器学习的发展演变

2. 常见的机器学习方法

（1）机械学习

机械学习是最简单的学习方法。机械学习的学习程序不具有推理能力仅仅就是记忆。机械学习的过程是最基本的学习过程。任何学习系统都必须记得它们所获取的知识。

当机械学习系统的执行部分解决好问题之后，系统就记住该问题及其解，可把学习系统的执行部分抽象地看成某个函数，该函数在得到自变量输入值($x_1, x_2, x_3, \cdots, x_n$)之后，计算并输出函数值($y_1, y_2, y_3, \cdots, y_p$)。机械学习在存储器中简单地记忆存储对：

$$((x_1, x_2, x_3, \cdots, x_n), (y_1, y_2, y_3, \cdots, y_p))$$

当需要 $f(x_1, x_2, x_3, \cdots, x_n)$时，执行部分就从存储器中把($y_1, y_2, y_3, \cdots, y_p$)简单地检索出来而不是重新计算它。

（2）基于神经网络的学习

人工神经网络是由模拟神经元组成的，可把人工神经网络看成以处理单元 PE(Processing Element)为节点，用加权有向弧相互连接而成的有向图。其中，处理单元是对生理神经元的模拟，而有向弧则是轴突→突触→树突对的模拟。有向弧的权值表示两处单元间相互作用的强弱。神经元结构如图 8-6 所示。

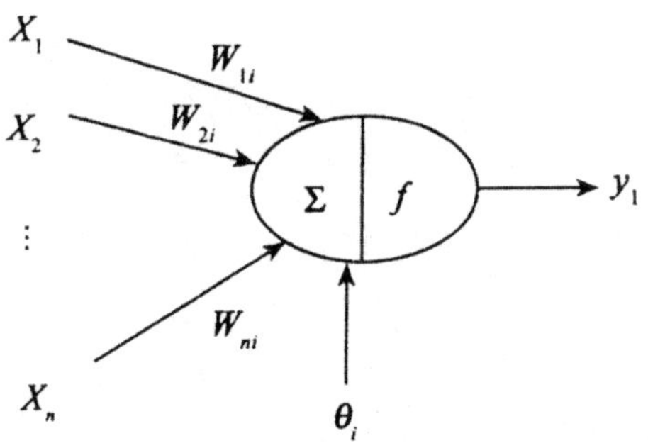

图 8-6　神经元结构

令来自其他处理单元 $i(i=0,1,2,\cdots,n-1)$ 的输入为 X_i，它们与本处理单元的联系强度为 W_i，本单位内部阈值为 θ，则本单元的输入为：

$$I=\sum_{i=0}^{n-1}W_iX_i \tag{8-7}$$

而本单元的输出为：

$$y=f\left(\sum_{i=0}^{n-1}W_iX_i-\theta\right) \tag{8-8}$$

式中，f 为作用函数。

(3)统计学习

统计学习的研究主要集中在两个问题上，一个问题是强调非线性问题的线性表示，另一个问题是推广问题。线性表示中认为非线性算法都是 NP 完全问题。而只有某个空间可以描述为线性的世界才认为这个世界是被认识的，比如前面所谈到的异或问题就是线性不可分的问题(图 8-7)。在正和负之间的异或中无法添加一个线性的分类。

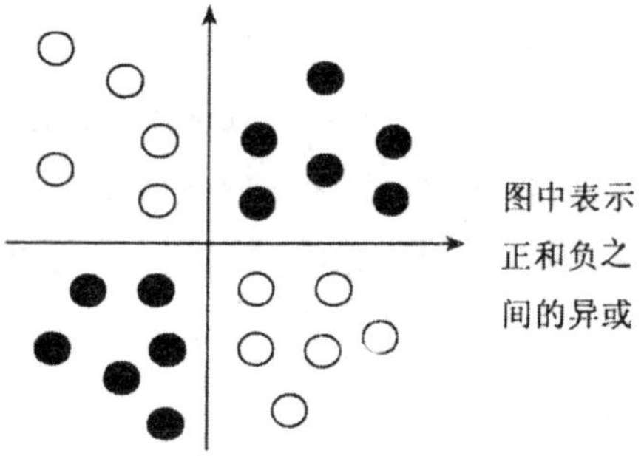

图 8-7　异或问题线性不可分

8.1.4　机器学习的应用

1. 机器学习的应用现状

机器学习已经开始应用到很多领域，包括军事、商业、农业、工业、金融等，如表 8-1 所示。

表 8-1　机器学习的应用实例

机器学习的应用	规则归纳
天体(1995)	自动分类观测到的天空图像
电路板(1987)	错误诊断
电话(1994)	公用付费电话的错误诊断
排水管诊断	振动数据分析和预测
信用决议(1989)	信用申请贷款认可
信用卡(1993)	信用卡申请认可
设备配置(1990)	火灾检测设备配置
卫生保健(1994)	特定诊断的侧面要求
军事	军用小组能力的预测
抵押(1994)	过期付款的偿还预测
印刷(1990)	避免印刷上的条带
过程监测(1989)	油/水冷却乳液的质量
共享市场(1994)	共享贸易的建议
化学加工控制(1984)	制造业过程设置的操作指南

2. 机器学习在农业领域的应用

机器学习是一种在数据分析方面很好的工具，但是在应用的过程中常常只采用传统的概率知识，而忽视了机器学习的方法。在本小节中将介绍如何将机器学习用于农业领域数据的分析中。

(1)农业问题研究简述

农业研究是以收集、分类、分析数据这种统计学的方法作为传统方法的。在传统方法中用来控制计划、分析及解释试验结果的数据存储在计算机中，且在研究过程中应用专门的统计分析软件来进行操作，然而机械的应用这些统计分析软件并没有真正理解。计算机虽然能够自动收集到数据，但大量的数据却给研究者造成了问题。而机器学习方法则是相对于统计方法的一种新的方法，它有足够的能力去帮助解决农业问题分析。可以说，当试验设计完毕、数据收集完毕后，机器学习和传统的统计方法将采用的就是截然不同的研究方法了。

（2）机器学习研究过程

机器学习的基础问题也就是去寻找训练样例中输入与输出之间的关系，然后将这种关系用于将来的数据中。在这个问题中，我们将集中讨论基本的分类问题。

在讨论苹果撞伤的问题中，以苹果落下的高度，撞伤的位置，以及撞伤处的曲率半径（对苹果形状的评估）作为输入，撞伤的程度作为输出来表示。B_0 表示撞伤面积小于 1.0cm^2，B_1 表示严重的撞伤。在表 8-2 中有一些带有属性和分类结构的实例（从大量实例中选取其中的几个）。

表 8-2 训练样例

能量级	位置	曲率半径	撞伤级别
6	2	43	B_1
6	2	46	B_1
6	2	50	B_1
1	3	27	B_0
1	3	29	B_0

可以看出，在这个问题中，输入包括各种属性值，最后将这些例子分类为 B_0 和 B_1 两个部分。

（3）结论及讨论

在表 8-3 中的第一行将依靠规则 3 推出结果 B_1，第二行将依靠规则 4 推出 B_1，第三行将依靠规则 1 推出 B_0，第四行将依靠规则 3 推出 B_0，最后一行依靠规则 3 推出 B_1。

表 8-3　将要用规则分类的例子

能量级	位置	撞伤级别
5	1	B_1
2	3	B_1
1	2	B_0
2	4	B_0
6	1	B_1

对于研究者来讲，最重要的是通过研究所得到的结果能够为他们找到什么属性，且这个属性是如何影响最后分类结果的。

8.2　统计学习理论

8.2.1　学习过程的一致性

1. 经验风险最小化学习一致性的条件

已知 n 个独立同分布样本集合，$f(x,\alpha^*)$ 为该样本集合的可使经验风险为最小的预测函数，相应的损失函数为 $L(y,f(x,\alpha^* | n))$，其最小经验风险为 $R_{\text{emp}}(\alpha^* | n)$，而期望风险为 $R(\alpha^* | n)$，当满足

$$\lim_{n\to\infty} R(\alpha^* | n) \to R(\alpha_0) \tag{8-9}$$

$$\lim_{n\to\infty} R_{\text{emp}}(\alpha^* | n) \to R(\alpha_0) \tag{8-10}$$

称该经验风险最小化过程是一致的，或又称为学习过程一致性(Consistency)的条件。式中，$R(\alpha_0)=\inf\limits_{\omega} R(\alpha)$ 表示真实的最小风险，为期望风险的下确界。式(8-9)为理论上学习过程一致性条件，式(8-10)为实际上学习过程一致性条件，两者的一致

性描述是以样本容量趋于无穷为前提的。

在机器学习过程中，若能够保证在训练样本数趋于无穷大时，经验风险的最优值能够收敛到真实风险的最优值，经验风险最小化原则下得到的最优方法趋近于使期望风险最小。

经验风险和真实风险之间的关系可以用图 8-8 表示。下面用一个例子进行说明。

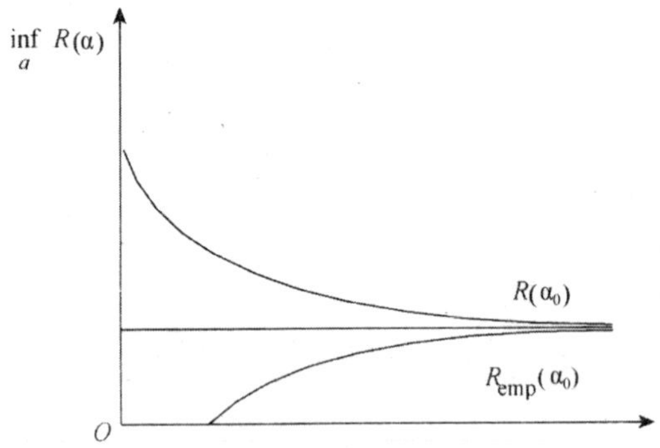

图 8-8　经验风险最小化

例如某个函数集 $Q(x,\alpha)$，$\alpha\in\Lambda$，它的经验风险最小化方法是不一致的。将其扩展为一个新的函数集，它包括 $Q(x,\alpha)$和一个额外的函数 $\Psi(x)$。假设这个额外的函数满足不等式：

$$\inf_{\omega\in\Lambda} Q(x,\alpha) > \Psi(x),\ \forall x$$

则对这个扩展的函数集来说，经验风险最小化方法就是一致的，如图 8-9 所示。

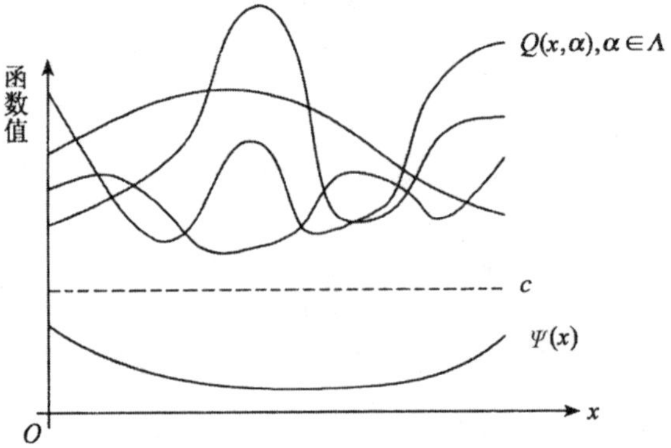

图 8-9　平凡一致性

图 8-9 表明对函数集 $Q(x,\alpha),\alpha\in\Lambda$ 来说经验风险最小化方法是不一致的，而对函数集 $\{\Psi(x)\}\cup Q(x,\alpha),\alpha\in\Lambda$ 则一致。

因此，采用传统定义的任何一致性理论都需要检查是否可能存在平凡一致性的情况。这表明该理论是在建立一种风险最小化方法一致性的同时，使它依赖于函数集的整体特性，就需要调整一致性的定义来排除平凡一致性的情况。

对于非平凡一致性的概念的定义：对于函数集 $Q(x,\alpha),\alpha\in\Lambda$ 以和概率分布函数 $F(x)$，如果对于这一函数集的任何非空子集 $\Lambda(c),c\in(-\infty,+\infty)$：

$$\Lambda(c)=\{\alpha:\int Q(x,\alpha)\mathrm{d}F(x)>c,\alpha\in\Lambda\}$$

使得收敛性：

$$\inf_{\alpha\in\Lambda(c)} R_{\text{emp}}(\alpha)\xrightarrow[p]{m\to\infty}\inf_{\alpha\in\Lambda(c)} R(\alpha) \tag{8-11}$$

成立，则称经验风险最小化方法是非平凡一致的。

2. 学习理论关键定理

如果损失函数有界，经验风险最小化学习一致的充分必要条件要收敛于真实风险：

$$\lim_{1\to\infty} P\{\sup_{\alpha\in\Lambda}[R(\alpha)-R_{\text{emp}}(\alpha)]>\varepsilon\}=0,\forall\varepsilon>0 \tag{8-12}$$

式中，P 表示概率，$R_{\text{emp}}(\omega)$ 和 $R(\alpha)$ 分别表示在 1 个数据样本下的经验风险和对于同一个仅的真实风险。

定理中的式(8-12)称为单边一致收敛，与之相对应的是双边一致收敛，即

$$\lim_{1\to\infty} P\{\sup_{\alpha\in\Lambda}|R(\alpha)-R_{\text{emp}}(\alpha)|>\varepsilon\}=0,\forall\varepsilon>0 \tag{8-13}$$

单边收敛的条件和双边收敛的条件是密切相关的。

3. 一致双边收敛的充分必要条件

下面将要研究在什么条件下经验过程依概率收敛于零。

随机变量序列

$$\varepsilon^m = \sup_{\alpha \in \Lambda} \left| \int Q(x,\alpha)\mathrm{d}F(x) - \frac{1}{m}\sum_{i=1}^{m} Q(x_i,\alpha) \right|, i = 1,2,\cdots \tag{8-14}$$

既依赖于概率测度 $F(x)$，又依赖于函数集 $Q(x,\alpha)$，$\alpha \in \Lambda$，则称做双边经验过程。过程(8-14)式依概率收敛是指等式：

$$\lim_{m\to\infty}\left\{ \sup_{\alpha \in \Lambda} \left| \int Q(x,\alpha)\mathrm{d}F(x) - \frac{1}{m}\sum_{i=1}^{m} Q(x_i,\alpha) \right| > \varepsilon \right\} = 0, \forall \varepsilon > 0 \tag{8-15}$$

成立。

上面考虑了双边经验过程，与此同时，也需要考虑单边经验过程，它是这样一个随机变量序列：

$$\varepsilon_+^m = \sup_{\alpha \in \Lambda} \left(\int Q(x,\alpha)\mathrm{d}F(x) - \frac{1}{m}\sum_{i=1}^{m} Q(x_i,\alpha) \right)_+, m = 1,2,\cdots \tag{8-16}$$

其中记 $(u)_+$ 为：

$$(u)_+ = \begin{cases} u, u>0 \\ 0, 其他 \end{cases}$$

式(8-16)依概率收敛是指下面的等式成立：

$$\lim_{m\to\infty}\left\{ \sup_{\alpha \in \Lambda} \left(\int Q(x,\alpha)\mathrm{d}F(x) - \frac{1}{m}\sum_{i=1}^{m} Q(x_i,\alpha) \right) > \varepsilon \right\} = 0, \quad i = 1,2,\cdots \tag{8-17}$$

根据上面介绍的学习理论关键定理，(8-17)式的一致单边收敛是经验风险最小化方法一致的充分必要条件。

(1)关于大数定律及其推广

观察以上双边经验过程的随机变量序列，如果函数集 $Q(x,\alpha)$，$\alpha \in \Lambda$ 中只包含一个元素，那么式子

$$\varepsilon^m = \sup_{\alpha \in \Lambda} \left(\int Q(x,\alpha)\mathrm{d}F(x) - \frac{1}{m}\sum_{i=1}^{m} Q(x_i,\alpha) \right)_+, m = 1,2,\cdots$$

中定义 ε^m 总是依概率收敛到零。那么就形成了统计学中的基本定律——大数定律的概念。

大数定律描述为：随着观测数量 m 的增加，随机变量序列 ε^m 收敛为零。

如果函数集中包含有限个元素，那么可以把大数定律进行推广，推广到以下情况：如果函数集 $Q(x,\alpha)$，$\alpha\in\Lambda$ 包含 N 个有限的元素，那么随机变量序列 ε^m 依概率收敛于零。

对于以上函数集中包含有限个元素的情况，可以解释为在 N 维向量空间中的大数定律（函数集中的每个函数对应于一维坐标，向量空间中的大数定律说明所有维坐标同时依概率收敛）。

然而，当函数集 $Q(x,\alpha)$，$\alpha\in\Lambda$ 中包含无限多个元素时，随机变量序列 ε^m 并不一定收敛于零。那么函数集 $Q(x,\alpha)$，$\alpha\in\Lambda$ 和概率测度 $F(x)$ 在什么条件下，随机变量序列 ε^m 依概率收敛于零呢？这是需要考虑的问题。

因此，提出了泛函空间的大数定律（在函数 $Q(x,\alpha)$，$\alpha\in\Lambda$ 的空间）的概念，即在一个给定的函数集上，存在均值到其数学期望的一致双边收敛。

从上面给出的一系列问题看出，是否存在泛函空间的大数定律（均值到其期望的一致双边收敛）的问题可以看作是传统的大数定律的推广。

(2)指示函数集的熵

设指示函数集 $Q(x,\alpha)$，$\alpha\in\Lambda$ 定义在集合 X 上，考虑来自集合 X 的一个包含 m 个向量的任意序列：

$$x_1,x_2,\cdots,x_m$$

利用上述数据和指示函数集，可以确定 m 维二值向量集：

$$q(\alpha)=(Q(x_1,\alpha),\cdots,Q(x_m,\alpha)),\alpha\in\Lambda$$

对于任何固定的 $\alpha=\alpha^*$，二值向量 $q(\alpha^*)$ 确定了单位立方体的某一顶点，如图 8-10 所示。

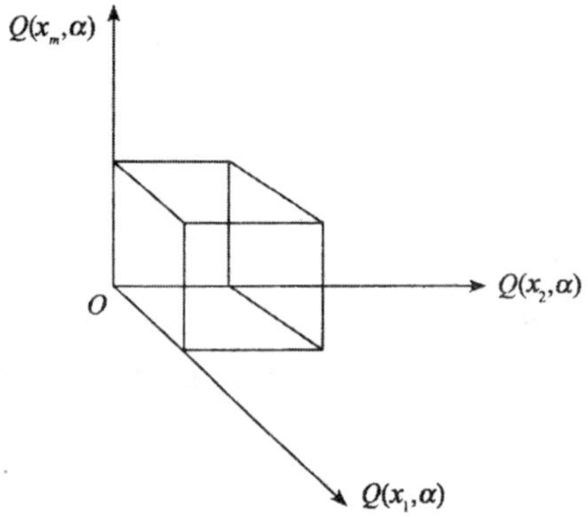

图 8-10　m 维二值向量集

用来表示由样本 $N^{\Lambda}(x_1,x_2,\cdots,x_m)$ 和函数集 $Q(x,\alpha),\alpha\in\Lambda$ 确定的不同顶点数。很明显，有

$$N^{\Lambda}(x_1,x_2,\cdots,x_m)\leqslant 2^m$$

设对手任何 m，函数 $N^{\Lambda}(x_1,x_2,\cdots,x_m)$ 关于概率测度：

$$P(x_1,x_2,\cdots,x_m)=\prod_{i=1}^{m}P(x_i)$$

是可测的。

此时把值

$$H^{\Lambda}(x_1,x_2,\cdots,x_m)=\ln N^{\Lambda}(x_1,x_2,\cdots,x_m)$$

称为指示函数集 $Q(x,\alpha),\alpha\in\Lambda$ 在样本 $x_1,x_2,\cdots,x_m$ 上的随机熵，其描述了函数集在给定数据上的多样性。$H^{\Lambda}(x_1,x_2,\cdots,x_m)$ 是一个随机数。考虑随机熵在联合分布函数 $F(x_1,x_2,\cdots,x_m)$ 上的期望：

$$H^{\Lambda}(m)=E\ln N^{\Lambda}(x_1,x_2,\cdots,x_m) \tag{8-18}$$

把这个量称为指示函数集 $Q(x,\alpha),\alpha\in\Lambda$ 在数量为 m 的样本上的熵，它依赖于函数集 $Q(x,\alpha),\alpha\in\Lambda$，概率测度以及观测数目 m，反映了给定指示函数集在数目为 m 的样本上期望的多样性。

(3)实函数集的熵

下面把 m 个样本上指示函数集的熵的定义推广到实函数集。

定义：设 $A\leqslant Q(x,\alpha)\leqslant B,\alpha\in\Lambda$ 是一个有界损失函数的集

合，用这个函数集和训练集 $x_1, x_2, \cdots, x_m$，可以构造下面的 m 维向量集合：

$$q(\alpha)=(Q(x_1,\alpha),\cdots,Q(x_m,\alpha)),\alpha\in\Lambda \tag{8-19}$$

这个向量集合处在 m 维立方体中，这里需要注意的是，向量集 $q(\alpha)$，$\alpha\in\Lambda$ 在立方体中，但不一定充满整个立方体，如图 8-11 所示。

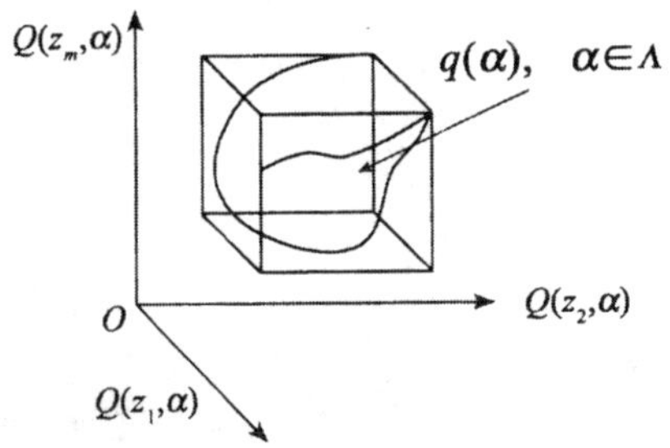

图 8-11　向量集合处在 m 维立方体的示意图

在数学上，经常把对有限个元素的集合成立的结果扩展到无穷多个元素的集合。通常，如果无限集合可以用一个有限 ε 网来覆盖，那么这样的推广是有可能的。

4. 一致单边收敛的充分必要条件

可以看出，一致双边收敛的条件在创建一致单边收敛的条件中起了非常重要的作用。

式(8-13)描述了一致双边收敛的概念。式中包括了一致单边收敛，因此形成了经验风险最小化方法一致性的一个充分条件。然而在解决学习问题时，存在一种非对称情况：要求最小化经验风险时的一致性，却不关心最大化经验风险时的一致性。

下面的定理将给出一个条件，这个条件下的一致性在最小化经验风险时成立，而在最大化经验风险时并不一定成立。

考虑有界实函数集 $Q(x,\alpha)$，$\alpha\in\Lambda$ 和一个新的函数集 $Q^*(x,\alpha^*)$，$\alpha^*\in\Lambda^*$，这个新函数满足一定的可测性条件和下面的条件。

对 $Q(x,\alpha),\alpha\in\Lambda$ 中的任意函数，在 $Q^*(x,\alpha^*),\alpha^*\in\Lambda^*$ 中存在一个函数，使得

$$Q(x,\alpha)-Q^*(x,\alpha^*)\geqslant 0,\forall x$$

$$\int Q(x,\alpha)-Q^*(x,\alpha^*)\mathrm{d}F(x)\leqslant\delta$$

如图 8-12 所示。

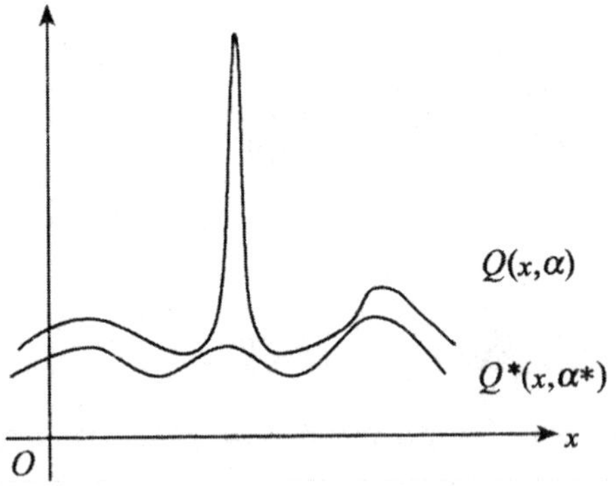

图 8-12　一致单边收敛的充分必要条件

图 8-12 表明，对任意函数 $Q(x,\alpha),\alpha\in\Lambda$，考虑一个函数 $Q^*(x,\alpha^*),\alpha^*\in\Lambda^*$，它不超出 $Q(x,\alpha)$ 而且与之非常接近。

8.2.2　学习过程收敛速度的界

1. 学习理论的三个里程碑

学习理论的三个里程碑是构成建立学习机器收敛速度的界的基础，在此做个简单的介绍。

对指示函数集 $Q(x,\alpha),\alpha\in\Lambda$，VC 熵不依赖于 ε：$H^{\Lambda}(m)=E\ln N^{\Lambda}(x_1,\cdots,x_m)$。

下面给出两个新的概念：

(1)退火的 VC 熵

$$H_{ann}^{\Lambda}(m)=E\ln N^{\Lambda}(x_1,\cdots,x_m) \tag{8-20}$$

(2)生长函数

$$G^{\Lambda}(m)=\ln\sup_{x_1,\cdots,x_m}N^{\Lambda}(x_1,\cdots,x_m) \tag{8-21}$$

这些概念的定义方法使得对任意 m,VC 熵、退火的 VC 熵、生长函数满足如下关系：

$$H^{\Lambda}(m)\leqslant H_{ann}^{\Lambda}(m)\leqslant G^{\Lambda}(m)\leqslant m\ln 2 \tag{8-22}$$

在这些函数的基础上建立了学习理论的三个里程碑。

经验风险最小化原则一致性的一个充分条件是：

$$\lim_{m\to\infty}\frac{H^{\Lambda}(m)}{m}=0 \tag{8-23}$$

在统计学习理论中,收敛速度快的定义为,如果对任何 $m>m_0$,都有下列式子成立：

$$P\{R(\alpha_m)-R(\alpha_0)>\varepsilon\}<\mathrm{e}^{-c\varepsilon^2 m} \tag{8-24}$$

式中,$c>0$ 是某个常数。

可以知道收敛速度快的一个充分条件是：$\lim\limits_{m\to\infty}\frac{H_{ann}^{\Lambda}(m)}{m}=0$。

对于给出对任何概率测度经验风险最小化原则具有一致性的充分必要条件：

$$\lim_{m\to\infty}\frac{G^{\Lambda}(m)}{m}=0 \tag{8-25}$$

而且,此时的收敛速度是快的。

2. 生长函数的结构

VC 维的概念与生长函数之间有重要的联系。

定理 8.2.1　指示函数集 $Q(x,\alpha),\alpha\in\Lambda$ 的生长函数,它或者满足等式

$$G^{\Lambda}(m)=m\ln 2$$

或者满足以下不等式：

$$G^{\Lambda}(m)\leqslant h\left(\ln\frac{m}{h}+1\right)$$

式中，h 是整数，当 $m=h$ 时，有 $G^{\Lambda}(h)=h\ln 2$，$G^{\Lambda}(h+1)<(h+1)\ln 2$。

换句话说，函数 $G^{\Lambda}(m)$或者是线性的，或者以系数为 h 的对数函数为界。例如，它不会具有形式 $G(m)=\sqrt{m}$，如图 8-13 所示。

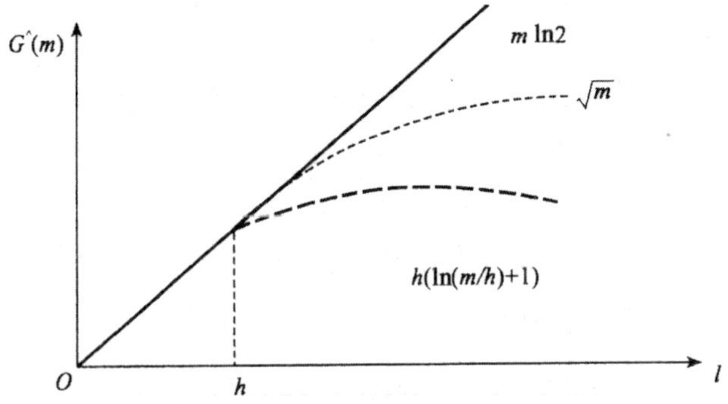

图 8-13　生长函数

如果指示函数集 $Q(x,\alpha)$，$\alpha\in\Lambda$ 的生长函数是线性的，则说这个函数集的 VC 维为无穷大。

如果指示函数集 $Q(x,\alpha)$，$\alpha\in\Lambda$ 的生长函数以参数为 h 的对数函数为界，则说这个指示函数集的 VC 维是有限的且等于 h。

存在以下不等式：

$$\frac{H^{\Lambda}(m)}{m}\leqslant\frac{H^{\Lambda}_{ann}(m)}{m}\leqslant\frac{G^{\Lambda}(m)}{m}\leqslant\frac{h\left(\ln\frac{m}{h}+1\right)}{m},m>h$$

成立，因此，学习机器所实现的指示函数集的 VC 维有限就是经验风险最小化方法一致性的一个充分条件。

3. 函数集中的 VC 维

VC 维是指预测函数集 $Q(x,\alpha)$，$\alpha\in\Lambda$ 分离数据点的能力，或者说在统计学习理论中，使用 VC 维来评价预测函数集的性能。下面给出 VC 维一个说明性的定义。

关于 VC 维的定义有两点说明：第一，由于每个 x_i 相应地 y_i 取 1 或 −1，因此有 2^m 种可能的标记；第二，这 m 个点是给定的，而不是任意的。实际上，在平面上的一条直线上的 3 个点，它们的标记是＋、－、＋，则无法找到一条直线正确区分这三个点。但在 $\mathbb{R}^2$ 空间，直线类的 VC 维是 3。

为了直观地解释 VC 维的定义，下面给出一个 $\mathbb{R}^2$ 空间上线性函数集的例子。设函数集 $Q(x,\alpha),\alpha\in\Lambda$ 是由线性函数组成的，给定平面上不在一条直线上的 3 个点，对它们作任意标记，均存在着一条直线将这 3 个点打散，如图 8-14 所示。但对于不在一条直线上的 4 个点，不存在将这 4 个点正确区分的直线，如图 8-15 所示。因此，$\mathbb{R}^2$ 空间上直线类的 VC 维 $h=3$。$\mathbb{R}^n$ 上线性函数集 $F=\{f\,|\,f(x,\alpha)=\mathrm{sgn}(\alpha\cdot x+b)\}$ 的 VC 维是 $h=n+1$。对于非线性函数集，通常认为函数集 $Q(x,\alpha),\alpha\in\Lambda$ 的结构越复杂，其相应的 VC 维越高。

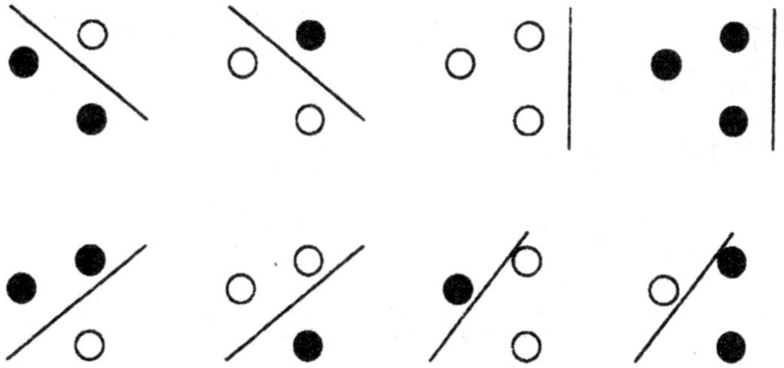

图 8-14　$\mathbb{R}^2$ 上 3 个点被直线打散的情况

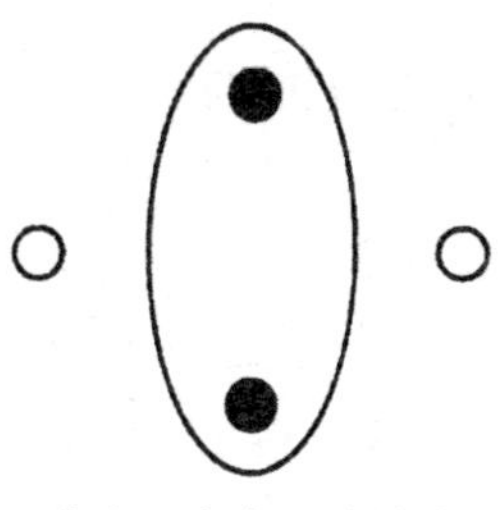

图 8-15　$\mathbb{R}^2$ 上 4 个点不能被直线正确划分

极少数一些简单预测函数的 VC 维可以计算，如 d 维空间中，线性阈值函数

$$f(x,\alpha)=\operatorname{sgn}(\alpha\cdot x+b)$$

的 VC 维是 $d+1$，线性实值函数

$$f(x,\alpha)=\alpha\cdot x+b$$

的 VC 维也是 $d+1$。相应地具有非线性分类功能的函数

$$f(x,\alpha)=\sin(\alpha x)$$

和它的阈值函数

$$f(x,\alpha)=\operatorname{sgn}(\sin(\alpha x))$$

的 VC 维是无穷大。但一般来讲，预测函数的 VC 维是难以确定的。

4. 构造性与分布无关的界

在 VC 维概念的基础上，将得到构造性与分布无关的界。在下一节中，将用这些界来控制学习机器的推广能力。

定理 8.2.2　对于具有有限 VC 维 h 的指示函数集 $Q(x,\alpha)$，$\alpha\in\Lambda$，下列不等式成立。

(1)估计一致双边收敛速度的不等式

$$P\left\{\sup_{\alpha\in\Lambda}\left|\int Q(x,\alpha)\mathrm{d}F(x)-\frac{1}{m}\sum_{i=1}^{m}Q(x_i,\alpha)\right|>\varepsilon\right\}$$
$$<4\exp\left\{\left(\frac{h(1+\ln(m/h))}{m}-\varepsilon_*^2\right)m\right\} \tag{8-26}$$

式中，$\varepsilon_*=\varepsilon-1/m$。

(2)估计相对一致收敛速度的不等式

$$P\left\{\sup_{\alpha\in\Lambda}\frac{\int Q(x,\alpha)\mathrm{d}F(x)-\frac{1}{m}\sum_{i=1}^{m}Q(x_i,\alpha)}{\sqrt{\int Q(x,\alpha)\mathrm{d}F(x)}}>\varepsilon\right\}$$
$$<4\exp\left\{\left(\frac{h(1+\ln(2m/h))}{m}-\frac{\varepsilon^2}{4}\right)m\right\} \tag{8-27}$$

对于最小化经验风险泛函的函数 $Q(x,\alpha_m)$，风险依 $1-\eta$ 的概率满足下列不等式：

$$R(\alpha_m)\leqslant R_{\text{emp}}(\alpha_m)+\frac{\varepsilon(m)}{2}\left(1+\sqrt{1+\frac{4R_{\text{emp}}(\alpha_m)}{\varepsilon(m)}}\right) \quad (8\text{-}28)$$

式中，$\varepsilon(m)=\dfrac{h(\ln 2m/h+1)-\ln\eta/4}{m}$。

所得到的风险与最小风险之间的差依 $1-2\eta$ 的概率满足下列不等式：

$$\Delta(\alpha_m)<\sqrt{\frac{-\ln\eta}{2m}}+\frac{\varepsilon(m)}{2}\left(1+\sqrt{1+\frac{4R_{\text{emp}}(\alpha_m)}{\varepsilon(m)}}\right) \quad (8\text{-}29)$$

这些界不能被显著地改进的。

8.2.3　结构风险最小化

经验风险最小化原则是从处理大样本数问题出发的。当 m/h 较大时，$\varepsilon(m)$就较小，于是实际风险就接近经验风险的取值。在这种情况下，如果 m/h 较小，那么一个小的 $R_{\text{emp}}(\alpha_m)$并不能保证小的实际风险值，要最小化实际风险 $R(\alpha)$，我们必须对不等式(8-28)右边的两项同时最小化。

设函数 $Q(x,\alpha)$，$\alpha\in\Lambda$ 的集合 S 具有一定的结构，这一结构是由一系列嵌套的函数子集 $S_k=\{Q(x,\alpha),\alpha\in\Lambda\}$组成的，如图 8-16 所示。

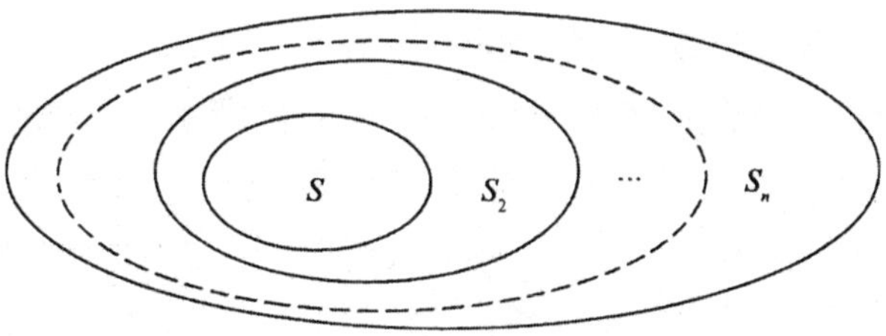

图 8-16　函数集的结构

图 8-16 表明，函数集的结构是由嵌套的函数子集确定的。这些集合满足：

$$S_1 \subset S_2 \subset \cdots \subset S_n \cdots$$

其中,结构的元素满足下列性质:

①结构的任何元素 S_k 都具有有限的 VC 维 h_k。

②结构的任何元素 S_k 包含。

一个完全有界函数集:

$$0 \leqslant Q(x,\alpha) \leqslant B_k, \alpha \in \Lambda_k$$

或者:

一个非负函数集 $Q(x,\alpha)$,$\alpha \in \Lambda_k$,且满足不等式:

$$\sup_{\alpha \in \Lambda_k} \frac{\sqrt[p]{EQ^p(x,\alpha)}}{EQ(x,\alpha)} \leqslant \tau_k < \infty$$

③集合 S^* 在集合 S 中按照度量 $F=F(x)$ 是处处稠密的,其中 $F=F(x)$ 是抽取样本所依据的分布函数。

根据以上结构,下列论断成立:

a. 对于结构的元素 S_k,VC 维的值的序列 h_k 随着 k 的增加是非减的:

$$h_1 \leqslant h_2 \leqslant \cdots \leqslant h_n \leqslant \cdots$$

b. 对于结构的元素 S_k,界的值的序列 B_k 随着 k 的增加是非减的:

$$B_1 \leqslant B_2 \leqslant \cdots \leqslant B_n \leqslant \cdots$$

c. 对于结构的元素 S_k,界的值的序列 τ_k 随着 τ_k 的增加是非减的:

$$\tau_1 \leqslant \tau_2 \leqslant \cdots \leqslant \tau_n \leqslant \cdots$$

把以上这种结构叫作一个容许结构。

用 $Q(x,\alpha_m^k)$ 表示函数集 S_k 中最小化经验风险的函数。则可依 $1-\eta$ 的概率断定,这一函数的实际风险的界为:

$$R(\alpha_m^k) \leqslant R_{\text{emp}}(\alpha_m^k) + B_k \varepsilon_k(m) \left(1 + \sqrt{1 + \frac{4R_{\text{emp}}(\alpha_m^k)}{B\varepsilon_k(m)}} \right)$$

或者

$$R(\alpha_m^k) \leqslant \frac{R_{\text{emp}}(\alpha_m^k)}{1 - \alpha(p)\tau_k \sqrt{\varepsilon_k(m)}}$$

式中，$\varepsilon_k(m)=4\dfrac{h_k\left(\ln\dfrac{2m}{h_k}+1\right)-\ln\eta/4}{m}$，如图 8-17 所示。

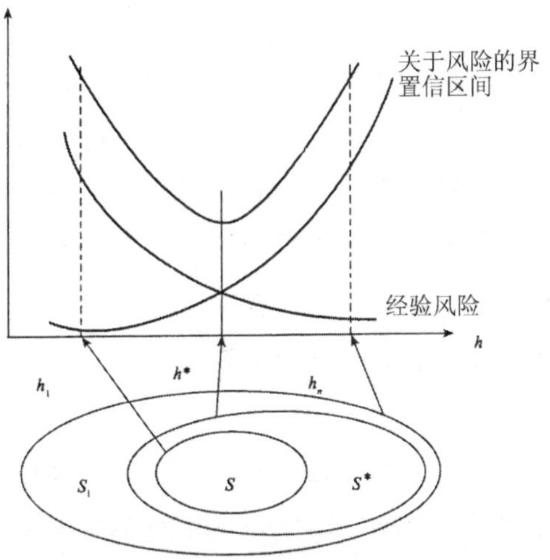

图 8-17　结构风险最小化

结构风险最小化原则描述了容量控制的一般模型，在模式识别问题的情况下，除了结构风险最小化原则，还有另一小样本集归纳原则，即最小描述长度(MDL)原则，在这里不作讨论。

结构风险最小化原则可以用很多不同的方法来实现。这里将讨论针对神经网络所实现的函数集的三种不同结构的例子。分别是由神经网络的构造、学习过程和预处理所给出的结构。

考虑一个全联结的前馈神经网络的集合，其中某个隐层中的节点数目是单调增加的。随着隐单元数目的增加，这些神经网络可以实现的函数集合就定义了一种结构，如图 8-18 所示。

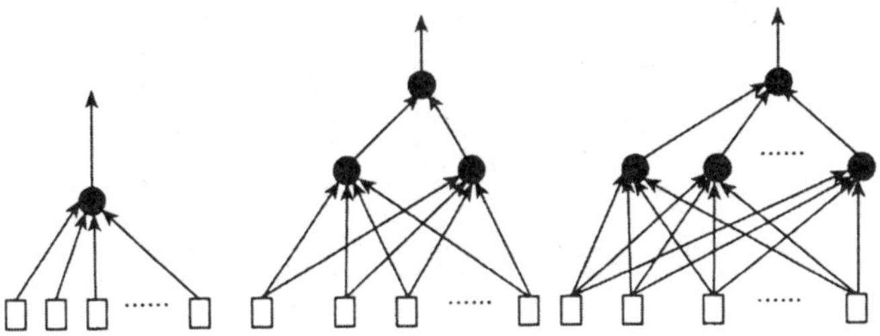

图 8-18　由隐单元数目确定的一种结构

8.3 支持向量机

统计学习理论是建立在统计学习理论基础之上，因而拥有坚实的理论基础，它为解决有限样本学习问题提供了一个统一的框架。支持向量机 SVM(Support Vector Machine)就是在这一理论基础上发展了一种新的通用学习方法。

8.3.1 分类问题的三种类型

分类问题大体有三种类型，以输入为二维向量的分类问题为例，从直观上予以说明。其中，两类样本分别用“○”和“＋”表示。很容易用一条直线把训练样本集正确地分开，即两类点分别在直线的两侧，没有错分点，这类问题称为线性可分问题，如图 8-19 所示。这时显然可以使用简单的线性分类器。用一条直线也能大体上把训练集正确分开，有较少的错分点，这类问题称为近似线性可分问题，如图 8-20 所示。用线性函数划分会产生很大的误差，这类问题称为线性不可分问题，如图 8-21 所示，这时就必须使用非线性函数了。

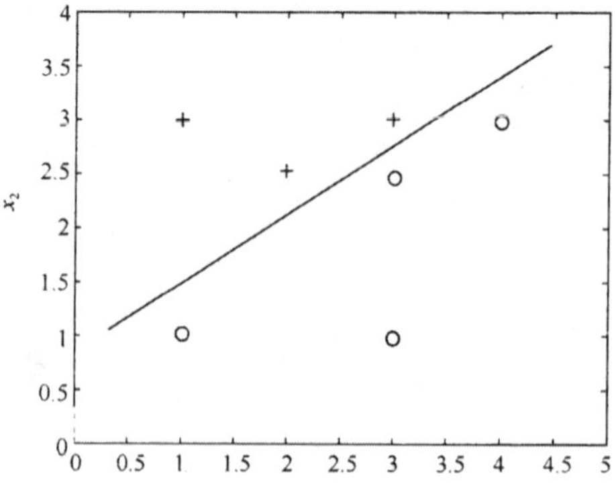

图 8-19 线性可分问题(无错分)

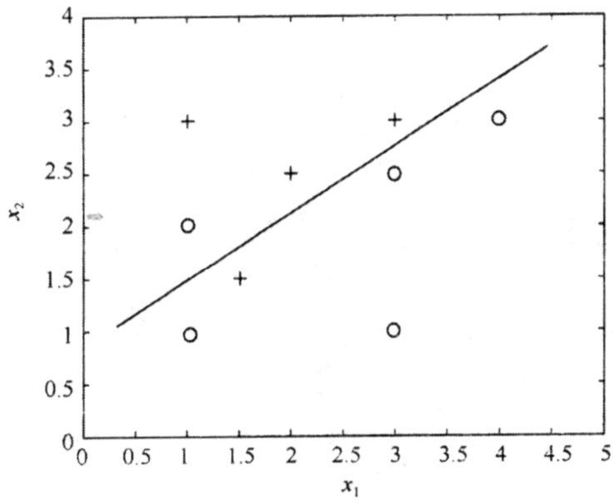

图 8-20　非线性可分问题(有错分)

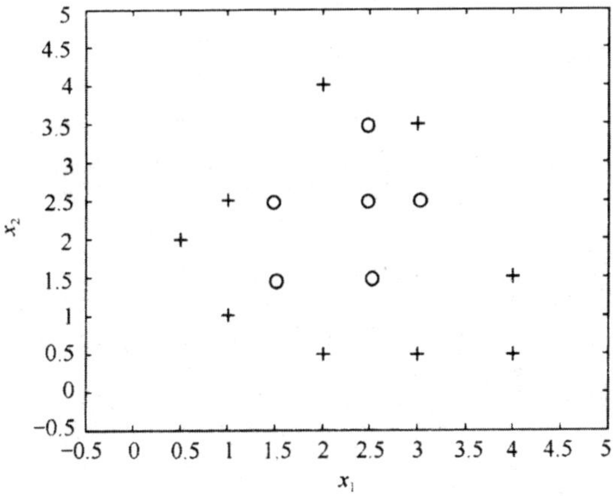

图 8-21　线性不可分情况

1. 线性可分的支持向量机

(1)最优分类面

SVM 是从线性可分情况下的最优分类面发展而来的，其基本思想可用图 8-22 所示的二维情况说明。

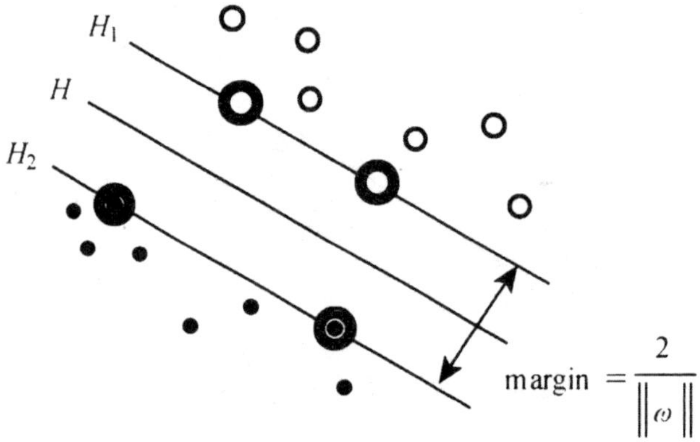

图 8-22　最优分类面示意图

图 8-22 中，实心点和空心点代表两类数据样本，H 为分类线，H_1、H_2 分别为过各类中离分类线最近的数据样本且平行于分类线的直线，它们之间的距离称为分类间隔(Margin)，所谓最优分类线。推广到高维空间，最优分类线就成为了最优分类面。

设有两类线性可分的样本集合：$(x_i, y_i), i=1,\cdots,n, x_i \in \mathbb{R}^d, y_i \in \{-1,+1\}$，线性判别函数的一般形式为 $f(x)=\omega \cdot x+b$，对应的分类面方程如下：

$$\omega \cdot x+b=0$$

将判别函数进行归一化，使两类所有样本都满足 $|f(x)| \geqslant 1$，此时离分类面最近的样本 $f(x)=1$，要求分类面对所有样本都能正确分类，即满足：

$$y_i[(\omega \cdot x_i)+b]-1 \geqslant 0, i=1,2,\cdots,n \tag{8-30}$$

此时分类间隔等于 $\frac{2}{\|\omega\|}$，间隔最大等价于 $\|\omega\|^2$ 最小，满足式(8-30)且使 $\frac{1}{2}\|\omega\|^2$ 最小的分类面就是图 8-24 中的最优分类线 H。

此外，最优分类面问题还可以表示成如下的约束优化问题，即在式(8-30)的约束下，求如下函数的最小值：

$$\varphi(\omega)=\frac{1}{2}\|\omega\|^2 \tag{8-31}$$

为此，定义如下的 Lagrange 函数

$$L(\omega,a,b)=\frac{1}{2}\|\omega\|^2-\sum_{i=1}^{n}a_i[(\omega\cdot x_i)+b-1] \tag{8-32}$$

式中，$a_i\geqslant 0$ 为 Lagrange 乘子。为求 Lagrange 函数式(8-32)的最小值，分别对 ω、b、a_i 求偏微分并令它们等于 0，于是有

$$\frac{\partial L}{\partial \omega}=0\Rightarrow\omega=\sum_{i=1}^{n}a_iy_i(x_i,y_i)x_i,y_i$$

$$\frac{\partial L}{\partial b}=0\Rightarrow\omega=\sum_{i=1}^{n}a_iy_i=0$$

$$\frac{\partial L}{\partial a_i}=0\Rightarrow\omega=a_i[y_i(x_i,y_i)+b-1]=0 \tag{8-33}$$

根据式(8-32)和式(8-33)的约束条件，可以将上述最优分类面的求解问题转化为如下凸二次规划寻优的对偶问题

$$\max\sum_{i=1}^{n}a_i-\frac{1}{2}\sum_{i=1}^{n}\sum_{j=1}^{n}a_ia_jy_iy_j(x_i\cdot x_j)$$

$$s.t.\ a_i\geqslant 0,i=1,2,\cdots,n$$

$$\sum_{i=1}^{n}a_iy_i=0$$

式中，a_i 为对应的 Lagrange 乘子，这是一个二次函数寻优的问题，存在唯一解。若 a_i^* 为最优解，则有

$$\omega^*=\sum_{i=1}^{n}a_i^*y_ix_i$$

式中，a_i^* 不为零的样本，即为 SV。因此，最优分类面的权系数向量是支持的线性组合。

b^* 是分类阈值，可由约束条件 $a_i[y_i(\omega\cdot x_i)+b-1]=0$ 求解，解上述问题后得到的最优分类面函数为：

$$f(x)=\mathrm{sng}\{(\omega\cdot x_i)+b\}=\mathrm{sng}\left\{\sum_{i=1}^{n}a_i^*y_i(x_i\cdot x)+b^*\right\} \tag{8-34}$$

式(8-34)中的求和实际上只对 SV 进行，因为非 SV 对应的 a_i 均为 0。b^* 是分类的阈值，这就是 SVM 最一般的表述。

(2)最优性条件

最优分类面问题可以表示策划给你如下的凸二次规划为题

$$\begin{cases}\min\limits_{\omega,b}\dfrac{1}{2}\|\omega\|^2\\ s.t.\quad y_i(\omega\cdot x_i+b)\geqslant 1,i=1,2,\cdots,n\end{cases}$$

讨论凸二次规划的最有条件，首先要构造它的 Lagrange 函数，即

$$L(a,b,\omega)=\frac{1}{2}\omega^2-\sum_{i=1}^{n}a_i(y_i(\omega\cdot x_i+b)-1)$$

式中，$a_i(i=1,2,\cdots,n)$为对应约束的 Lagrange 乘子。相应的最优性条件(一阶必要条件，即 KKT 条件)

$$\nabla_\omega L(a,b,\omega)=\omega-\sum_{i=1}^{n}a_iy_ix_i=0$$

$$\frac{\partial}{\partial b}L(a,b,\omega)=-\sum_{i=1}^{n}a_iy_i=0$$

$$y_i(\omega\cdot x_i+b)\geqslant 1,i=1,2,\cdots,n$$

$$a_i\geqslant 0,i=1,2,\cdots,n$$

$$a_i(y_i(\omega\cdot x_i+b)-1)=0,i=1,2,\cdots,n$$

设(a,b,ω)是数学规划式的 KKT 对，即满足最优性条件。$a_i(y_i(\omega\cdot x_i+b)-1)=0$ 为松弛互补条件，当 $a_i>0$ 时，可知 $y_i(\omega\cdot x_i+b)\geqslant 1$ 成立。因此，$a_i>0$ 的点 x_i 为支撑向量。显然，所有的与 $a_i>0$ 对应的约束为支撑超平面，位于超平面上的点为支撑向量。

(3)对偶规划问题

通常不是直接求解凸二次规划式得到最优超平面，而是通过它的对偶问题来求解。考虑凸二次规划式的对偶

$$\begin{cases}\max L(a,b,\omega)\\ s.t.\ \nabla_\omega L(a,b,\omega)=0\\ \dfrac{\partial}{\partial b}L(a,b,\omega)=0\\ a_i\geqslant 0,i=1,2,\cdots,n\end{cases}$$

并将变量 $\omega=\sum_{i=1}^{n}a_iy_ix_i$ 代入 Lagrange 函数式的对偶问题的推导如下：

$$L(a,b,\omega)=\frac{1}{2}\omega^2-\sum_{i=1}^{n}a_i(y_i(\omega\cdot x_i+b)-1)$$

$$=\frac{1}{2}\sum_{i=1}^{n}\sum_{j=1}^{n}y_iy_ja_ia_j(x_i\cdot x_j)$$

$$-\sum_{i=1}^{n}a_i(y_i(\omega\cdot x_i+b)-1)$$

$$=\frac{1}{2}\sum_{i=1}^{n}\sum_{j=1}^{n}y_iy_ja_ia_j(x_i\cdot x_j)$$

$$-\sum_{i=1}^{n}\sum_{j=1}^{n}y_iy_ja_ia_j(x_i\cdot x_j)-b\sum_{i=1}^{n}a_iy_i+\sum_{i=1}^{n}a_i$$

$$=-\frac{1}{2}\sum_{i=1}^{n}\sum_{j=1}^{n}y_iy_ja_ia_j(x_i\cdot x_j)+\sum_{i=1}^{n}a_i$$

并将求极大问题改为求极小问题，得到

$$\begin{cases}\min\frac{1}{2}\sum_{i=1}^{n}\sum_{j=1}^{n}y_iy_ja_ia_j(x_i\cdot x_j)-\sum_{i=1}^{n}a_i\\ s.t.\ \sum_{i=1}^{n}a_iy_i=0\\ a_i\geqslant 0,i=1,2,\cdots,n\end{cases}$$

得到对偶问题的最优解 a_i 后，需要计算出分类超平面的参数 b、ω，由式 $\nabla_\omega L(a,b,\omega)=\omega-\sum_{i=1}^{n}a_iy_ix_i=0$ 得到

$$\omega=\sum_{i=1}^{n}a_iy_ix_i=\sum_{a_i>0}a_iy_i(x_i\cdot x_j)$$

从上式可以看出，计算 ω 只需要计算支撑向量 x_i 的线性组合，计算量很小。

参数 b 可由任意一个支撑向量(对应 $a_i>0$ 的点 x_i)计算得到

$$b=y_i-\omega\cdot x_i=y_i-\sum_{a_j>0}a_iy_i(x_i\cdot x_j)$$

但是，为了减少误差的影响，通常选用位于两类不同的支撑超平面上的支撑向量平均值来计算，得出

$$b=-\frac{1}{2}\left(\max_{\substack{a_i>0\\y_i=-1}}\omega\cdot x_i+\min_{\substack{a_i>0\\y_i=-1}}\omega\cdot x_i\right)$$

$$=-\frac{1}{2}\left\{\begin{aligned}&\max_{\substack{a_i>0\\y_i=-1}}\left(\sum_{a_j>0}a_iy_i(x_i\cdot x_j)\right)\\&+\min_{\substack{a_i>0\\y_i=-1}}\left(\sum_{a_j>0}a_iy_i(x_i\cdot x_j)\right)\end{aligned}\right\}$$

这样得到线性判别函数为

$$f(x)=\operatorname{sgn}(\omega\cdot x+b)$$

其中

$$\omega=\sum_{a_i>0}a_iy_ix_i$$

$$b=-\frac{1}{2}\left(\max_{\substack{a_i>0\\y_i=-1}}\left(\sum_{a_j>0}a_iy_i(x_i\cdot x_j)\right)+\min_{\substack{a_i>0\\y_i=-1}}\left(\sum_{a_j>0}a_iy_i(x_i\cdot x_j)\right)\right)$$

(4)一个线性可分的例子

一个线性可分的二维样本集，如表8-4所示，样本数 $n=7$，已知它们的坐标值和类别，完成样本集分类。

表 8-4　线性可分样本集

x_1	x_2	y	x_1	x_2	y
1	1	−1	2	2.5	1
3	3	1	3	2.5	−1
1	3	1	4	3	−1
3	1	−1			

用MATLAB中SVM工具箱将线性可分的样本集用线性函数划分，分类结果如图8-23所示。图8-23中的直线把训练样本集完全正确地分开，没有错分点，虚线上的样本为支撑向量。

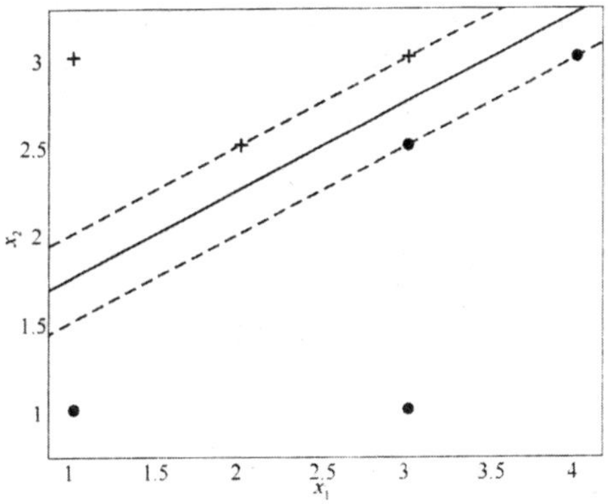

图 8-23 线性可分样本 SVC 示意图

本例子中支撑向量的数目及 Lagrange 乘子 a 的值如下：

Support Vectors：4(57.1%)

alpha＝

0.0000

9.0000

0.0000

0.0000

1.0000

9.0000

1.0000

对应 $a_i>0$ 的点 x_i 为支撑向量。支撑向量个数占总样本个数的 57.1%。得到 Lagrange 乘子口后，就可计算出参数 ω 和 b，从而求得分类线。

2. 非线性支持向量机

与线性情况有所不同的是，非线性向量机在高维特征空间中线性判别面的法向量仍可表示成这个空间中支持向量的线性组合，但由于将输入空间映射为高维空间的是非线性映射，这种线性组合关系在输入空间中不再表现为线性组合，我们又不可能把工作样本映射到高维空间再行判别，所以就需要重新考虑工作样本的决策问题。输入空间中的判别函数为：

$$y = \mathrm{sgn}\left(\sum_{i=1}^{n} a_i y_i K(x_i, x) + b\right)$$

支持向量机求得的分类函数形式上类似于一个神经网络，其输出是若干中间层节点的线性组合，而每一个中间层节点对应于输入样本与一个支持向量的内积，因此也被称作支持向量网络，如图 8-24 所示。

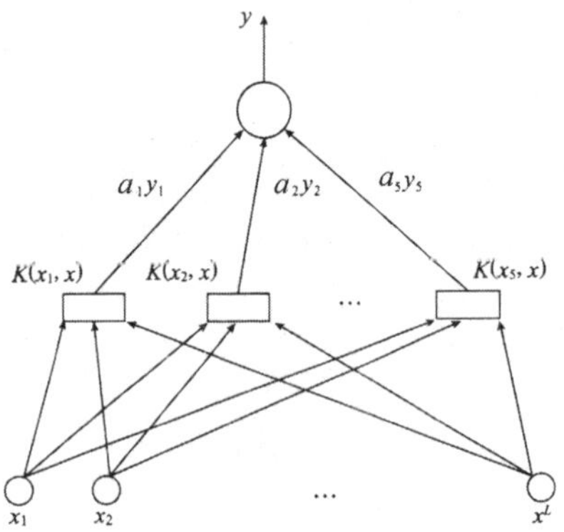

图 8-24　支持向量机示意图

输出(决策规则)：

$$y = \mathrm{sgn}\left(\sum_{i=1}^{n} a_i y_i K(x_i, x) + b\right)$$

权值 $\omega_i = a_i y_i$。

基于 n 个支持向量 $x_1, x_2, \cdots, x_n$ 的非线性变换(内积)

输入向量为：

$$\boldsymbol{x} = [x^1, x^2, \cdots, x^N]$$

由于最终的判别函数中实际只包含与支持向量的内积和求和，因此识别时的计算复杂度取决于支持向量的个数。

3. 线性不可分情况的处理

为了使 SVM 算法能应用于不可分情况，Cortes 和 Vapnik 在 1995 年引入了软边缘最优超平面的概念，引入非负变量 ξ_i，将约束条件放松为

$$y_i(x_i \cdot \omega + b) - 1 \geqslant 1 - \xi_i, i = 1, 2, \cdots, n$$

同时对目标函数引入惩罚项：

$$\Phi(\omega, \xi) = \frac{1}{2}\|\omega\|^2 + C\left(\sum_{i=1}^{n} \xi_i\right)$$

求解这个二次规划问题，最终推导所得的 Wolfe 对偶问题与可分的情况类似：

$$\text{Maxmize} \quad W(a) = \sum_{i=1}^{n} a_i - \frac{1}{2}\sum_{i,j}^{1} a_i a_j y_i y_j x_i \cdot x_j$$

$$s.t. \quad \sum_{i=1}^{1} a_i y_i = 0$$

$$C \geqslant a_i \geqslant 0, i = 1, 2, \cdots, n$$

唯一的区别在于对 a_i 加了一个上限限制。这种软边缘分类面对于非线性支持向量机同样适用，使支持向量机可以普遍适用于各种模式识别问题。以上就是 SVM 的基本原理。

8.3.2 广义线性判别函数

假定有一个如图 8-25 所示的两类问题，样本的特征 x 是一维的，决策规则是：如果 $x<b$ 或 $x>a$，则 x 属于 ω_1 类；如果 $b<x<a$ 则 x 属于 ω_2 类。显然，这样的决策无法用线性判别函数来实现需要设计非线性分类器。

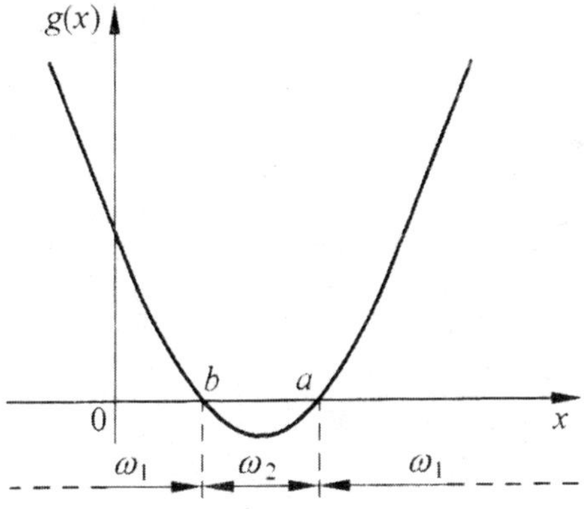

图 8-25 二次叛变函数举例

在这个例子中，可以建立一个二次判别函数

$$g(x)=(x-a)(x-b)$$

来很好地实现所需的分类决策，决策规则是

$$\text{若 } g(x)\begin{cases}>0\\<0\end{cases}\text{，则决策}\begin{cases}x\in\omega_1\\x\in\omega_2\end{cases}$$

一般来讲，二次判别函数可以写成如下形式

$$g(x)=c_0+c_1x+c_2x^2$$

如果适当选择 $x\to y$ 的映射，则可把二次判别函数化为 $\boldsymbol{y}$ 的线性函数

$$g(x)=\boldsymbol{a}^{\mathrm{T}}\boldsymbol{y}=\sum_{i=1}^{s}a_iy_i$$

式中

$$\boldsymbol{y}=\begin{bmatrix}y_1\\y_2\\y_3\end{bmatrix}=\begin{bmatrix}1\\x\\x^2\end{bmatrix},\boldsymbol{a}=\begin{bmatrix}a_1\\a_2\\a_3\end{bmatrix}=\begin{bmatrix}c_0\\c_1\\c_2\end{bmatrix}$$

$g(x)=\boldsymbol{a}^{\mathrm{T}}\boldsymbol{y}$ 称为广义线性判别函数，$\boldsymbol{a}$ 叫做广义权向量。一般来说，$\boldsymbol{a}^{\mathrm{T}}\boldsymbol{y}$ 不是 x 的线性函数，但却是 $\boldsymbol{y}$ 的线性函数。$\boldsymbol{a}^{\mathrm{T}}\boldsymbol{y}=0$ 在 Y 空间确定了一个通过原点的超平面。这样，就可以利用线性判别函数的简单性来解决复杂的问题。

8.3.3 一般支撑向量机

1. 核函数变换

如图 8-26 所示的分类问题，其中，“＋”和“°”分别表示两类样本，显然不能用一条直线将两类样本分开，所以必须推广前面所述的线性分类方法。

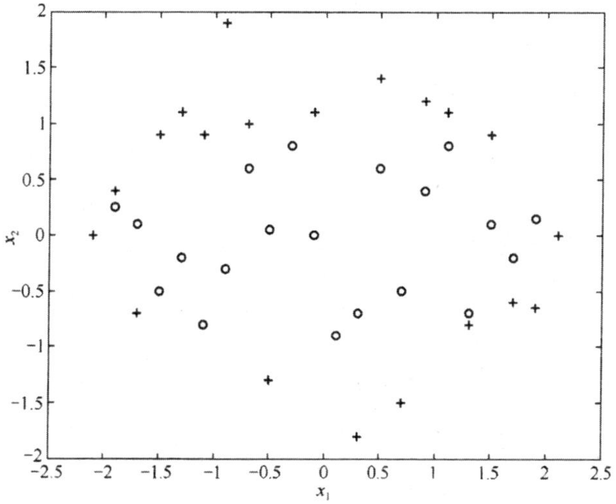

图 8-26　输入空间中的样本分布

记图 8-26 所示的训练样本集为 $\Gamma=\{(x_i,y_i),i=1,2,\cdots,40\}$，其中每类各 20 个样本，$\boldsymbol{x}_i=[x_{i1},x_{i2}]^{\mathrm{T}}\in\mathbb{R}^2$ 是 (x_1,x_2) 平面上的点，$y_i\in\{+1,-1\}$。假设用一个椭圆(二次曲线)可以很好地将两类样本分开，如图 8-27 所示，分类线方程为

$$\omega_1x_1^2+\omega_2x_2^2+b=0$$

其中权向量 $\boldsymbol{\omega}=[\omega_1,\omega_2]^{\mathrm{T}}$ 和 b 都是常数。

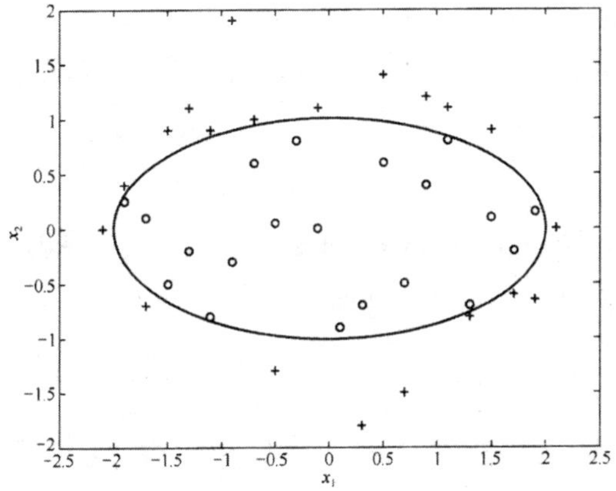

图 8-27　输入空间中的样本分布和分类曲线

对于求解椭圆中的参数，可以考虑从 (x_1,x_2) 平面上的点 $\boldsymbol{x}=[x_1,x_2]^{\mathrm{T}}$ 到 (z_1,z_2) 平面上的点 $\boldsymbol{z}=[z_1,z_2]^{\mathrm{T}}$ 的映射

$$z=\varphi(\boldsymbol{x})=[x_1^2,x_2^2]^{\mathrm{T}}$$

它把 (x_1,x_2) 平面上的椭圆 $\omega_1 x_1^2+\omega_2 x_2^2+b=0$ 映射到 (z_1,z_2) 平面上的一条直线 $\omega_1 z_1+\omega_2 z_2+b=0$，所以只要用式 $z=\varphi(\boldsymbol{x})=[x_1^2,x_2^2]^{\mathrm{T}}$ 将 (x_1,x_2) 平面上的两类训练样本点分别映射到 (z_1,z_2) 平面上，然后在 (z_1,z_2) 平面上求解最优分类面，如图 8-28 所示，最后再映射回平面 (x_1,x_2)，就得到要求解的输入空间的椭圆了。

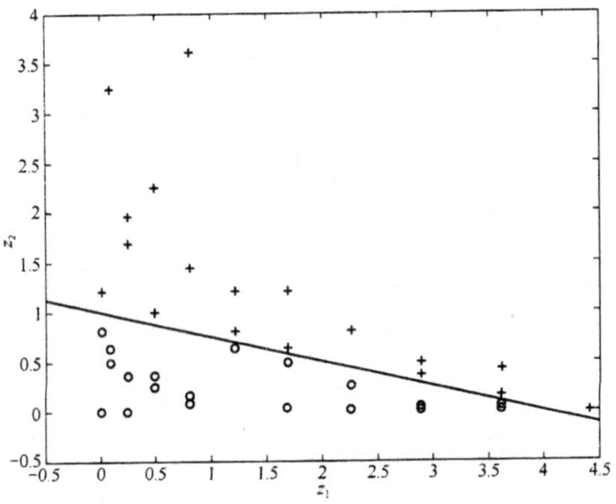

图 8-28　映射空间中的样本分布和分类直线

再考察一个更广泛的例子。设训练集为 $\Gamma=\{(x_i,y_i),i=1,2,\cdots,n\}$，其中 $\boldsymbol{x}_i=[x_{i1},x_{i2}]^{\mathrm{T}}\in\mathbb{R}^2$ 为二维样本，$y_i\in\{+1,-1\}$。假设可以用二维平面上的一个二次曲线

$$\omega_1+2\omega_2 x_1+2\omega_3 x_2+2\omega_4 x_1 x_2+\omega_5 x_1^2+\omega_6 x_2^2+b=0 \tag{8-35}$$

来划分。这时可考虑把二维空间 $\boldsymbol{x}=[x_1,x_2]^{\mathrm{T}}$ 映射到六维空间 $\boldsymbol{z}=[z_1,z_2,z_3,z_4,z_5,z_6]^{\mathrm{T}}$ 的变换

$$\boldsymbol{z}=\varphi(x)=\left[1,\sqrt{2}x_1,\sqrt{2}x_2,\sqrt{2}x_1x_2,x_1^2,x_2^2\right]^{\mathrm{T}} \tag{8-36}$$

在这个映射中出现因子 $\sqrt{2}$，系数对向量的方向没有影响，采用 $\sqrt{2}$ 能保证式(8-35)成立。

式(8-36)能把二维空间上的二次曲线式(8-35)映射到六维空间 $\boldsymbol{z}=[z_1,z_2,z_3,z_4,z_5,z_6]^{\mathrm{T}}$ 上的超平面

$$\omega_1 z_1+\sqrt{2}\omega_2 z_2+\sqrt{2}\omega_3 z_3+\sqrt{2}\omega_4 z_4+\sqrt{2}\omega_5 z_5+\sqrt{2}\omega_6 z_6+b=0 \tag{8-37}$$

所以只要利用变换式(8-36)，把 $\boldsymbol{x}$ 所在的二维空间的两类输入点，分别映射到 $\boldsymbol{z}$ 所在的六维空间中，然后在这个六维空间中求最优或广义最优分类面 $\boldsymbol{\omega}^*\cdot\boldsymbol{z}+b^*=0$，其中 $\boldsymbol{\omega}^*=[\omega_1^*,\omega_2^*,\omega_3^*,\omega_4^*,\omega_5^*,\omega_6^*]^{\mathrm{T}}$，最后得到原空间中的划分训练样本点的二次曲线

$$\omega_1^*+2\omega_2^* x_1+2\omega_3^* x_2+2\omega_4^* x_1 x_2+\omega_5^* x_1^2+\omega_6^* x_2^2+b^*=0$$

在这个六维空间中求广义最优分类面，需要求解的最优化问题为

$$\begin{cases}\min\limits_{a}\dfrac{1}{2}\sum\limits_{i=1}^{n}\sum\limits_{j=1}^{n}y_i y_j a_i a_j(\varphi(x_i)\cdot\varphi(x_j))-\sum\limits_{i=1}^{n}a_i\\ s.t.\ \sum\limits_{i=1}^{n}a_i y_i=0\\ 0\leqslant a_i\leqslant C,i=1,2,\cdots,n\end{cases} \tag{8-38}$$

式中

$$\varphi(x_i)=[1,\sqrt{2}x_{i1},\sqrt{2}x_{i2},\sqrt{2}x_{i1},x_{i2},x_{i1}^2,x_{i2}^2]^{\mathrm{T}}$$

$$\varphi(x_j)=[1,\sqrt{2}x_{j1},\sqrt{2}x_{j2},\sqrt{2}x_{j1},x_{j2},x_{j1}^2,x_{j2}^2]^{\mathrm{T}}$$

$(\varphi(x_i)\cdot\varphi(x_j))$是 $\varphi(x_i)$和 $\varphi(x_j)$的内积，即

$$(\varphi(x_i)\cdot\varphi(x_j))=1+2x_{i1}x_{j1}+2x_{i2}x_{j2}+2x_{i1}x_{i2}x_{j1}x_{j2}+x_{i1}^2x_{j1}^2+x_{i2}^2x_{j2}^2 \tag{8-39}$$

在求得式(8-38)的解 a^* 后，可得到划分超平面

$$\boldsymbol{\omega}^*\cdot\boldsymbol{z}+b^*=0$$

式中

$$\boldsymbol{\omega}^*=\sum_{i=1}^{n}a_i^* y_i\varphi(\boldsymbol{x}_i)=\sum_{a_i^*>0}a_i^* y_i\varphi(\boldsymbol{x}_i)$$

$$b^* = -\frac{1}{2}\left[\begin{array}{l}\max\limits_{\substack{0<a_i^*<C\\ y_i=-1}}\left(\sum\limits_{a_j^*>0} a_j y_j (\varphi(x_i)\cdot\varphi(x_j))\right)\\ +\min\limits_{\substack{0<a_i^*<C\\ y_i=1}}\left(\sum\limits_{a_j^*>0} a_i y_i (\varphi(x_i)\cdot\varphi(x_j))\right)\end{array}\right]$$

最后得到的判别函数为

$$f(x)=\mathrm{sgn}(\omega^* \cdot \varphi(x)+b^*)$$

从上面可以看到，将样本从二维空间升到六维特征空间，原来只需要计算在二维空间中的内积(x_i, y_i)，现在则需要计算在六维空间中的内积$(\varphi(x_i)\cdot\varphi(x_j))$，很大程度上增加了计算量。为此，引进多项式内积核函数

$$K(x_i, y_i) \stackrel{\Delta}{=} ((x_i \cdot y_i)+1)^2 \tag{8-40}$$

比较式(8-39)和式(8-40)，可以发现一个重要等式

$$(\varphi(x_i)\cdot\varphi(x_j))=K(x_i, y_i)=((x_i \cdot y_i)+1)^2 \tag{8-41}$$

式(8-41)中六维空间中的内积$(\varphi(x_i)\cdot\varphi(x_j))$，可以通过计算$K(x_i, y_i)$中二维空间中的内积$(x_i \cdot y_i)$得到，因此，即使特征空间中的维数增加了很多，但求解广义最优分类面问题没有增加多少计算复杂度。

2. 支撑向量机的高维映射

在核函数的定义下，二次规划问题如下

$$\begin{cases}\min\limits_{a} \dfrac{1}{2}\sum\limits_{i=1}^{n}\sum\limits_{j=1}^{n} y_i y_j a_i a_j K(x_i, y_i)-\sum\limits_{i=1}^{n} a_i\\ s.t.\ \sum\limits_{i=1}^{n} a_i y_i = 0\\ 0\leqslant a_i \leqslant C, i=1,2,\cdots,n\end{cases}$$

而相应的判别函数式为

$$f(x)=\mathrm{sgn}(\omega^* \cdot \varphi(x)+b^*)=\mathrm{sgn}\sum_{i=1}^{n}(a_i^* y_i K(x_i, y_i)+b^*)$$

其中

$$\boldsymbol{\omega}^{*} = \sum_{i=1}^{n} a_i^{*} y_i \varphi(x_i) = \sum_{a_i^{*}>0} a_i^{*} y_i \varphi(x_i)$$

$$b = -\frac{1}{2}\left[\begin{array}{l}\max\limits_{\substack{0<a_i^{*}<C \\ y_i=-1}} \left(\sum\limits_{a_j^{*}>0} a_j^{*} y_j K(x_i, y_i)\right) \\ + \min\limits_{\substack{0<a_i^{*}<C \\ y_i=1}} \left(\sum\limits_{a_j^{*}>0} a_i^{*} y_i K(x_i, y_i)\right)\end{array}\right]$$

这就是 SVM 方法。

3. 常用的核函数

不同的内积函数表现为不同的算法，常用的内积函数有以下几类：

(1) d 阶非齐次多项式核函数和 d 阶齐次多项式核函数

$$K(x, x_i) = [(x \cdot x_i) + 1]^d$$

和

$$K(x, x_i) = (x \cdot x_i)^d$$

(2)高斯径向基核函数

$$K(x, x_i) = \exp\left(-\frac{\|x - x_i\|^2}{\sigma^2}\right)$$

(3) S 型核函数

$$K(x, x_i) = \tanh[\nu(x \cdot x_i) + c]$$

(4)指数型径向基核函数

$$K(x, x_i) = \exp\left(-\frac{x - x_i}{\sigma^2}\right)$$

(5)线性核函数

$$K(x, x_i) = x \cdot x_i$$

线性核函数是核函数的一个特例。

虽然支撑向量机是通过分类问题提出的，但它同样可以通过定义适当的损失函数推广到回归问题中，称为支撑向量回归(Support Vector Regress, SVR)。

4. 一个线性不可分的例子

给出一个线性不可分的二维样本集，样本数 $n=15$，已知它们的坐标值和类别见表 8-5。

表 8-5　线性不可分样本集

x_1	x_2	y	x_1	x_2	y	x_1	x_2	y
0.5	2	1	3	0.5	1	1.5	2.5	−1
1	1	1	3	3.5	1	2.5	1.5	−1
1	2.5	1	4	1.5	1	2.5	2.5	−1
2	4	1	4	0.5	1	2.5	3.5	−1
2	0.5	1	1.5	1.5	−1	3	2.5	−1

用 MATLAB 中 SVM 工具箱将线性不可分的样弯集用非线性函数划分，惩罚因子 C 的取值是 100，用二阶多项式核函数和高斯径向基核函数（参数 $\sigma=2$）的分类结果分别如图 8-29 和图 8-30 所示。图中的分类曲线把训练集完全正确地分开，虚线上的样本为支撑向量。当选择二阶多项式核函数时，支撑向量的数目及 Lagrange 乘子仪的值如下：

Support Vectors：5（3　3.3%）：

alpha＝

0.0000

10.0686

24.9669

0.0000

10.6373

0.0000

100.0000

0.0000

0.0000

0.0000

0.0000

0.0000

0.0000

90.1774

46.2263

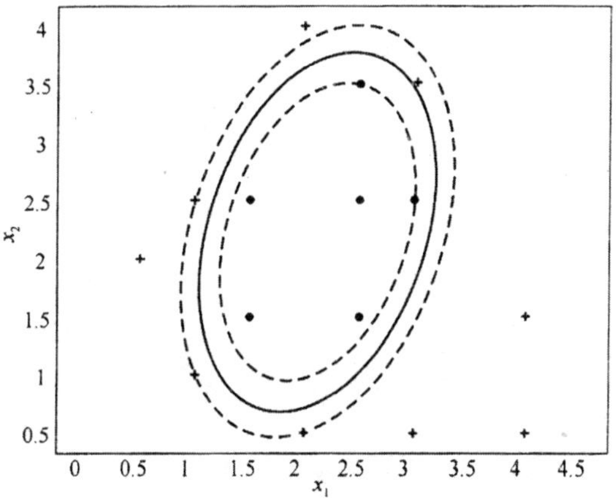

图 8-29　用二阶多项式核函数的 SVC 示意图

当选择高斯径向基核函数(参数 $\sigma=2$)时,支撑向量的数目及 Lagrange 乘子口的值如下:

Support　Vectors:5(3　3.3%):

alpha=

0.0000

6.7473

43.9340

20.7196

24.3838

0.0000

73.7300

0.0000

0.0000

53.0650

2.4170
0.0000
0.0000
100.0000
0.0000

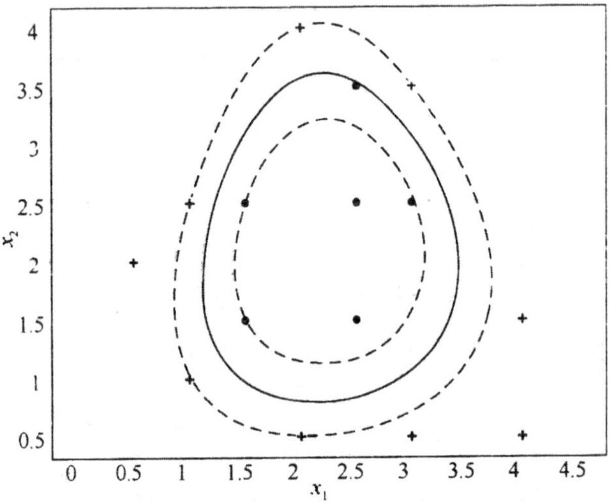

图 8-30　用高斯径向基核函数($\sigma=2$)的 SVC 示意图

对应 $0<a_i<C$ 的点 x_i 为支撑向量，$a_i=C$ 的点 x_i 有可能在两个支撑超平面之间，也有可能被错分。得到 Lagrange 乘子 a 后，就可计算出参数 ω 和 b，从而求得分类线。

8.3.4　支持向量机的应用举例

用 SVM 的方法将训练鸢尾属植物集分类。对于有三类样本鸢尾属植物数据集，可以用多类问题的 SVM 方法解决。但是，本节的目的是通过图形直观地展示出分类结果，所以将其中的某两类看作一类，用两类问题的 SVM 方法将样本集分类。首先，将 Iris Setosa 和 Iris Virginica 看作一类，惩罚因子 C 的取值是 100，用二阶多项式核函数的分类结果如图 8-31 所示，支撑向量的数目为 6(5.00%)。

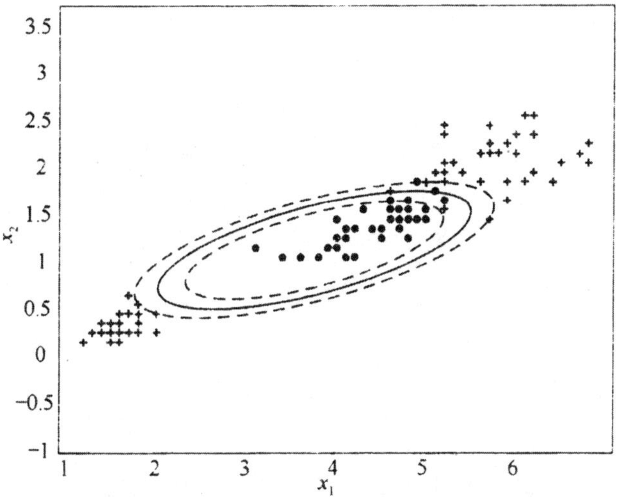

图 8-31　用二阶多项式核函数的 SVC 示意图

其次，将 Iris Versicolour 和 Iris Virginica 看作一类，显然，样本集是线性可分的，用线性核函数的分类结果如图 8-32 所示，支撑向量的数目为 2(1.67%)。

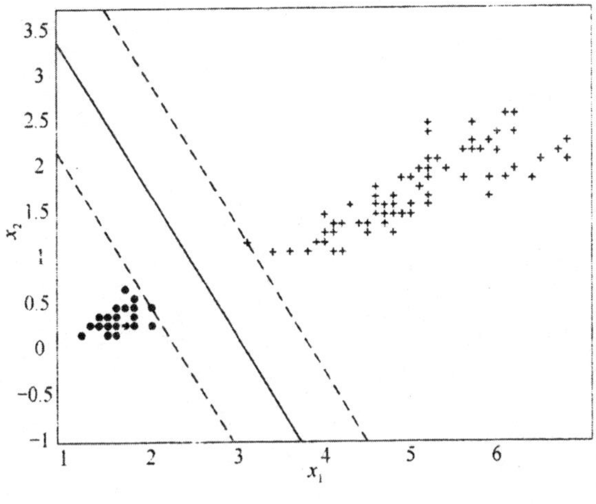

图 8-32　用线性核函数的 SVC 示意图

最后，将 Iris Setosa 和 Iris Versicolour 看作一类，惩罚因子 C 的取值是 100，用高斯径向基核函数(参数 $\sigma=2.5$)的分类结果如图 8-33 所示，支撑向量的数目为 2(1.67%)。

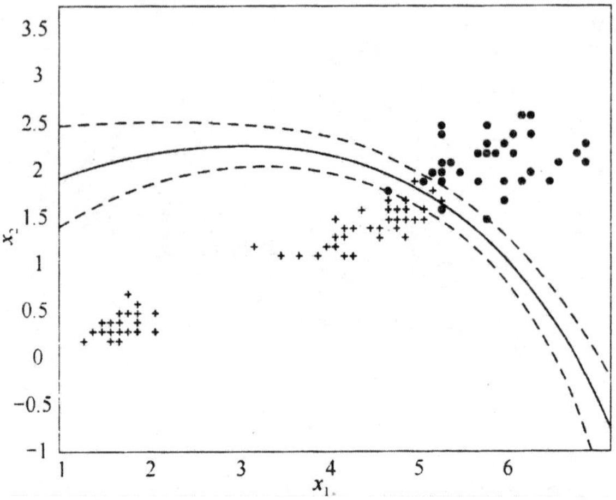

图 8-33　用高斯径向基核函数的 SVC 示意图

参考文献

[1]李弼程，邵美珍，黄洁. 模式识别原理与应用[M]. 西安：西安电子科技大学出版社，2008.

[2]盛立东. 模式识别导论[M]. 北京：北京邮电大学出版社，2010.

[3]舒宁，马洪超，孙和利. 模式识别的理论与方法[M]. 武汉：武汉大学出版社，2004.

[4]齐敏，李大健，郝重阳. 模式识别导论[M]. 北京：清华大学出版社，2009.

[5]范九伦，赵凤，雷博，等. 模式识别导论[M]. 西安：西安电子科技大学出版社，2012.

[6]杨淑莹，张桦. 模式识别与智能计算：MATLAB 技术实现[M]. 3 版. 北京：电子工业出版社，2015.

[7]余正涛，郭剑毅，毛存礼，等. 模式识别原理及应用[M]. 北京：科学出版社，2014.

[8]孙亮，禹晶. 模式识别原理[M]. 北京：北京工业大学出版社，2009.

[9]张学工. 模式识别[M]. 3 版. 北京：清华大学出版社，2010.

[10]赵宇明，熊惠霖，周越，等. 模式识别[M]. 上海：上海交通大学出版社，2013.

[11]（希）西格尔斯・西奥多里蒂斯（Sergios Theodoridis），（希）康斯坦提诺斯・库特龙巴斯（Konstantinos Koutroumbas）. 模式识别[M]. 4 版. 北京：电子工业出版社，2016.

[12]杨帮华. 模式识别技术及其应用[M]. 北京：科学出版社，2016.

[13]宋丽梅. 模式识别[M]. 北京:机械工业出版社,2015.

[14]刘家锋. 模式识别[M]. 哈尔滨:哈尔滨工业大学出版社,2014.

[15]周丽芳,李伟生,黄颖. 模式识别原理及工程应用[M]. 北京:机械工业出版社,2013.

[16]孙即祥. 现代模式识别[M]. 2 版. 北京:高等教育出版社,2008.

[17]汪增福. 模式识别[M]. 北京:中国科学技术大学出版社,2010.

[18]许国根,贾瑛. 模式识别与智能计算的 MATLAB 实现[M]. 北京:北京航空航天大学出版社,2012.

[19]徐曼舒. 基于改进人工蜂群的模糊 C 均值聚类算法研究[D]. 安徽大学,2016.

[20]王兴茂. 基于用户的协同过滤推荐算法研究[D]. 解放军信息工程大学. 2015.

[21]董意足. 基于压缩感知的人脸识别算法研究[D]. 电子科技大学,2015.

[22]颜七笙. 基于智能计算和混沌理论的铀价格预测研究[D]. 江南大学,2014.

[23]刘恩亚,王刚. 浅谈模式识别在流量建模中的应用[J]. 数字通信世界,2016(05).